普通高等教育“十三五”规划教材
Web应用&移动应用开发系列规划教材

ASP.NET WEB
YINGYONG KAIFA JIAOCHENG

ASP.NET Web应用开发教程

编著◎吴志祥 何 亨 张 智 杨宜波 曾 诚

華中科技大學出版社
http://press.hust.edu.cn
中国·武汉

内 容 提 要

本书系统地介绍了 ASP. NET Web 应用开发的基础知识和实际应用，共分 8 章，包括 Web 应用开发基础，HTML 与 CSS＋Div 布局，客户端脚本及应用（含 jQuery），ASP. NET Web 项目开发基础，基于 WebForm 模式的 Web 项目，ASP. NET MVC 框架使用基础，实体模型、EF 框架与 LINQ 查询，MVC 5 及 EF 6 框架深入编程等内容。

本书以实用为出发点，其内容从简单到复杂，循序渐进，结构合理，逻辑性强。每个知识点都有精心设计的典型例子说明其用法，每章都配有标准化的练习题及其答案、上机实验指导。与本书配套的教学网站上有教学大纲、实验大纲、各种软件的下载链接、课件和案例源代码下载、在线测试等。

为了方便教学，本书还配有电子课件等教学资源包，任课教师可以发邮件至 hustpeiit@163. com 索取。

本书可以作为高等院校计算机专业和非计算机专业学生的 ASP. NET Web 开发课程教材，也可以作为 ASP . NET Web编程爱好者的参考书。

图书在版编目(CIP)数据

ASP. NET Web 应用开发教程/吴志祥等编著. —武汉：华中科技大学出版社，2016. 7(2024. 7 重印)
普通高等教育“十三五”规划教材
ISBN 978-7-5680-1675-9

Ⅰ. ①A…　Ⅱ. ①吴…　Ⅲ. ①网页制作工具-程序设计-高等学校-教材　Ⅳ. ①TP393. 092

中国版本图书馆 CIP 数据核字(2016)第 073670 号

ASP. NET Web 应用开发教程
ASP. NET Web Yingyong Kaifa Jiaocheng

吴志祥　何　亨　张　智　杨宜波　曾　诚　编著

策划编辑：康　序
责任编辑：康　序
封面设计：匠心文化
责任监印：朱　玢
出版发行：华中科技大学出版社（中国・武汉）　电话：(027)81321913
武汉市东湖新技术开发区华工科技园　邮编：430223
录　　排：华中科技大学惠友文印中心
印　　刷：武汉邮科印务有限公司
开　　本：787mm×1092mm　1/16
印　　张：19.75
字　　数：506 千字
版　　次：2024 年 7 月第 1 版第 4 次印刷
定　　价：58.00 元

前 言

目前，市场上关于 ASP.NET Web 项目开发的相关书籍比较多，但系统地从 WebForm 开发过渡到 MVC+EF 框架开发的教材还没有。为此，笔者组织一线相关教师编写了这本符合高校教学需要和公司业务需要的教材。

本书系统地介绍了 ASP.NET 应用开发的基础知识和实际应用，共分 8 章，包括 Web 应用开发基础，HTML 与 CSS+Div 布局，客户端脚本及应用（含 jQuery），ASP.NET Web 项目开发基础，基于 WebForm 模式的 Web 项目，ASP.NET MVC 框架使用基础，实体模型、EF 框架与 LINQ 查询，MVC 5 及 EF 6 框架深入编程等内容，其内容从简单到复杂，循序渐进，结构合理，逻辑性强。

本书以实用为出发点，每个章节中的每个知识点几乎都有精心设计的典型例子说明其用法，每章都配有标准化的练习题及其答案、上机实验指导。与本书配套的教学网站上有教学大纲、实验大纲、各种软件的下载链接、课件和案例源代码下载、在线测试等，极大地方便了教与学。

本书写作特色鲜明，一是教材结构合理，我们对教材内容的设置进行了深思熟虑的推敲，在正文中指出了相关章节知识点之间的联系；二是知识点介绍简明，例子生动并紧扣理论，很多例子是作者精心设计的；三是在教材中通过大量的截图，清晰地反映了程序集→命名空间→类(或接口)三个软件层次；四是通过综合案例的设计与分析，让学生综合使用 ASP.NET Web 应用开发的各个知识点；五是有配套的上机实验网站，包括实验目的、实验内容、在线测试(含答案和评分)和素材的提供等。

相对于传统的 WebForm 三层架构而言，MVC 5+EF 6 框架具有如下特点：①请求 MVC Web 项目的控制器取代了对窗体页面的请求；②将复杂的应用分成 M、V、C 三个组件模型后，有效地简化了复杂的架构，并将处理后台逻辑代码与前台展示逻辑进行了很好的分离；③优秀的 Razor 引擎使得视图代码显得清晰并可使用 C#代码获取动态数据；④单个视图可以对应多个控制器，提高了代码的重用；⑤ASP.NET MVC 中的 Partial View 和 Layout 分别布局取代了 WebForm 中的 Web 用户控件和母版；⑥MVC AJAX 很好地支持异步处理；⑦ASP.NET MVC 没有服务器控件，其底层与 WebForm 是一样的，即 ASP.NET MVC 是对 WebForm 的再封装。此外，MVC 5+EF 6 框架还具有 Code First、模型重建和数据迁移等功能。

本书由吴志祥、何亨、张智、杨宜波和曾诚老师整体构思，并与其他参编人员共同编写完成。

本书可以作为高等院校计算机专业和相关专业学生学习“.NET 架构”和“Web 程序设

计”等课程的教材，也可以作为 Web 开发者的业务参考书。

想获取本书配套的教学大纲等教学资料，可访问 http://www.wustwzx.com；上机实验指导和教材中所有案例的源代码，可访问 http://www.wustwzx.com/asp_net/index.html。

需要特别感谢的是硕士研究生张继同学，他全程参与了教材案例的设计与测试。

为了方便教学，本书还配有电子课件等教学资源包，任课教师和学生可以登录“我们爱读书”网（www.ibook4us.com）免费注册并浏览，或者发邮件至 hustpeiit@163.com 索取。

由于编者水平有限，书中错漏之处在所难免，在此真诚欢迎读者多提宝贵意见，读者可通过访问作者的教学网站 http://www.wustwzx.com 与作者联系，以便再版时及时更正。

编　者

2016 年 9 月于武汉

目　　录

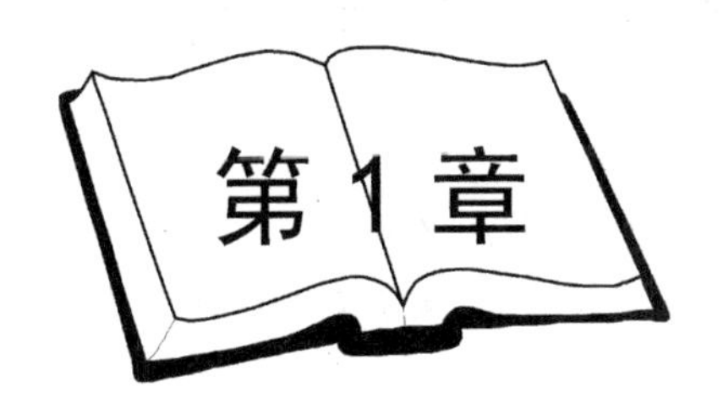

Web 应用开发基础

计算机中的应用软件经历了从桌面型(指安装在本机上运行的桌面软件，即单机版本)到多用户型(指一台主机带若干终端，即多用户版本)再到 Web 型(指采用 B/S 体系的网站系统)的发展历程，并最终延伸到以手机客户端为代表的移动平台系统。Web 应用使用户可以超越时间跨度和地理距离的限制，方便地进行各种各样的信息处理。本章主要介绍了 B/S 体系的含义、ASP.NET 应用开发环境搭建和数据库的基础知识，其学习要点如下。

- 理解 Web 应用与传统的桌面应用方式的不同。
- 了解项目程序包管理器 NuGet 的作用。
- 掌握在 Visual Studio 2015 中创建 ASP.NET 项目的方法。
- 掌握关系型数据库的基础理论与 MySQL 数据库的基本操作。
- 了解网站三剑客处理(含制作)网页素材的用法。

1.1 基于 B/S 体系的动态网站

1.1.1 Web 服务器及客户端

在 Internet 网站中，存放着许多的服务器，其中最重要的服务器是 Web 服务器，客户端通过浏览器的软件来访问 Web 服务器里的网站。

访问网站，最终是访问网站里的网页。通过访问网页，人们能够查询所需要的信息，也能提交信息并保存在数据库服务器里。

网页分为静态网页与动态网页两种。静态网页采用 HTML(将在 2.1 节介绍)语言编写，动态网页除了包含静态的 HTML 代码外，还包含了只能在服务端解析的服务器代码(将在第 4 章介绍)。动态网页是与静态网页相对应的，通常以.aspx、.jsp、.php 等作为扩展名，而静态网页通常以.html 作为扩展名。

注意：动态网页与网页上的各种动画、滚动字幕等视觉上的动态效果没有直接关系，动态网页是采用动态网站技术生成的网页，可以是纯文字的内容。

包含动态网页的网站称为动态网站，其主要特征是服务器能实现与客户端的交互、进行数据库存储等。

注意：

(1) 在 Web 项目中，客户端必须安装浏览器，而其他项目(如控制台项目等)则不必。

(2) 在网络应用中，除了 B/S 模式，还有 C/S 模式。C/S 模式的一个典型例子是学校内部的校园卡消费系统，刷卡终端与服务器连接的形式采用硬件终端的形式。

1.1.2 应用层协议 HTTP

在 B/S 中，客户端使用浏览器的应用程序与 Web 服务器进行通信，并使用超文本传送协议——HTTP 协议(hypertext transfer protocol)。

网络协议是分层的。其中，HTTP 协议是建立在 TCP 协议之上的一种应用层协议，Web 应用中使用 HTTP 协议作为应用层协议，用于封装 HTTP 文本信息，然后使用传输层协议 TCP/IP 将客户端与 Web 服务器之间的通信信息发到网络上。

1.2 搭建 ASP.NET 应用的开发环境

1.2.1 VS 2015 专业版的安装与基本使用

访问 http://www.wustwzx.com，在 ASP.NET Web 课程板块里提供了 Visual Studio 2015(以下简称 VS 2015)企业版的超链接。软件安装后，进入 VS 2015 的初始界面(也称起始页)，如图 1.2.1 所示。

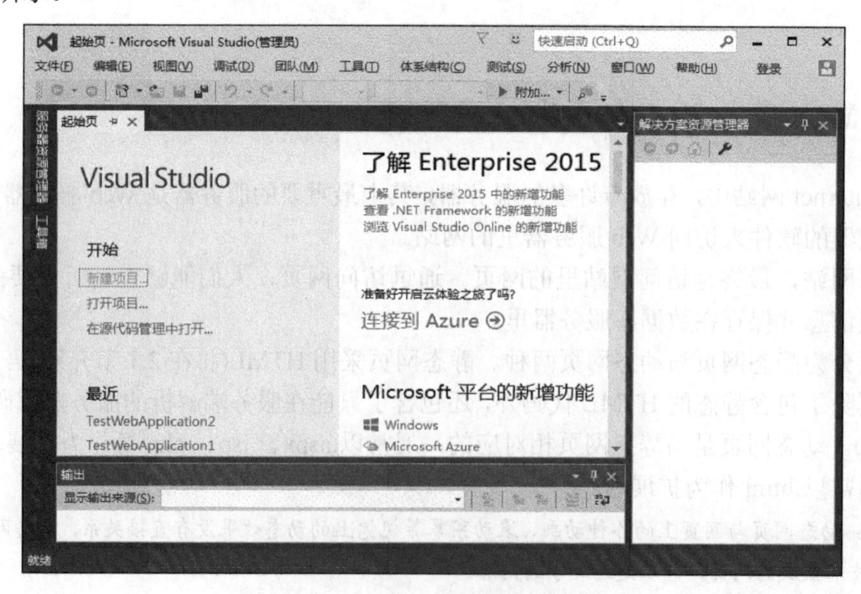

图 1.2.1 VS 2015 的启动界面

在起始页的左下区域里，显示了最近新建的若干 Web 项目。

注意：

(1) 当单击某个项目超链接后，右边将出现该项目的解决方案资源管理器窗口。

(2) 项目通常包含对数据库的访问，如果使用 SQL Server，则它应在 VS 2015 之前安装，而使用 MySQL 数据库，则不必。

(3) 在起始页单击某个项目时，有时需要选择“视图”→“解决方案资源管理器”才能打开项目的资源管理器窗口。

1.2.2　ASP.NET 项目及其分类

通俗地说，Web 项目按程序所使用的计算机程序设计语言，可分为 Java Web、ASP.NET 和 PHP 等。在 VS 2015 中，使用快捷键 Ctrl+Shift+N，弹出“新建项目”对话框，选择 Visual C#开发语言后的界面，如图 1.2.2 所示。

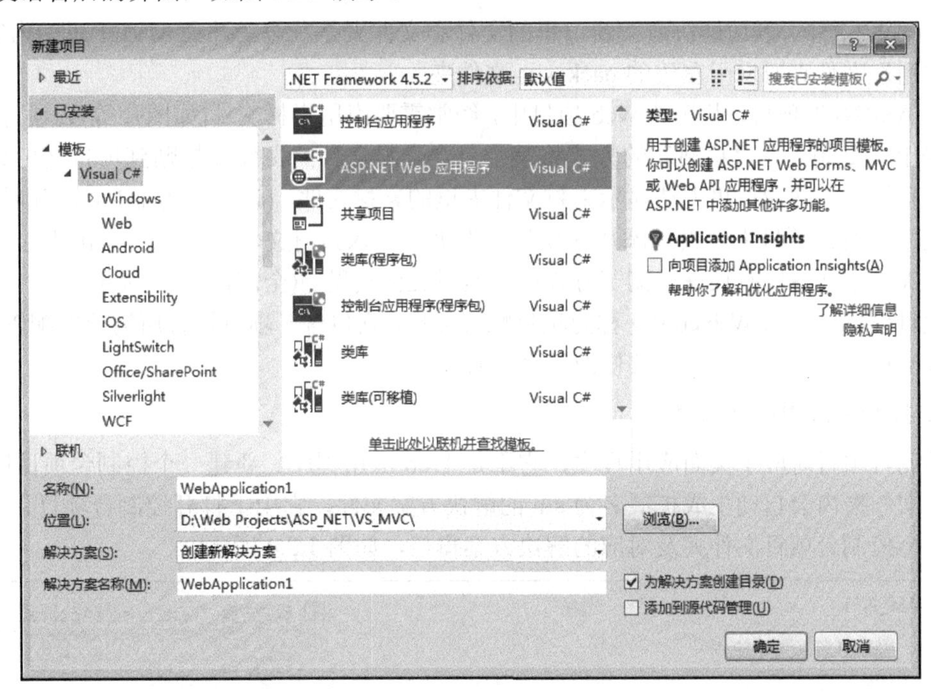

图 1.2.2　在 VS 2015 中创建 Web 项目(Visual C# ASP.NET Web 应用程序)

接下来，需要选择项目类别，常用的有控制台应用程序、ASP.NET Web 应用程序和类库等三种。

项目创建完之后，将在项目根目录下自动生成一个扩展名为.sln 的解决方案文件和一个名为 packages 的文件夹。其中，项目引用的程序集(见 4.1.2 小节)都包含在 packages 文件夹里。

一个 ASP.NET 项目分别使用 Windows 资源管理器的查看窗口进行查看和在 VS 2015 中的解决方案窗口中进行查看的对比，如图 1.2.3 所示。

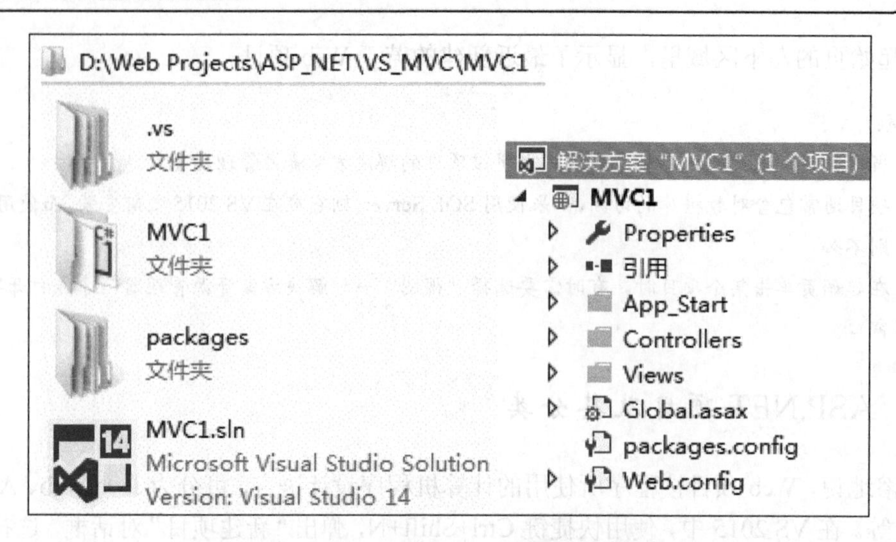

图 1.2.3　一个 VS 2015 MVC 项目的两种查看方式

在图 1.2.3 中，右边解决方案窗口里的文件和文件夹是左边文件夹 MVC1 里的内容，右边“引用”文件夹对应于左边的 packages 文件夹。

在 ASP.NET 项目，尤其是 Web 项目中，经常需要引用素材文件(如图片等)到项目中来，如果采用“复制”→“粘贴”的方式将某个包含素材文件的文件夹粘贴到项目文件夹中，则在项目解决方案窗口里无法显示素材文件夹里的素材文件。(请读者验证！)故正确的操作步骤是：①右击项目文件夹→添加→新建文件夹→输入素材文件夹名；②右击刚建立的素材文件夹→添加→现有项→以浏览方式选择素材文件夹里的(全部)文件→确定。

项目根目录下的 Web.config 称为项目配置文件，它包含了项目运行所需要的配置信息。在实际的项目开发中，经常需要修改这个配置文件。

1. 控制台应用程序项目

控制台项目对应于桌面应用程序，它不是 Web 应用程序。新建一个控制台项目后，在其项目文件夹内会自动生成扩展名为.sln 的解决方案文件，它用于打开控制台项目。

一个控制台项目文件夹及对应的解决方案窗口，如图 1.2.4 所示。

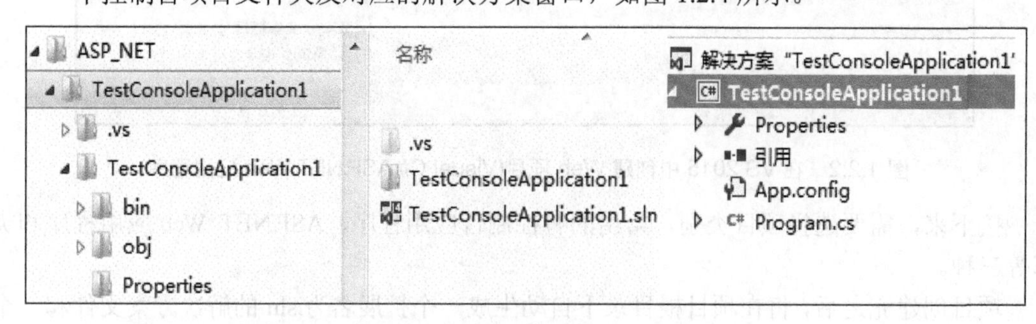

图 1.2.4　控制台项目文件夹及对应的解决方案窗口

2. ASP.NET Web 应用程序项目

在“新建项目”对话框中，选择“ASP.NET Web 应用程序”后，弹出如图 1.2.5 所示的对话框，需要在其中进一步选择模板。

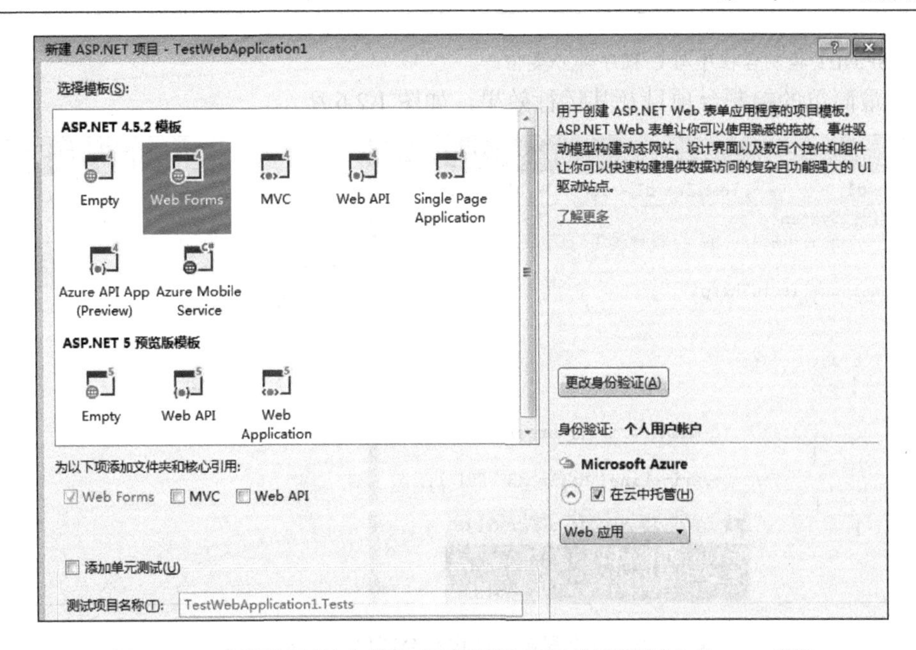

图 1.2.5　在 VS 2015 中新建 ASP.NET 项目并使用 Web Forms 模板

在图 1.2.5 中，选择“Web Forms”时对应于传统的表单提交设计模式(将在第 5 章介绍)；选择“MVC”则对应于目前正在流行的 MVC 框架开发模式(将在第 6～8 章介绍)。

注意：

(1) 使用上面的两个模板创建的项目都是完整的项目，包含用户注册和登录等功能，初学者可能难以掌控。因此，建议选择“Empty”后，再勾选“Web Forms”或“MVC”来实现对它们的核心引用，从无到有，加深印象。

(2) 使用模板 Web Forms 或 MVC 创建的 ASP.NET Web 应用项目，按 Ctrl+F5 即可运行。

3. 类库项目

在“新建项目”对话框中，选择“类库”后，输入项目名称即可。

注意：

(1) 类库项目不是可以独立运行的项目，它实质上是用 C#语言编写的类，通常它添加到某个基于 WebForm 的项目的解决方案里，然后用 Web 项目引用它，这样可以实现代码的分层和复用，详见第 5 章 ASP.NET 三层架构。

(2) 在项目的文件夹里创建“类”与创建“类库”是两个不同的概念。

1.2.3　ASP.NET 控制台程序

控制台项目里的控制台程序，与 Java 程序类似，Main()方法是运行程序的入口。在 VS 2015 中，使用 Ctrl+F5 快捷键直接运行，而按 F5 键则是以调试模式运行(参见 4.2.8 小节)。

注意：

(1) 对于 ASP.NET Web 项目，按 F5 键是以调试模式运行的。

(2) ASP.NET 控制台项目与 Java 项目类似，如行尾以分号结束、使用双斜杠注释等。

(3) ASP.NET 控制台程序与 C 程序部分类似。

一个最简单的控制台项目及其运行效果，如图 1.2.6 所示。

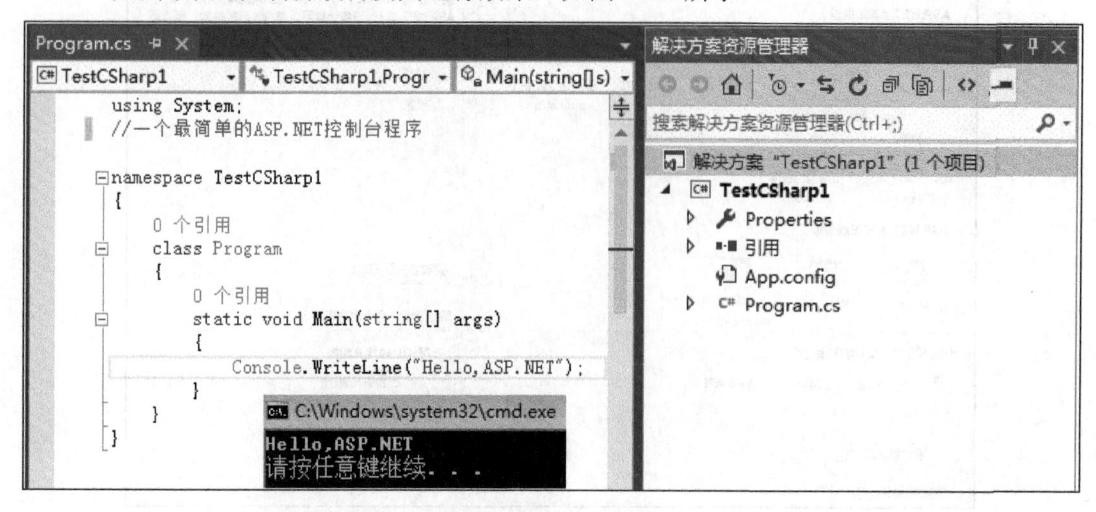

图 1.2.6　一个最简单的控制台项目及其运行效果

1.2.4　创建一个简单的 ASP.NET 网站

Web 开发的最终结果是提供可运行的网站，前面的“新建项目”方式当然可以创建网站项目，但通常需要进行较多的程序集引用。VS 2015 提供了一种快速开发网站的方式，即选择“文件”→“新建”→“网站”，此时有不同的模板供选择，如图 1.2.7 所示。

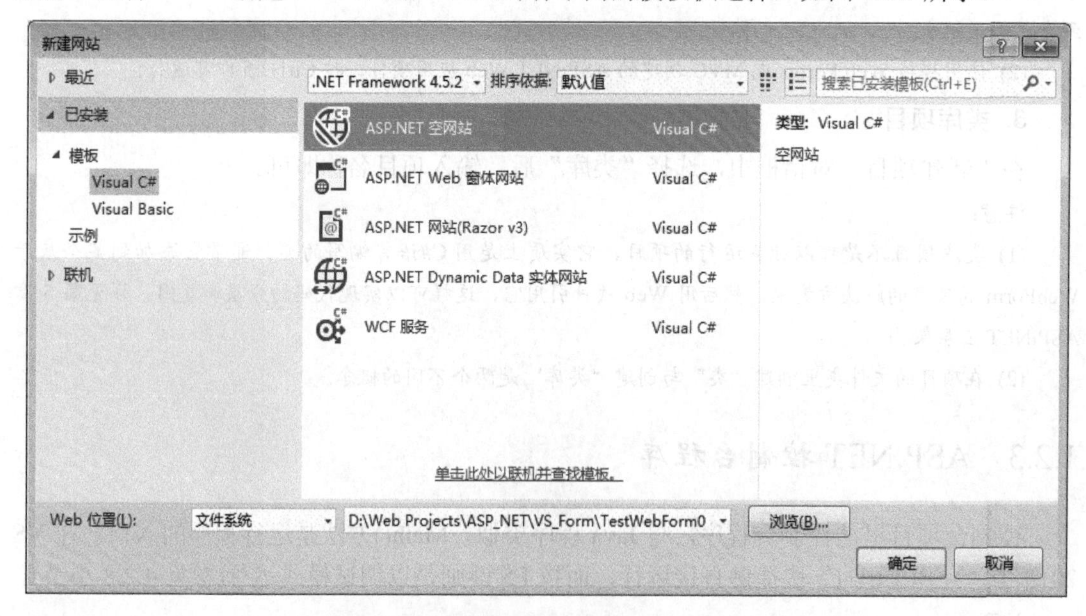

图 1.2.7　VS 2015“新建网站”对话框

注意：

(1) 使用“文件”菜单新建网站时，使用不同的模板，得到的项目文件系统有差异。

(2) 基于窗体(Form)的网站项目，文件夹 App_Data、Bin 和 App_Code 有特定的用途。

(3) 名为 Web.config 的网站配置文件是系统自动创建的，我们经常需要修改。

(4) 以“新建项目”方式创建的 Web 项目，需要手动添加较多的引用，而“新建网站”方式则不然。

(5) 以“新建网站”方式开发的 Web 项目，不会生成解决方案，需要使用 Shift+Alt+O 快捷键打开，因此在项目移植时较麻烦。而以“新建项目”的方式开发 Web 项目会生成解决方案，移植较方便。

1.2.5 使用 NuGet 下载、引用第三方程序集

在开发项目里，经常会使用一些第三方的程序集文件(扩展名为. dll)，传统的做法是到官网或者通过 Google 去寻找它的最新版本，然后进行下载、解压、替代等操作。

NuGet 是 Visual Studio 的一个扩展。在使用 Visual Studio 开发基于.NET Framework 的应用时，NuGet 使项目中添加、移除和更新引用的工作变得更加快捷方便。实际上，NuGet 通过将这个过程系统化，从而可以更加方便地查找需要的第三方程序集。

例如，在访问 MySQL 数据库的 Web 项目里，需要引用第三方的 MySQL 程序集，其操作方法如下。

(1) 右击项目→选择 管理 NuGet 程序包(N)... 。

(2) 在弹出的对话框的搜索文本框里输入“mysql”，单击选中欲安装的程序集后单击“安装”按钮即可，具体操作如图 1.2.8 所示。

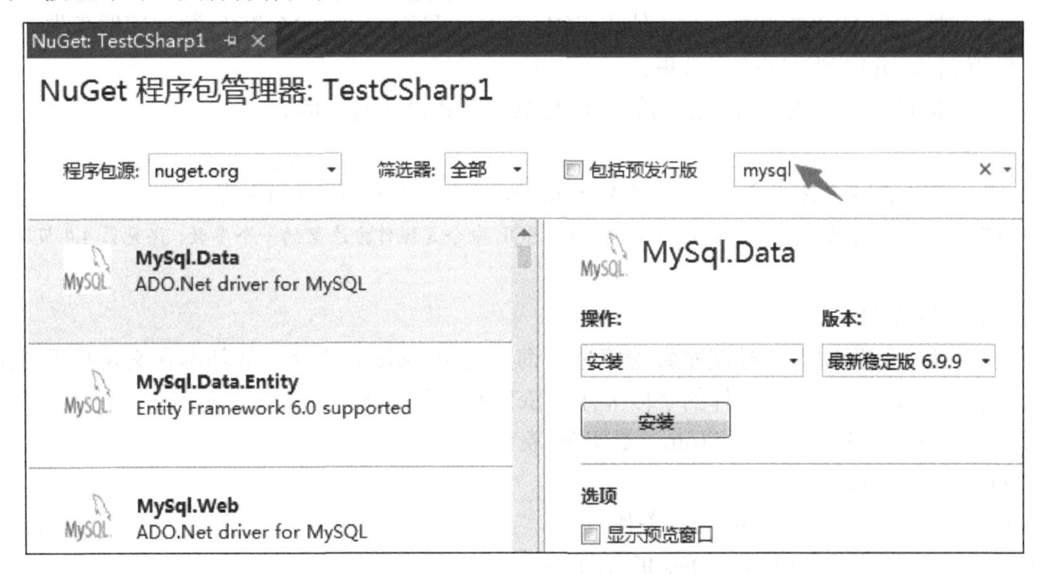

图 1.2.8　对项目安装 MySQL 程序集

系统下载并安装完成后，在项目的“引用”文件夹里，我们就可以查看已经安装的 MySQL 程序集 MySql.Data 。

注意：

(1) 使用 NuGet 下载项目程序集，需要网络支持。

(2) 一个包含多个项目的解决方案里，每个项目都可以使用 NuGet 进行引用下载。

1.3 关系型数据库及其服务器

1.3.1 关系型数据库概述

1. 数据库、表、记录与字段

关系型数据库通常包含一个或多个表。一个表由若干行(也称记录)组成，每条记录由若干相同结构的字段值组成。

在创建数据库内表结构时，通常应设置主键，以保证记录的唯一性。例如，将学生表里的学号字段设置成主键后，在输入记录时，如果重复输入了相同的学号，系统则会立刻警告并阻止。

2. SQL 命令

SQL 是 structured query language 的缩写，即结构化查询语言，是关系数据库的标准语言。SQL 命令不仅能实现对数据库的信息查询，还能实现对数据表结构和内容两个方面的修改。查询可以分为对数据库没有写入操作的选择查询和有写入操作的操作查询两种方式。

查询是一种询问或请求，通过使用 SQL 命令，我们可以向 MySQL 数据库服务器查询具体的信息，并得到返回的记录集。

SQL 提供了多表连接查询的功能，这与第二范式是相对应的。

注意：

(1) 数据库(服务器)软件有多种。除了 MySQL 外，还有 SQL Server、Oracle 等。

(2) 开发含有数据库访问的 ASP.NET 项目时，SQL 命令是操作方法里的一个参数，详见第 4.4 节及第 4.5 节。

1) 选择查询

打开某个数据库后，对该库表的信息查询要使用 Select 命令，其基本含义是从表中筛选满足条件的记录，并按选择的字段显示。Select 查询命令的一般格式如下。

```
Select   [Top n] 字段名清单  From   数据源(表)
[Where  筛选条件]
[Group By  分组字段名  [Having   条件]
[Order By  排序关键字1 [Asc | Desc][, …]]
```

- From 选项是必须选择的，用于指定要查询的信息源。
- 在 Select 命令后可使用 Top n 短语，表示取查询到的前 n 条信息。
- 短语 Group By 用于对记录分组，Having 短语必须与 Group 短语连用。
- 短语 Order By 用于对结果进行排序，升序使用 Asc，降序使用 Desc。

注意：

(1) Top 短语适用于 SQL Server，而 MySQL 相应地使用 Limit 短语。

(2) 本课程的主要学习目标是使用 Web 程序实现对数据库的操作和显示。

2) 操作查询

打开某个数据库后，对该数据库中表的数据操作主要有如下几种。

(1) 追加记录。

在表中追加记录，要使用 Insert 命令，其格式如下。

```
Insert into 数据表名 (字段名清单) Values (表达式清单)
```

(2) 删除记录。

删除表中的记录，要使用 Delete 命令，其格式如下。

```
Delete From 表名 [Where 条件]
```

即根据 Where 短语中指定的条件，删除表中符合条件的记录。

- 若省略 Where 短语，将会删除表中的全部记录。
- Delete 语句删除的只是表中的记录，而不是表的结构。

(3) 修改记录。

根据 Where 子句指定的条件，对指定记录的字段值进行更新，其格式如下。

```
Update 表名 Set 字段名1=表达式1[,…][Where 条件]
```

- 若省略 Where 子句，则更新全部记录。
- Set 短语的功能是给字段赋值。
- 一次可以对表中的多个字段实现更新。

注意：对数据记录的增加、删除、修改和查询，简称为 CRUD。

3. 数据库的范式、多表连接查询与嵌套查询

为了减少数据冗余和出现无效数据的概率，数据表的创建应遵循一定的标准(也称范式)。通常，至少要遵循第一范式和第二范式。

(1) 第一范式(1NF)要求数据库表的每一列都是不可分割的基本数据项，同一列中不能有多个值，即实体中的某个属性不能有多个值或者不能有重复的属性。

(2) 第二范式(2NF)要求数据表的所有字段与数据表的主键有完全依赖关系。如果某个字段与主键部分依赖，那就不符合第二范式。

注意：

(1) 第一范式是基本要求，容易满足。

(2) 坚持第二范式，可以减少数据的冗余和逻辑错误。

(3) 除了第一、二范式外，还有第三、四范式，它们对数据表有更加严格的限制。通常，只需要使用第一、二范式。

SQL 命令除了前面简单的单表查询方式外，还可以实现多表的连接查询方式，这与第二范式是相对应的。例如，查询学号为“007”的学生的所有成绩，需要对两个具有一对多关系的表 xs 及 cj 实现连接查询，其命令格式如下。

```
Select xs.xh,xm,phone,course,score
From xs,cj
```

```
where xs.xh=cj.xh and xs.xh="007"
```

其中，表 xs 包含 xh、xm 和 phone 等字段，表 cj 包含 xh、course 和 score 三个字段，xh 为表 xs 的主键，xh 是实现两个表连接查询的公共字段。

注意：在项目 Flower1(见第 5.5.5 小节)里，我的购物车窗体 MyCar 的后台里使用了连接查询。

作为嵌套查询的示例，假定要对数据表 flower_detail 进行分页查询，每页 3 条记录，查询第 4 页的 SQL 命令如下。

```
select top 3 bh,name,price,flower_language
from (select row_number() over(order by bh) as rn,* from flower_detail)A
where rn>9
```

上述 SQL 命令在 SQL Server Management Studio 里的运行结果，如图 1.3.1 所示。

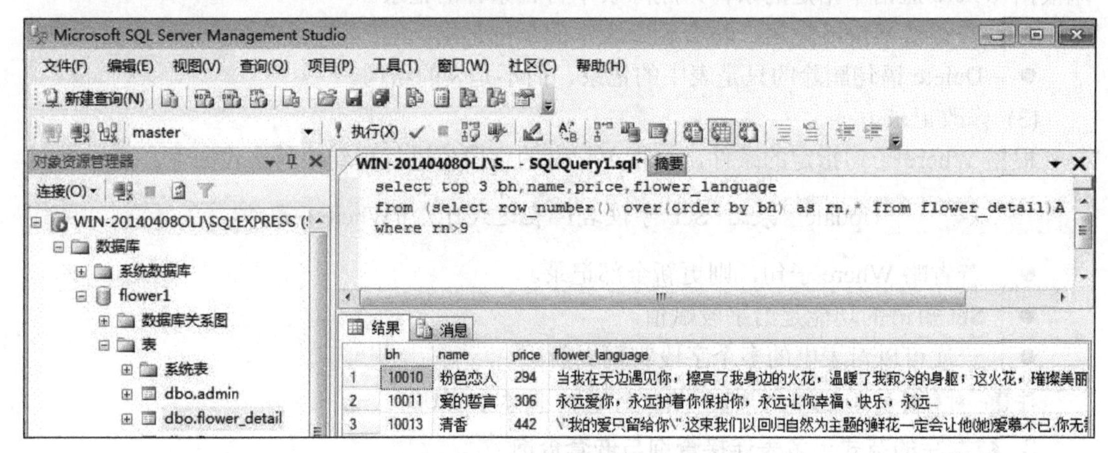

图 1.3.1 SQL Server 嵌套查询示例

注意：

(1) 数据库(服务器)软件有多种，除了 MySQL 外，还有 SQL Server、Oracle 等。

(2) 访问 SQL Server 数据库时，SQL 命令里可以使用 top 短语，而访问 MySQL 数据库时则相应地使用 limit 短语。

1.3.2 SQL Server

1. SQL Server 数据库引擎

SQL Server 是 Microsoft 公司推出的一种关系型数据库系统，它是一个可扩展的、高性能的、为分布式客户机/服务器计算所设计的数据库管理系统，实现了与 Windows 的有机结合，提供了基于事务的企业级信息管理系统方案。

SQL Server 有企业版、标准版和精简版(Express)等多种版本。

注意：安装 SQL Server 应在安装 VS 2015 之前进行。

常用的关系型数据库系统软件在安装后都对应于一种服务，可以设置开机后是否自动运行或处于开启状态。只有开启 SQL Server 服务，才能访问服务器里的数据库。

管理服务的操作方法是：右击计算机→管理→服务与应用程序→选择相应的服务，其界面如图 1.3.2 所示。

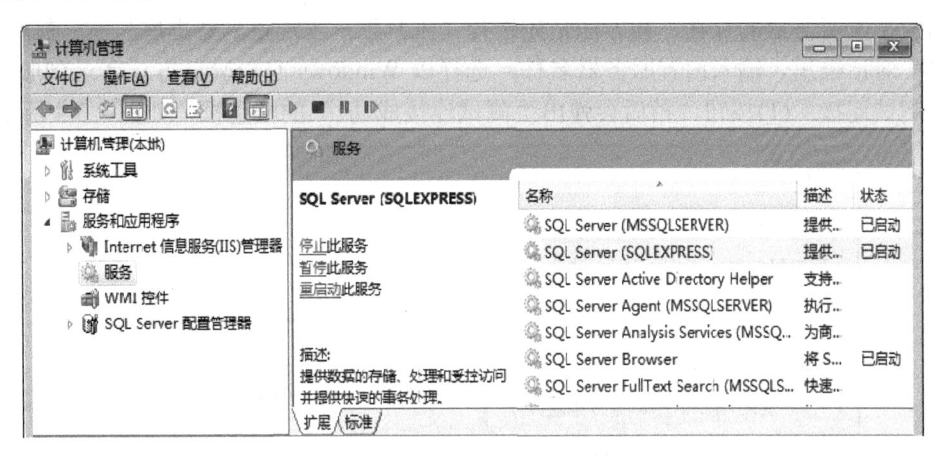

图 1.3.2　查看系统安装的 SQL Server 服务

SQL Server 软件的安装是很费时的，建议初学者先安装免费的 SQL Server Express，然后再安装 SQL Server Management Studio，这样就可以图形化界面使用 SQL Server，如图 1.3.3 所示。

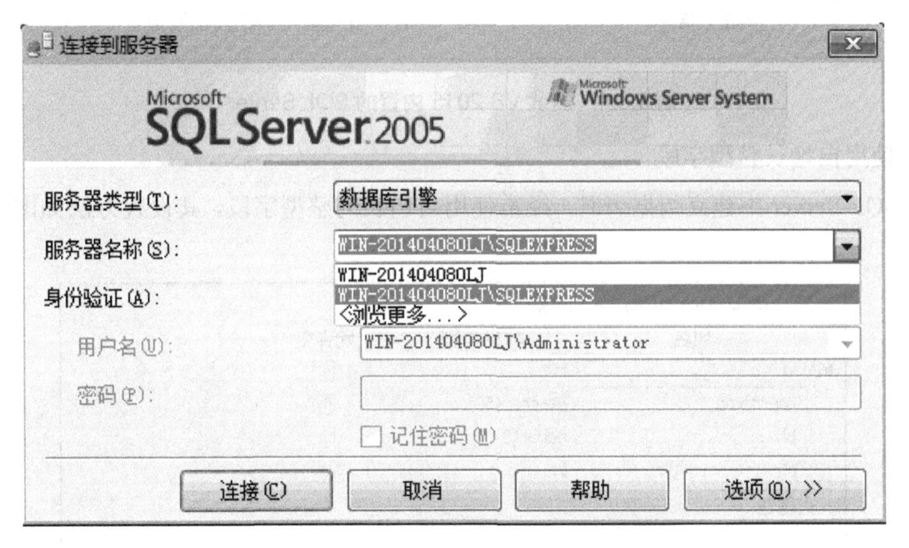

图 1.3.3　选择数据库服务器 SQLEXPRESS

登录 SQL Server 服务器后，有两种身份验证方式，一种是 Windows 身份验证，另一种是 SQL Server 身份验证。前者不需要输入密码；而后者需要输入用户 sa 的密码，该密码在安装 SQL Server 时设定。

SQL Server 用户登录后，利用不同对象的快捷菜单可以完成绝大部分功能，如创建数据库、创建数据表、表结构维护、主键设置、记录的增加和删除等。

为了方便 ASP.NET Web 开发，VS 2015 安装完成后，实际上内置了一个 SQL Server 服务器，其名称为(localdb)\MSSQLLocalDB。事实上，使用菜单“工具”→“SQL Server”→“新建查询”，展开“本地”选项，即可出现本机已经安装的所有 SQL Server 服务器。

虽然内置的SQL Server不同于独立安装的版本那样有客户端界面，但可以验证VS 2015内置的数据库服务器的存在，其方法是先选择“工具”→“连接到数据库”，在弹出的“添加连接”对话框里，输入内置服务器名称，选择以Windows身份验证方式登录到服务器，单击“测试连接”(T)按钮，稍后会弹出“测试连接成功。”的消息框，如图1.3.4所示。

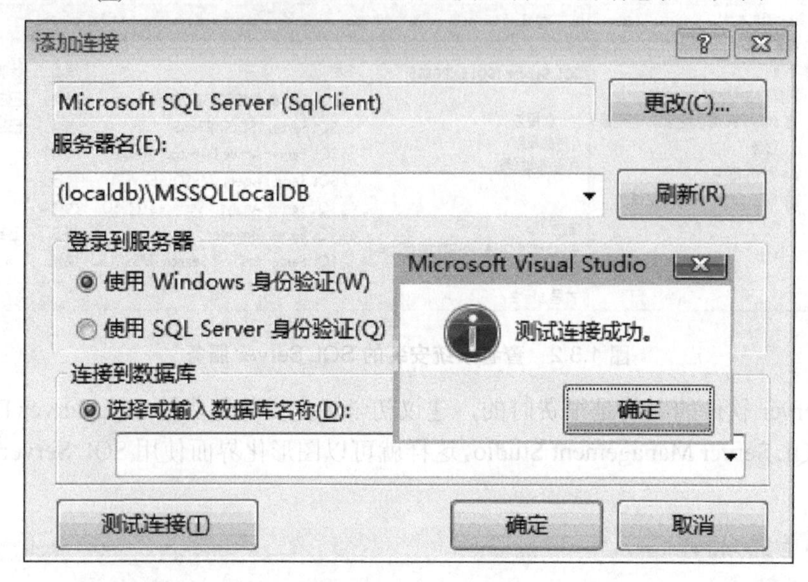

图1.3.4 测试VS 2015内置的SQL Server

2. 使用自增长整型字段

在SQL Server中建立数据表时，经常使用自增长的整型字段，其设置方法如图1.3.5所示。

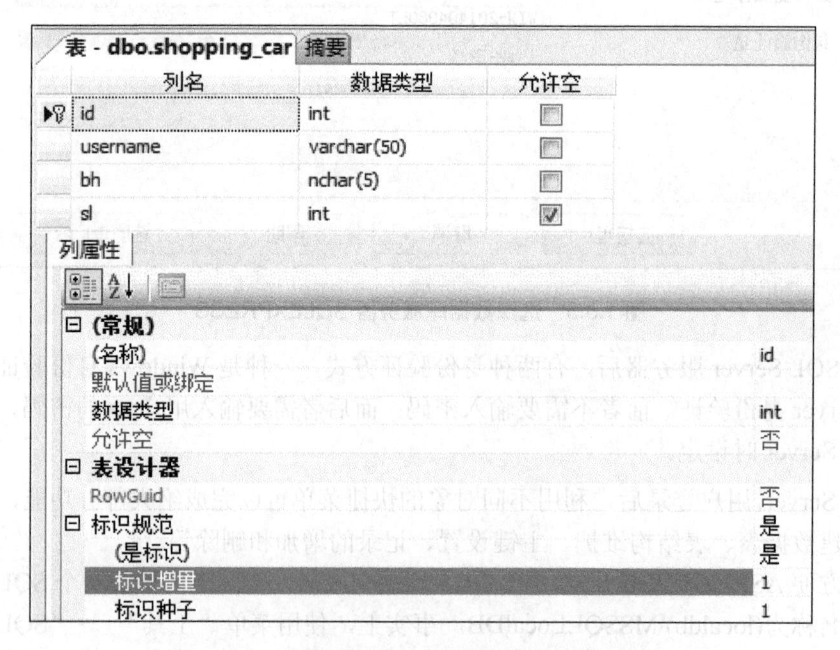

图1.3.5 在SQL Server中设置自增长整型字段

3. 数据库移植

在网站开发中，存在着数据库从一台计算机移植到另一台计算机的问题。解决数据库移植的方式主要有两种：一是先导出数据库的 SQL 脚本，然后在另一台计算机里通过创建查询方式执行 SQL 脚本；二是使用 SQL Server 数据库的分离与附加功能。

注意：Navicat Premium 作为 SQL Server 等多种数据库服务器的前端软件，具有导入/导出 SQL 脚本功能。

1.3.3 MySQL

MySQL 既指目前流行的开源数据库服务器软件，也指该服务器管理的 MySQL 数据库本身。

1. MySQL 软件的安装

作者教学网站 www.wustwzx.com 的 Java EE 课程板块里，提供了 MySQL 数据库软件的下载链接。在其安装过程中需要注意如下几点。

- MySQL 服务器的通信端口默认值是 3306，当不能正常安装时，一般是由于端口被占用而造成的，此时要返回并重设端口(如改成 3308)。
- 字符编码(Character Set)一般重新设置为 utf-8。
- 设定 root 用户的密码，在以后的编程中要使用到，本书中案例设定的密码与用户名一致，即 root。

MySQL 安装成功的界面，如图 1.3.6 所示。

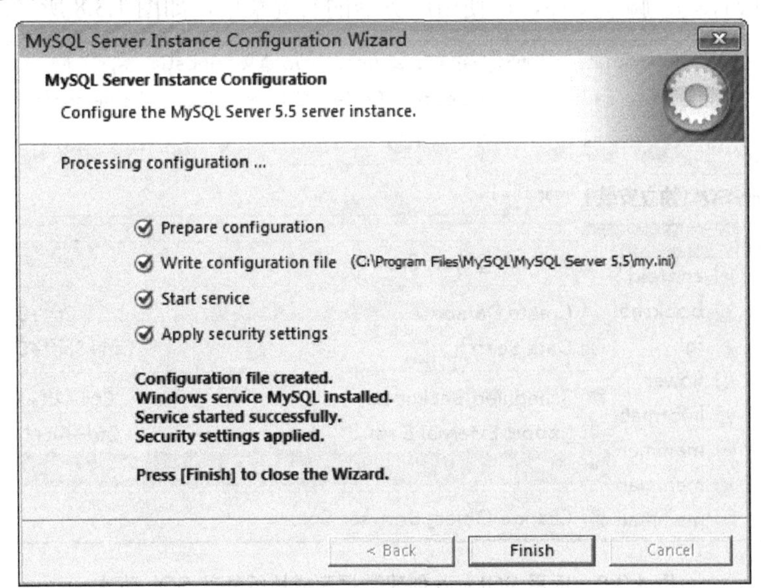

图 1.3.6　MySQL 安装成功的界面

MySQL 安装完成后，提供了客户端程序。运行时，要求输入 root 用户的登录密码，登录成功后的界面，如图 1.3.7 所示。

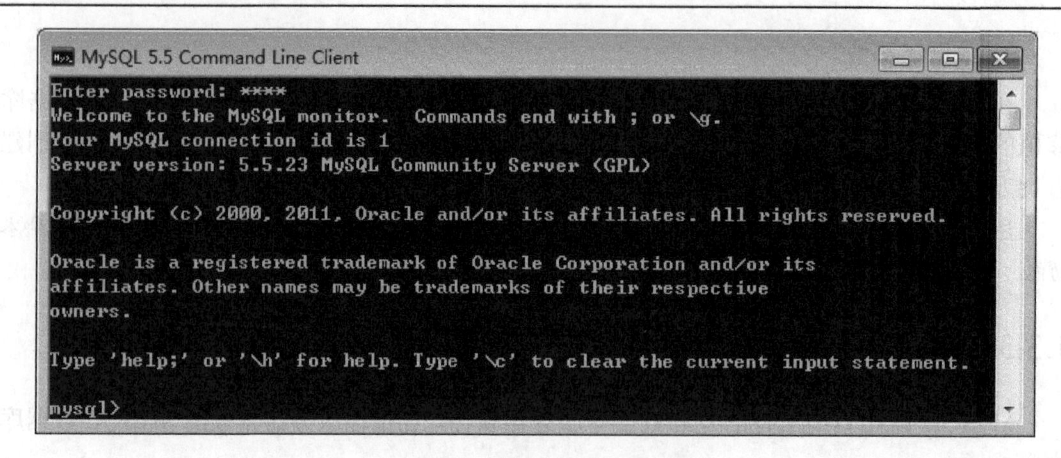

图 1.3.7　MySQL 的命令行方式

2. MySQL 前端工具 SQLyog

SQLyog 提供了极好的图形用户界面(GUI)，可以用一种更加安全和易用的方式快速地创建、组织和存取 MySQL 数据库。此外，SQLyog 提供了对数据库的导入和导出功能，其使用方式非常方便。

注意：

(1) 类似的软件有很多，如 Navicat 和 MySQL Front 等。

(2) 作者教学网站 www.wustwzx.com 的 Java EE 课程板块里，提供了 SQLyog 软件的下载链接。

初次使用 SQLyog 时，需要填写登录 MySQL 服务器的相关信息。创建 MySQL 数据库和执行外部的 MySQL 脚本文件，可使用服务器的右键菜单，如图 1.3.8 所示。

图 1.3.8　使用 SQLyog 创建数据库或执行外部 SQL 脚本

注意：

(1) 创建数据库时，一个重要的设置是指定存储字符的编码，一般设置为 utf-8。

(2) 如果存在同名的数据库，则执行 SQL 脚本后，原来的数据库被覆盖(即重写)。

导出某个数据库的 SQL 脚本的方法是先右击某个数据库，然后在弹出的右键快捷菜单中选择相应的命令，如图 1.3.9 所示。

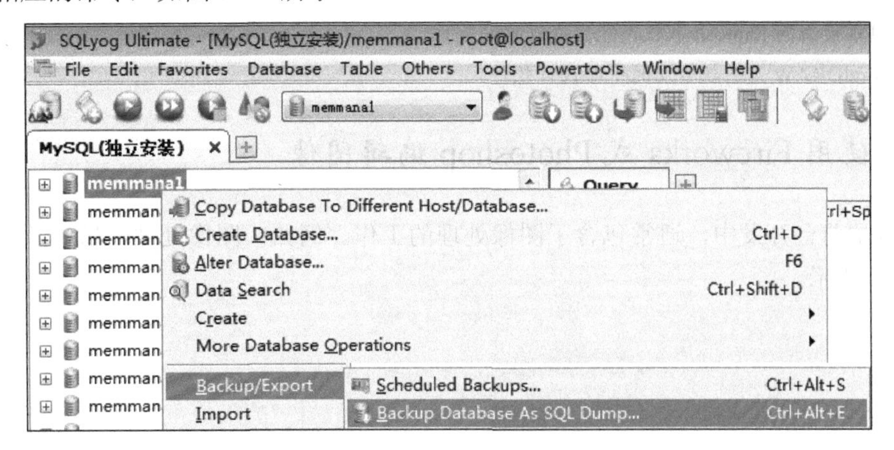

图 1.3.9　使用 SQLyog 导出创建数据库的 SQL 脚本

在导出的数据库脚本文件里，可以查看到包含了创建和使用数据库的命令代码如下。

```
CREATE DATABASE `memmana1`   DEFAULT CHARACTER SET utf8;
USE `memmana1`;
```

1.4　使用网页三剑客制作网页素材*

1.4.1　图形图像处理软件概述

1. Fireworks

Adobe Fireworks 可以加速 Web 的设计与开发，是一款创建与优化 Web 图像和快速构建网站与 Web 界面原型的理想工具，同时具备编辑矢量图形与位图图像的灵活性。此外，使用 Fireworks 还可以制作简单的.gif 动画。

2. Flash

Flash 是美国 Macromedia 公司推出的二维动画软件，全称 Macromedia Flash(被 Adobe 公司收购后称为 Adobe Flash)，主要用于设计和编辑 Flash 文档。其附带的 Macromedia Flash Player 用于播放 Flash 文档。

3. Photoshop

Photoshop 是一款专业的平面图像处理软件，其处理范围包括色彩、亮度、尺寸、各种式样、效果以及滤镜应用等，通过层和通道等各种技巧实现对图像的任意组合、变形，还提供了对结果图形进行优化、输出各种图像格式的功能。

注意：

(1) 业界称 Dreamweaver、Fireworks 和 Flash 为网页三剑客，而称 Dreamweaver、Photoshop 和 Flash

为新网页三剑客。

(2) 目前最新的 Photoshop 软件能完成动画的制作。

(3) CorelDRAW 是一款专业的平面设计软件。

1.4.2 使用 Fireworks 或 Photoshop 编辑图像

在网站前台开发中，通常包含了图像处理的工作。例如，图像处理前后的效果对照，如图 1.4.1 所示。

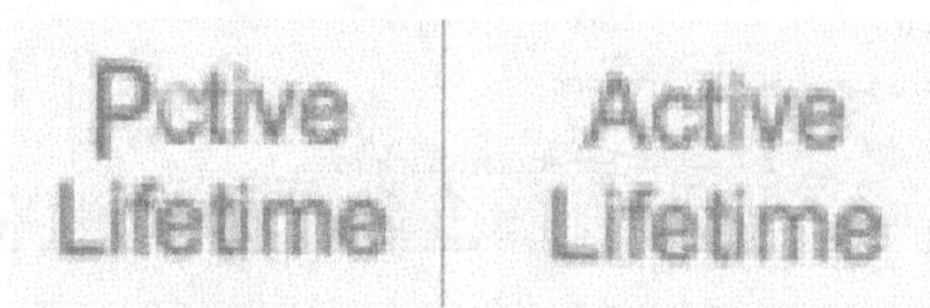

图 1.4.1 图像处理前后对照

完成上面的处理工作的具体步骤如下。

(1) 使用 Fireworks 打开图像文件，按 Ctrl 键和+键适当放大图像。

(2) 选取橡皮图章工具，并根据图片修改面积的大小使用属性面板调整笔刷的大小。

(3) 在图片的背景色处按住 Ctrl 键点鼠标左键(这样做是为了使要修改的地方的颜色与原背景色保持一致)，然后把光标放到要修改的文字的地方单击。不断重复以上步骤，直到要去除的文字被完全去除为止。

(4) 使用文字工具，在刚才擦除的地方写字母“A”并通过属性面板选择相近的字体和大小。此时，字母 A 与其他字母的颜色存在较大的差别。

(5) 将单击颜色按钮时出现的吸管工具移到图片中的字母上后单击，即可将吸取的颜色应用到字母 A 上。此时，字母 A 与其他字母的颜色较接近。

注意：

(1) 使用文字工具书写文字时，将自动创建一个图层。

(2) 使用背景是纯色时，先使用套索工具，然后使用吸管工具，最后使用油漆桶工具或使用 Ctrl+Delete 快捷键(Photoshop 中)实现填充。

1.4.3 使用 Flash 制作动画

动画与电影的基本原理都是利用人眼视觉的残留特性，即人体的视觉器官在看到物体消失后仍可保留视觉印象。人体的视觉印象在人眼中大约可保持 0.1 秒之久。

在计算机动画中，以关键帧为基础，通过程序自动生成中间帧。当人的视觉器官看到以每秒播放 24 帧的速度来播放画面时，人便有了画面流畅的感觉。

使用 Flash 制作动画时，源文件以.fla 格式保存，导出的动画以.swf 格式保存。

一个使用 Flash 制作的文字动画的界面(参见实验 1)，如图 1.4.2 所示。

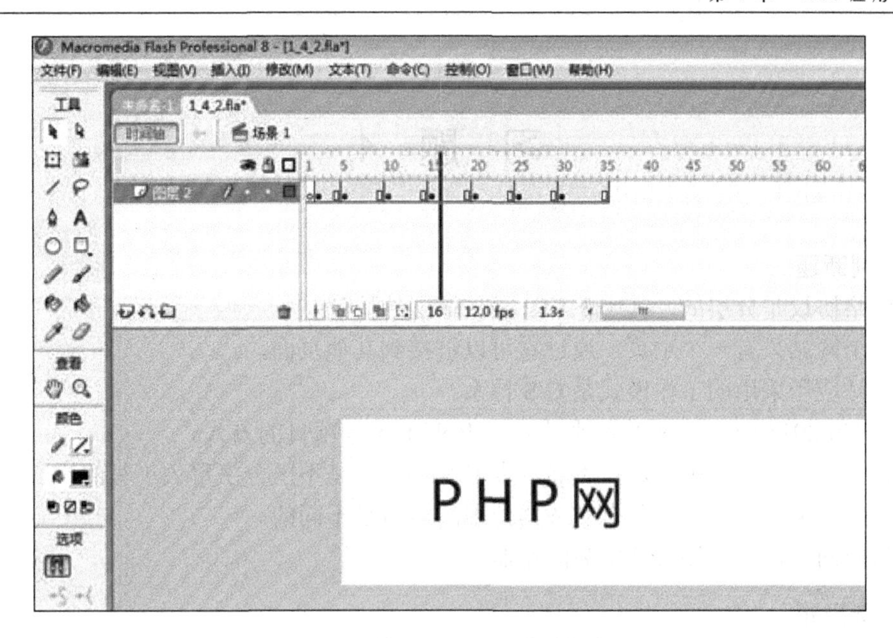

图 1.4.2　使用 Flash 软件制作动画

1.4.4　切图形成网页素材

给客户开发网站时，美工人员需要先画出界面(特殊是主页)的效果图，待客户认可后，然后经过切图后形成网站素材文件，最后加载到网页里。

Photoshop 和 Fireworks 软件均提供了切片工具来实现切图功能。切图完成后，生成一个格式为.htm 的网页文件和所有切片图像文件(.jpg 格式)。其中，网页文件以表格的形式引用了所有的切片图像文件。

习 题 1

一、判断题

1. 网络协议是分层的，其中 HTTP 是传输层的协议。
2. 一个网站只有一个主页，通过它可以链接到其他页面。
3. 网站应用采用的工作模式是 C/S 体系。
4. 在 VS 2015 中，提供了多种开发 ASP.NET Web 项目的方式。
5. 在关系型数据库中，数据库名、表名及字段名是不区分字母大小写的。
6. 在一个网站系统里，所有服务器使用的端口是不同的。
7. 访问网站，客户端必须安装浏览器。

二、选择题

1. 进入 VS 2015 的起始页，应使用____菜单。
   A. 文件　　B. 项目　　C. 工具　　D. 视图
2. 打开项目的解决方案文件后，如果未出现项目文件窗口，则应使用____菜单。
   A. 文件　　B. 视图　　C. 工具　　D. 项目
3. 在 VS 2015 中，测试对 SQL Server 数据库服务器的连接是否成功，应使用____菜单。
   A. 工具　　B. 视图　　C. 测试　　D. 调试
4. 第____范式强调的是每个非主属性唯一依赖主属性。
   A. 1　　B. 2　　C. 3　　D. 4
5. 下列软件中，擅长动画制作的是____。
   A. Dreamweaver　　B. Fireworks　　C. Flash　　D. Photoshop

三、填空题

1. 通过 HTTP 协议访问 Internet 网络资源时，默认使用的端口号是____。
2. 网站开发中涉及的两种服务器分别是 Web 服务器和____服务器。
3. 在 VS 2015 中新建网站的快捷键是____。
4. 在 VS 2015 中新建项目的快捷键是____。
5. 登录 SQL Server 服务器，有 SQL Server 和____两种验证方式。
6. Photoshop 软件存储图片文件默认使用的格式是____。

实验 1　Web 应用开发基础

一、实验目的

(1) 掌握 ASP.NET 应用的集成开发环境 VS 2015 的基本使用。

(2) 掌握关系型数据库软件 SQL Server 和 MySQL 的使用。

(3) 掌握网页文本编辑器软件的使用。

二、实验内容及步骤

【预备】访问本课程上机实验网站 http://www.wustwzx.com/asp_net/index.html，单击第 1 章实验的超链接，下载本章实验内容的源代码(含素材)并解压，得到文件夹 ch01。

1. 掌握 ASP.NET 应用的集成开发环境 VS 2015 的基本使用

(1) 启动 VS 2015，使用 Ctrl+Shift+N 快捷键，弹出“新建项目”对话框。

(2) 选择“Visual C#”→“控制台应用程序”，单击“确定”按钮。

(3) 在默认创建的程序 Programe.cs 的 Main()方法里输入如下语句。

```
Console.WriteLine("Hello，VS 2015.");
```

(4) 在引入命名空间代码区右键→组织 Using→删除不必要的 Using，删除不必要的命名空间。

(5) 选中文本 Console 后按 F12 键进行对象导航，出现 System 类的程序集、命名空间、类方法等信息，然后使用工具栏左边的向后导航工具或向前导航工具。

(6) 熟悉工具栏右边注释工具和取消注释工具的使用。

(7) 使用 Ctrl+F5 快捷键运行程序，出现控制台信息。

(8) 依次关闭控制台窗口、项目资源管理器窗口和程序代码窗口。

(9) 选择“视图”→“起始页”，单击刚才新建的控制台项目。

(10) 选择“视图”→“解决方案资源管理器”，弹出项目的解决方案资源管理器窗口。

2. 使用 MySQL 和 SQL Server 数据库

(1) 访问 http://www.wustwzx.com，从 Java EE 课程板块里下载 MySQL 数据库软件，安装并牢记 MySQL 的安装密码。

(2) 从开始菜单里运行 MySQL 客户端，在命令行方式下输入登录 MySQL 服务器的用户名(root)及密码。登录成功后，输入“quit;”后退出。

(3) 从作者教学网站 http://www.wustwzx.com 的 Java EE 课程板块里下载 MySQL 前端软件 SQLyog，解压后安装。

(4) 首次运行 SQLyog，需要输入登录 MySQL 服务器的用户名(root)及密码。

(5) 在 SQLyog 里执行脚本 ch01\sql\MySql\flower.sql，创建名为 flower 的 MySQL 数据库。

(6) 分别练习创建数据表，以及对表记录和表结构的增加、修改和删除操作。

(7) 打开 SQL Server Management Studio，选择数据库服务器 SQL Server Express。

(8) 分别创建名为 flower1 和 flower2 的数据库。

(9) 在数据库 flower1 里新建查询，执行脚本 ch01\sql\SQL Server\flower1.sql 后，查看各个数据表(结构与记录)及表间关系(一对多关系)。

(10) 在数据库 flower2 里新建查询，执行脚本 ch01\sql\SQL Server\flower2.sql 后，查看各个数据表及表间关系，并比较 flower1 与 flower2 两个数据库关系图的不同之处。

(11) 打开 VS 2015，选择“工具”→“连接到数据库”，在弹出的“添加连接”对话框里输入 VS 2015 内置数据库服务器的名称(localdb)\MSSQLLocalDB 后，单击“测试连接”按钮，查验 VS 2015 内置的 SQL Server 引擎是否存在。

3. 使用 Dreamweaver CS6、EditPlus 和 VS 2015 作为网页文本编辑器

(1) 从作者教学网站 http://www.wustwzx.com 第一门课程板块里下载 Dreamweaver CS6，解压后建立主执行文件的桌面快捷方式。

(2) 双击桌面上的快捷图标 Dw，进入 DW 的主界面，并选择“拆分”模式。

(3) 选择“站点”，新建一个名为 ch01 的站点，并指向解压文件夹 ch01。

(4) 选择“编辑”→“首选参数”→“新建文档”，设置文本编码为 utf-8。

(5) 新建一个 HTML 文档，查看一般结构(头部与主体)后保存文件并命名为 test.html。

(6) 拖曳站点内素材文件 media\01.jpg 至设计窗口，查看图像的 HTML 代码。

(7) 从作者教学网站第一门课程板块里下载 EditPlus 软件并安装。

(8) 使用 EditPlus 打开刚才建立的网页文件 test.html，使用浏览工具浏览本页面。

(9) 在 VS 2015 中，使用 Shift+Alt+O 快捷键打开站点文件夹 ch01。

(10) 右击某个页面，在弹出的右键快捷菜单中选择“在浏览器中查看”的方式，浏览站点内的页面。

三、实验小结及思考

(由学生填写，重点填写上机中遇到的问题。)

HTML 与 CSS+Div 布局

HTML 是用来编写网页的语言，使用 HTML 标记来呈现页面元素(或对象)；CSS 样式表技术不仅可以用来设置页面元素的外观(起着美化大师的作用)，还可以配合 Div 进行精确的页面布局；框架也是页面布局的常用技术。本章的学习要点如下。

- 掌握常用的 HTML 标记的使用方法，特别是主要属性的作用。
- 掌握表单的制作及其工作原理，特别是文本型表单与文件上传表单在使用上的区别。
- 掌握使用 CSS 技术控制页面元素的外观，特别是使用 CSS 样式的多种方式。
- 掌握页面布局的多种方法，特别是流行的 CSS+Div 布局。

2.1 使用超文本标记语言 HTML 组织页面内容

2.1.1 HTML 概述

浏览网页时，页面中出现的一些元素，如超链接、按钮、表格、下拉列表等，它们实际上是由一种称为 HTML 的语言编写的。

HTML(hyper text markup language，超文本标记语言)标记符都是用一对尖括号括起来的，绝大部分标记符都是成对出现的，包括开始标记符和结束标记符。开始标记符和相应的结束标记符定义了该标记符作用的范围。结束标记符与开始标记符的区别是结束标记符在小于号之后有一个斜杠。例如，定义滚动文本的 HTML 代码如下。

```
<marquee>滚动文本</marquee>
```

说明：

(1) HTML 标记符不区分大小写，<TITLE>和<Title>的效果相同，<IMG>和<img>也是。

(2) 少数 HTML 标记是单标记，如<img>、<meta>、<link>、
和<hr>等。

大多数标记符，还包括一些属性，每个属性有一个或多个属性值，以便对该标记表示的对象进行详细的控制。属性是用来描述对象特征的，如一个人的身高、体重就是人这个对象的属性。

在 HTML 中，所有的属性都放在开始标记符的尖括号里，属性和标记符之间用空格隔开；属性的值放在相应属性之后，用等号隔开，并且一般用一对双引号引起来(或者使用一对单引号，或者不使用引号)；而不同的属性之间用空格隔开。例如，插入图像时，可以使用<img>标记的 width、height 等属性，相应的 HTML 标记如下。

```
<img   src='jpg/01.jpg'   width="100"   height="150"/>
```

说明：

(1) HTML 标记的属性及其属性值，与 HTML 标记一样，不区分大小写。

(2) 出现在最左边的英文为标记名，它与后面的属性名之间至少应用一个空格分隔开。

(3) 各个属性名值对之间至少应有一个空格来分隔。

(4) 单标记可以在>前加/，表示自闭。

空格在 HTML 标记中起着分隔的作用，例如标记名与属性名之间至少应有一个空格。若要产生多个作为文本的空格字符，则需要使用代码 。

若要进行网页编辑，通常需要使用网页文本编辑器。Dreamweaver(以下简称 DW)是一款专业的网页编辑器，作者教学网站 http://www.wustwzx.com 第一门课程板块里提供了 DW CS6 的下载链接，它是免安装的绿色版本，解压后即可使用。DW 具有代码自动提示(也称联机支持)、代码与设计双窗口同步显示功能，此外，还有文件面板、版式面板和属性面板等功能，可以方便用户进行文件操作和设计。DW 的操作界面如图 2.1.1 所示。

图 2.1.1　DW 操作界面

注意：由于 Win 8 是 64 位系统，因此，在安装了 Win 8 操作系统的计算机上使用 DW 前，需要设置 DW 主程序的兼容性，其方法是右击 DW 主程序，在弹出的右键快捷菜单中选择“属性”，勾选“以兼容模式运行这个程序”，并选择“Windows XP(Service Pack 3)”。

为方便网站开发，DW 提供了几个常用的面板和打开/关闭它们的快捷键。控制各种面板的快捷键在 DW 的“窗口”菜单里可以查看到，几个常用面板对应的快捷键如下。

- F4：打开或关闭所有的面板。
- F8：打开或关闭站点文件面板。
- Ctrl+F3：打开或关闭属性面板。
- Shift+F11：打开或关闭 CSS 样式面板。

相对 DW 而言，EditPlus 则是一款轻量的网页文本编辑软件，在作者教学网站(www.wustwzx.com)第一门课程板块里提供了 EditPlus 的下载链接，对于正在编辑的 HTML 文档，它提供了预览工具。

注意：

(1) 首次使用 EditPlus 时，需要进行用户注册。

(2) EditPlus 没有联机支持、设计面板等，只适合于 HTML 代码的简单修改和文档预览。

在 DW 代码窗口中输入“ ”，则在设计窗口中将产生空格字符。当然，也可以在中文输入方式下使用全角的空格字符，但这样的空格一个相当于两个半角空格。

在页面中生成一条水平线，需要使用标记<hr>，它是单标记。

注意：不要试图在 DW 的设计窗口中连续多次按空格以产生多个半角的空格文本字符，其与 Word 编辑文档的方式不同。

换行标记
，是单标记，没有任何属性。

段落标记<p>，与
标记相比，多产生一个换行，并且具有 class 或 id 等属性。

注意：在 DW 设计窗口中编辑文本按回车键时，在代码窗口中将自动产生一个换行标记。

一个网页实际上对应于一个 HTML 文件，通常以.html 作为扩展名。一般地，HTML 文档以标记<html>开始、以</html>结束。

HTML 可以分为头部和主体两个部分。其中，文档头部由成对标记符<head>及</head>定义，文档主体由成对标记符<body>及</body>定义。在头部内，又可以嵌入成对出现的标题标记符<title>及</title>，用于指定浏览器窗口的标题。一个简单的 HTML 文档代码如图 2.1.2 所示。

```
<html>
<head>
    <title>我的第一个页面</title>
</head>
<body>这里为网页内容</body>
</html>
```

图 2.1.2　HTML 文档的一般结构

在文档头部还经常使用单标记<meta>来描述一个 HTML 网页文档的属性，如文档字符编码、作者、日期和时间、网页描述、关键词、页面刷新等。例如，定义文档的字符编码为 UTF-8 的 HTML 代码如下。

```
<meta http-equiv="Content-Type" content="text/html; charset=utf-8">
```

注意：设定网页文档编码可简写为：<meta charset="utf-8"/>。

在 HTML 文档内，可以对标记进行注释，其方法如下。

```
<!-- 注释内容 -->
```

2.1.2 在页面里插入图像、音频和视频

在 DW 中，插入图像到页面内的简单方法是直接从文件面板里拖曳一个图像文件至页面代码窗口的主体内(即 body 标记内)或设计窗口内。例如，拖曳文件 image\01.jpg 至设计窗口内时，在代码窗口主体内产生的 HTML 代码如下。

```
<img src="image/01.jpg"   width="140" height="123">
```

注意：在网站开发中，一般采取相对路径引用站点内资源的方法，为此，应先保存包含图像的页面在站点内。如果新建一个页面且未保存，则拖曳后 HTML 代码中图像文件前出现的路径是绝对路径(从硬盘根目录开始的路径)。

要插入鼠标经过图像，可选择“插入”→“图像对象”→“鼠标经过图像”，此时会在页面头部生成 JavaScript 脚本且包含在成对标记<Script>及</Script>内(JavaScript 脚本将在第 3 章介绍)。

在页面里插入背景音乐(可以将其看成一个无形的对象)，需要使用单标记<bgsound>，其用法格式如下。

```
<bgsound   src="音乐文件名">
```

在页面里插入视频，需要使用单标记<embed>，其用法格式如下。

```
<embed   src="视频文件名">
```

注意：

(1) <img>标记插入的图像，可以是.jpg 或.gif 等格式，但不能为.swf 动画格式。

(2) 在页面里插入.swf 格式的动画或.avi 格式的视频文件，要使用 HTML 标记<embed>。

(3) 插入 Flash 动画时，对 embed 标记应用属性 wmode='transparent'可以透明其动画的背景。

2.1.3 超链接、热点链接和锚点链接

超文本的原始含义是指将各种不同空间的文字信息组织在一起的网状文本。超文本类型有许多种，目前经常使用的是使用超文本标记(主要指超链接)组织超文本。文本型超链接的基本格式如下。

```
<a href="目标页面" [target="框架名"]>文本或图像标记</a>
```

其中：href 是必填属性，其值为链接到的目标页面；[target]表示 target 为任选属性，其值表示目标页面显示的位置，省略该项或令 target="blank"时将新打开窗口。

在 DW 中，利用属性面板可以快速设计一个超链接，其方法是先选中被链接的对象(或

代码)，然后在属性面板的“链接”栏里输入链接地址即可。

在网站开发中，超链接可以分为站内链接和站外链接两种。

热点链接是指对页面里的一个图像的不同部分做超链接，其实现方法是在 DW 中先选中图像，然后使用属性面板左侧的热点工具选取热点，再在链接文本框里输入目标页面即可。例如，对导航条图片的“首页”部分做热点链接的设计视图，如图 2.1.3 所示。

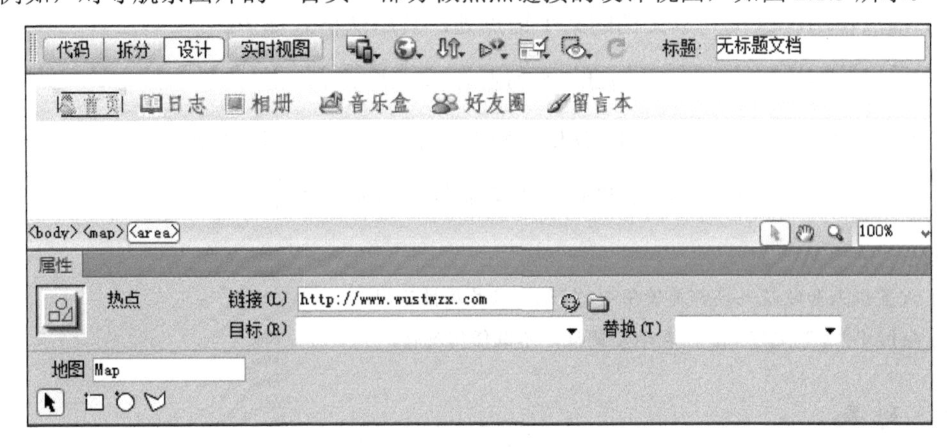

图 2.1.3　在 DW 中做图像热点链接

在网上阅读一个较长的文档时，如果顺序阅读，则可能把握不了该文档的要点。通常，在文档的顶部或底部以超链接方式显示一个要点目录，通过超链接可以快速查看自己关心的主题，此时屏幕最上方出现该主题的详细内容。浏览时，使用 Ctrl+End(Ctrl+Home)快捷键可快速回到页面的底(顶)部目录位置，以便重新选择自己所关心的主题。这也是超文本的含义，阅读超文本时可随时跳转至自己所关心的主题。在 DW 中，一个使用锚点链接示例的设计视图，如图 2.1.4 所示。

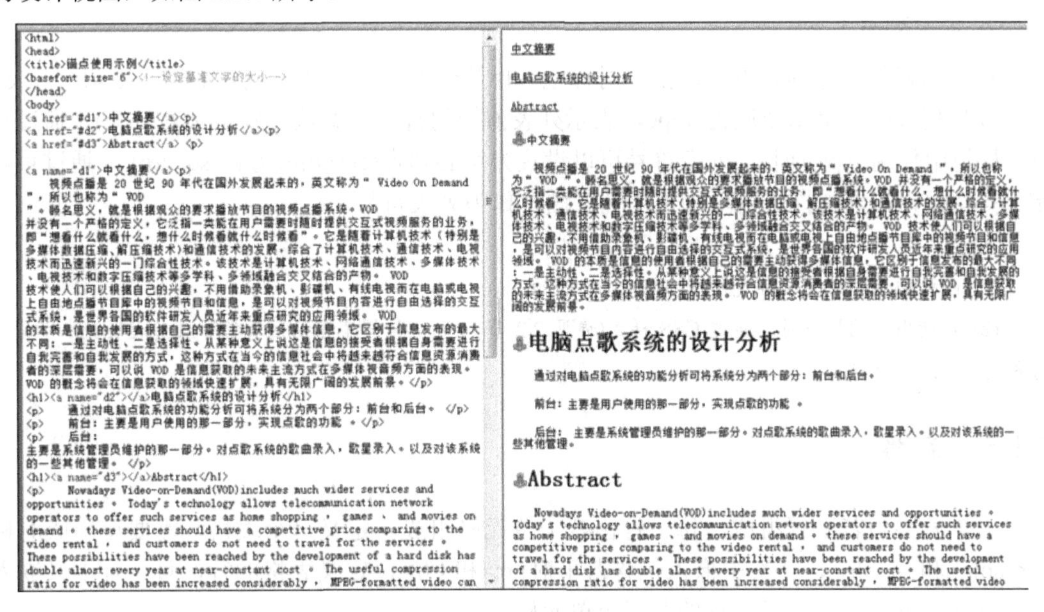

图 2.1.4　锚点的设置与使用

要实现上面的功能，需要使用锚点链接功能，具体步骤如下。

(1) 设置锚点。在某个主题的起始位置做记号即可设置锚点，用于设置超链接的目标位置(不是网页！)，其用法格式如下。

```
<a name="链接目标位置名称">主题名称</a>
```

(2) 锚点使用。链接到本文档的某个锚点处，其用法格式如下。

```
<a href="＃锚点名称">文字</a>
```

实际上，还可以链接到其他HTML文档中的某个锚点，其用法格式如下。

```
<a href="HTML文件名＃锚点名称">文字</a>
```

注意：

(1) 设置锚点和做超链接都是使用<a>标记，只是属性不同。

(2) <a href="＃">文字</a>，表示空链接，不做任何跳转。

2.1.4 列表

Word工具栏中有“编号”和“项目符号”两个工具，用于实现文本的快速输入(回车后自动产生编号或项目符号)。此外，在通常情况下，每个列表项占一行。在网页设计时，可以通过使用HTML相关标记来设计这种效果。

1. 编号列表

编号列表实际上由一对标记<ol>及</ol>内嵌若干对标记<li>及</li>组成。

编号列表标记<ol>中的一个重要属性是start，表示编号列表的起始值，默认为1。

2. 项目列表

项目列表与编号列表类似，由一对标记<ul>及</ul>内嵌入若干对标记<li>及</li>组成。

项目列表的一个重要属性type，表示列表前缀的符号，默认为实心圆点(disc)。通过在<ul>标记中使用type属性，列表符号可以设置为空心圆点(circle)或方框(square)。通过重新定义<ul>标记的外观样式，可以使用任意图片作为列表符号。

注意：

(1) 两种列表的列表项都是使用<li>标记实现的。

(2) 在使用网站导航时，通过CSS样式(详见2.2节)控制，使得不显示列表符号且列表项呈水平排列的方式(参见例2.2.1)。

2.1.5 表格

一个表格由若干行组成，每一行由若干单元格组成。定义一个表格，需要使用成对标记<table>和</table>，在其中嵌入包含若干对<tr>和</tr>，定义表格的行，每一行中又嵌入若干对<td>和</td>，定义该行的若干个单元格。

定义表格的三个层次，其示例代码如下。

```
<table>
    <caption>标题名称</caption>
    <tr>
        <td>…</td>    <!--定义单元格里的内容-->
        <td>…</td>
        …
    </tr>
    …        <!--定义其他的行-->
</table>
```

注意：

(1) 表格标题不是必需的，若要定义表格标题，则必须使用成对标记<caption>及</caption>，且位于<table>标记后。标题位于成对标记<caption>和</caption>内。表格标题的位置默认为表格上方正中间。

(2) 标记<table>、<tr>和<td>都可以应用 bgclor(背景色)、background(背景图像)、align(水平对齐)、valign(垂直对齐)、width(宽度)和 height(高度)等属性。

(3) 定义表格首行的<td>可以使用<th>代替，此时，首行文字以居中且加粗的方式显示。

2.1.6　表单及常用表单元素

1. 表单及其工作原理

表单常用来制作客户端的信息录入界面或登录界面。当用户单击“提交”按钮后，浏览器地址栏将出现一个新的 HTTP 请求，跳转至表单处理页面，接收用户提交的信息并进行相应的处理。

一个表单定义的示例代码如下。

```
<form name="表单名称" method="post|get" [action="表单处理程序"] >
    <!--定义接收用户数据输入的表单元素-->
    ……
    <input type="submit" value="提交">
</form>
```

注意：

(1) 表单的 method 属性值一般指定为“post”，它是默认值。

(2) 如果不指定表单的 action 属性值，则默认由本页面处理。

(3) 提交按钮/重置按钮只能作为表单里的最后元素。

(4) 提交按钮是表单必需的，而重置按钮则不然。

(5) 定义表单元素时，一般要使用 name 属性，因为客户端脚本(参见 3.1 节)和服务器脚本(参见 4.2 节)是按元素名称来获取提交值的。

2. 文本框、密码框和多行文本框

文本框用于实现像用户名这样的字段输入，其定义的 HTML 代码如下。

```
<input type="text" name="标识符" size="字符宽度" class="类样式名">
```

其中，type="text"是定义文本框的主要属性，其他属性是任选的。

密码框用于实现密码输入，其定义是文本框的变种，定义它的 HTML 代码如下。

```
<input type="password" name="标识符" size="字符宽度" class="类样式名">
```

其中，type="password"是定义密码框的主要属性，其他属性是任选的。

多行文本框用于用户留言等字段的输入。定义多行文本框的 HTML 代码如下。

```
<textarea name="标识符" rows="行数" cols="列数" >初始文本</testarea>
```

注意：

(1) 文本框只能写一行，多于一行的信息则需要使用多行文本框。

(2) 属性 rows 及 cols 实际上是定义可视区域的大小的，当用户输入的信息超过这个区域时，就会出现滚动条。

3. 单选按钮、复选框与下拉列表框

单选按钮用于性别或等级等这样的字段输入，即在一组选项中只能选择一项，非此即彼。定义单选按钮的 HTML 示例代码如下。

```
<input type="radio" value="值1" name="选项组名称" checked>选项标识1
<input type="radio" value="值2" name="选项组名称" >选项标识2
<!--其他选项-->
<input type="radio" value="值n" name="选项组名称" >选项标识n
```

其中，type="radio"及 value 是定义单选按钮的主要属性，checked 表示该项默认选中。

注意：

(1) 未选中时的图形是，选中后变为。

(2) 设计单选按钮时，其选项组名称必须相同。

复选框用于输入兴趣爱好、多选题作答等，表示在一组选项中，可以不选择或选择其中的多项。例如，复选框表现为勾选“√”效果，如图 2.1.5 中的“兴趣爱好”， 复选框的定义方法如下。

```
<input type="checkbox" value="值1" name="选项组名称" checked>选项标识1
<input type=" checkbox " value="值2" name="选项组名称" >选项标识2
<!--其他选项-->
<input type=" checkbox " value="值n" name="选项组名称" >选项标识n
```

其中，type="checkbox "及 value 是定义复选框的主要属性，checked 表示该项默认选中。

注意：

(1) 未选中时的图形是，选中后变为。

(2) 设计复选框时，其选项组名称可以不同。

(3) 单选项服务器提交的值只有一个，而复选向服务器提交的值可能多个。

下拉列表框在网页中经常使用，如用户申请时对国籍的选择等，下拉列表框的效果可参见图 2.1.5 中的“所学专业”。下拉列表框的定义方法如下。

```
<select name="select" >
    <option value="值1" selected>计算机及应用</option>
    <option value="值2">计算机网络技术</option>
    <option value="值3">计算机软件</option>
    <!--其他列表项-->
</select>
```

其中，成对标记<select>和</select>用来定义下拉列表框；下拉列表框的若干列表项由成对标记<option>和</option>定义；属性 selected 定义下拉列表框的默认选择项，它不是必选项。

注意：列表框是下拉列表框的变形，它在网页设计中不是很常用，通过对标记<select>应用 size 属性，用于指定列表项的数目，参见图 2.1.5 中的“所学课程”。

4. 字段分组与组标题

当表单元素较多时，可将相关字段放在一个组中。对表单元素分组所使用的 HTML 标记的用法如下。

```
<FieldSet>
    <Legend>分组标题</Legend>
    <!--组内容器控件定义-->
</FieldSet>
```

5. 提交按钮 submit、图像提交按钮 image 与复位按钮 reset

如果在表单中设置了 action 属性值为一个动态页面，则表明指定了服务器端的处理程序，此时就必须在表单的最后(结束标记</form>前)定义一个提交按钮。

提交按钮分为文本型和图像型两种。文本型的提交按钮的定义方法如下。

```
<input type="submit" value="提交" >
```

其中，input 是标记名，type 属性的值只能是 submit，value 属性的值可以更改。

提交表单至某个 PHP 页面的用法示例，参见例 5.7.1。

图像型的提交按钮的定义方法如下。

```
<input type="image" src="图像文件名" >
```

其中，src 属性的值是一个图像文件名。

复位(重置)按钮对于表单来说是任选的，它实现将各种表单控件输入的复位(清零)操作。重置按钮的定义方法如下。

```
<input type="reset" value="重置" >
```

其中，value 属性值可以更改，如“重填”等。

6. 命令按钮 button

命令按钮用来响应客户端的单击事件，其定义方法如下。

```
<input type="button" value=? OnClick="客户端脚本方法">
```

其中，type="button"是定义命令按钮的关键属性；属性 value 定义出现在按钮上的文本。

注意：

(1) OnClick 是浏览器支持的事件(不是属性!)，表示鼠标单击。命令按钮的用法，可参见例 3.1.1。

(2) 三种按钮中的 value 属性值，既是按钮的标签(即出现在按钮上的文字)，又是表单提交后传送给服务器程序的值。

(3) 命令按钮可以在表单外使用，而提交按钮和重置按钮必须在表单内使用。

(4) 在网站开发实务中，对表单提交的数据进行有效性验证的方式共有两种。一种方式是定义表单的 onsubmit 事件来实现对客户端脚本进行验证(参见例 5.7.1)，另一种是在服务器程序中验证。显示，客户端验证可以减轻 Web 服务器的压力，值得推荐。

【例 2.1.1】一个文本型表单制作实例。

一个综合的文本型表单页面 example2_1_1.html 的浏览视图，如图 2.1.5 所示。

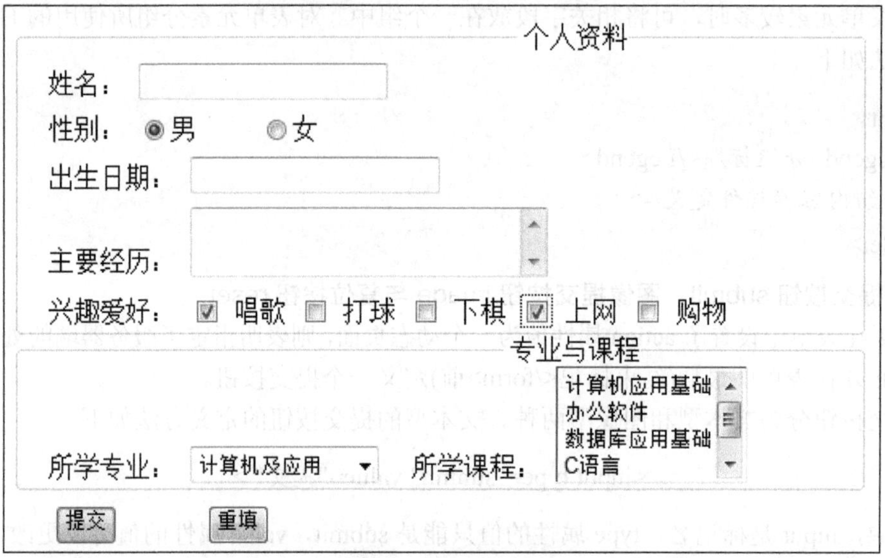

图 2.1.5　表单的浏览视图

表单页面 example2_1_1.html 的完整代码如下。

```
<html>
<head>
    <meta http-equiv="Content-Type" content="text/html; charset=utf-8">
    <title>表单制作</title>
</head>
<body>
    <form   action="" >
    <fieldset>
    <legend align="center">个人资料</legend>
```

```
    <p>　姓名：<input type="text" name="username"></p>
    <p>　性别：<input name="xb" type="radio" checked value="男">男
                    <input name="xb" type="radio" value="女">女
    <p>　出生日期：<input type="text" name="birthday">
    <p>　主要经历：<textarea name="textarea" rows="3" cols="25"></textarea>
    <p> 兴趣爱好：
        <input type="checkbox" name="ah" value="01">唱歌
        <input type="checkbox" name="ah" value="02">打球
        <input type="checkbox" name="ah" value="03">下棋
        <input type="checkbox" name="ah" value="01">上网
        <input type="checkbox" name="ah" value="01">购物
    </fieldset>
    <fieldset>
        <legend align="center">专业与课程</legend>
    所学专业：<select name="select" >
                <option >软件工程</option>
                <option selected>计算机及应用</option>
                <option>计算机网络技术</option> </select>
    所学课程：<select name="select2" size=4>
                <option>计算机应用基础</option>
                <option>办公软件</option>
                <option>数据库应用基础</option>
                <option>C语言</option>
                <option>网页设计</option> </select>
    </fieldset><p>
    <input type="submit" value="提交"/>   <input type="reset" value="重填" />
    </form>
</body>
</html>
```

2.2　使用层叠样式表 CSS 设置页面元素的外观

2.2.1　CSS 样式概述、CSS 选择器

CSS 是 1996 年底出现的新技术，是 cascading style sheets 的缩写，译名为层叠样式表。CSS 是一组样式，它并不属于 HTML，把 CSS 样式应用到不同的 HTML 标记，即可扩展

HTML 的功能，如调整字间距、行间距、取消超链接的下画线效果、多种链接效果等，这是原来的 HTML 标记无法实现的效果。

使用 CSS 技术，除了可以在单独网页中应用一致的格式外，对于大网站的格式设置和维护具有重要意义。将 CSS 样式定义到样式表文件中，然后在多个网页中同时应用该样式表中的样式，就能确保多个网页具有一致的格式，并且能够随时更新(只需更新样式表文件)，从而大大降低了网站的开发和维护工作量。

由于 CSS 样式的引入，HTML 新增了<style>和<span>两个标记，对所有产生页面实体元素的 HTML 标记都可以使用属性 style、class 或 id 来应用 CSS 样式。

注意：关键字 style 在不同的地方，其含义不同。

在 DW 中编辑一个 HTML 文档时，样式面板才可用(字体不变灰)。如果 CSS 样式面板没有展开，可使用 Shift+F11 快捷键(折叠 CSS 样式面板也是)，或者选择“窗口”→“CSS 样式”。CSS 样式面板如图 2.2.1 所示。

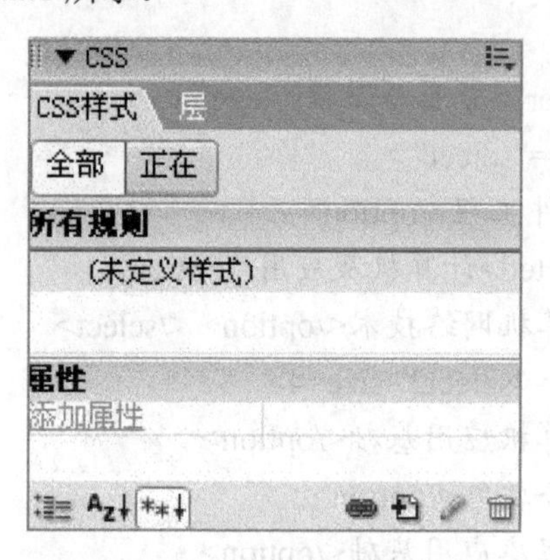

图 2.2.1　DW 中的 CSS 样式面板

在样式面板里，用于新建样式，用于编辑样式，用于删除样式。

注意：双击样式面板里已经存在的样式，也可以进行样式编辑。

使用 DW 新建样式时，首先要选择一种选择器，如图 2.2.2 所示。

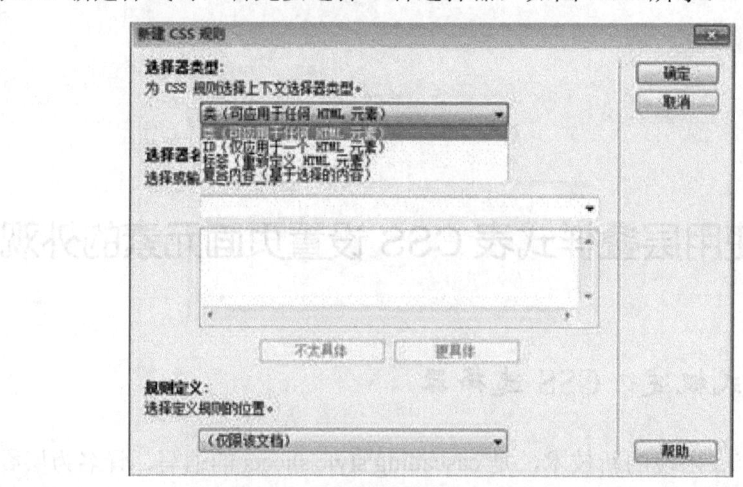

图 2.2.2　“新建 CSS 规则”对话框的选择器类型

CSS 选择器用于实现对 HTML 页面中的元素实现一对一、一对多或者多对一的控制，或者说，页面元素的外观就是由 CSS 选择器进行控制的。

几种常用的选择器的特性如下。

- 类选择器：在<style>标记内定义时，样式名前缀“.”，由用户决定哪些对 HTML 标记使用 class 属性来应用该样式。
- ID 选择器：在<style>标记内定义时，样式名前缀“#”，对 HTML 标记使用 id 属性来应用该样式，且要求应用本 ID 样式的页面元素是唯一的。
- 标签选择器：在<style>标记内，以 HTML 标记作为样式名(无前缀)，用来重新定义 HTML 标记的外观(自动应用于相应的 HTML 标记)。
- 伪类选择器：对超链接的不同状态的样式的定义，包括 a:hover(鼠标位于超链接上时)等。

注意：

(1) 当不涉及 JavaScript 脚本(含 jQuery)时，ID 样式与类样式可以互换。ID 选择器的唯一性是指应用 ID 样式的页面元素应当是唯一的。

(2) 对一个页面元素同时应用多种样式时，其选择器名称之间应使用空格隔开。

(3) 上面的伪类选择器是复合内容选择器(也称组合选择器)的一种使用形式。

在 DW 中，指定了一个选择器后，将进入 CSS 样式规则定义的对话框。例如，名为.zw 的类选择器的 CSS 样式规则定义的对话框如图 2.2.3 所示。

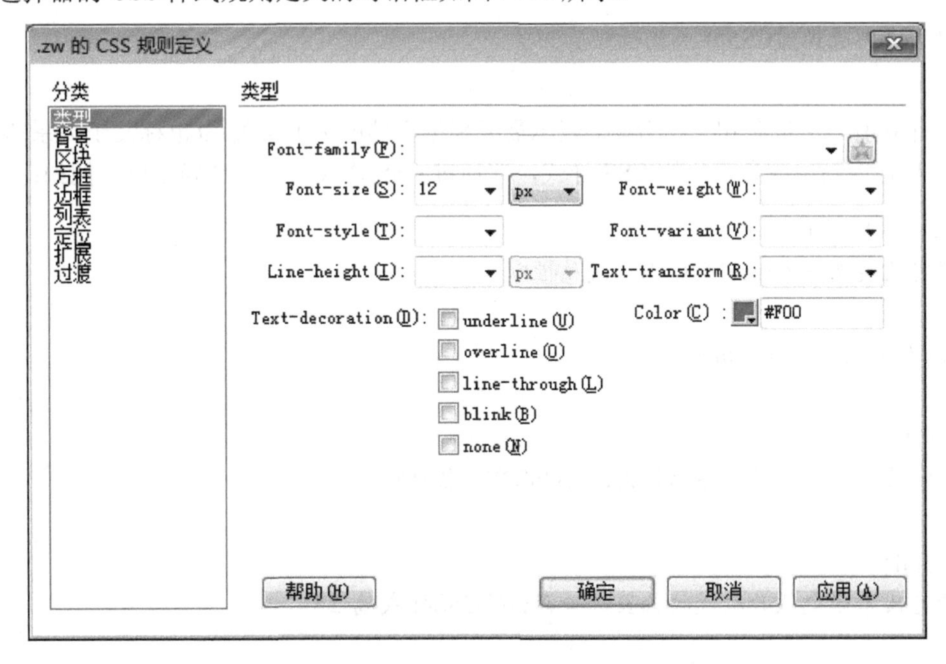

图 2.2.3　新建 CSS 样式规则定义对话框

指定 CSS 样式属性(字体大小和颜色)，单击“确定”按钮后，将在页面头部产生成对标记<style>和</style>，其代码如下。

```
<style type="text/css">
```

```
.zw {
    font-size: 12px; /*字体大小，像素为单位*/
    color: #F00;   /*颜色为红色*/
}
</style>
```

对于标记<style>及</style>内定义的 CSS 样式，为了增强可读性，使用/*及*/加以注释是程序员后来增加的。

注意：

(1) 显然，CSS 标记样式注释方式与 HTML 注释方式不同。

(2) 使用 DW 的 CSS 样式对话框只是减轻了我们记忆 CSS 样式属性的负担，初学者应该在理解的基础上记住一些常用的 CSS 样式属性以及各种选择器的定义方法。

在网站开发实务中，除了使用伪类选择器这种形式的组合选择器外，还有其他形式的组合选择器。

当多个选择器之间使用“，”分隔时，表示这些选择器是并列关系。例如：

```
.face1,.face2{    /*并列的类选择器*/
    /*两个类选择器共同的CSS样式属性*/
}
.face2 {
    /*新增类选择器CSS样式属性*/
}
```

多个选择器之间使用空格分隔，表示需要根据文档的上下文关系(也称父子关系)来确定 HTML 标记应使用或者避免的 CSS 样式，即通过 CSS 样式来实现准确定位。例如：

```
.faces .face1{   /*face1也称后代选择器*/
    /*定义类选择器face1的CSS样式属性*/
}
.menu { /*定义类选择器menu*/
}
.menu ul{
    /*定义作为后代的标签选择器ul的CSS样式属性*/
}
.menu ul li{
    /*定义辈分更低的后代的标签选择器ul的CSS样式属性*/
}
.menu ul li a{
    /*定义辈分更低的后代的标签选择器a的CSS样式属性*/
}
```

为了分析页面里各元素应用的 CSS 样式，建议读者使用 Google 浏览器。当右击页面元素并选择“审查元素”或按功能键 F12 时，会出现图 2.2.4 所示的效果。

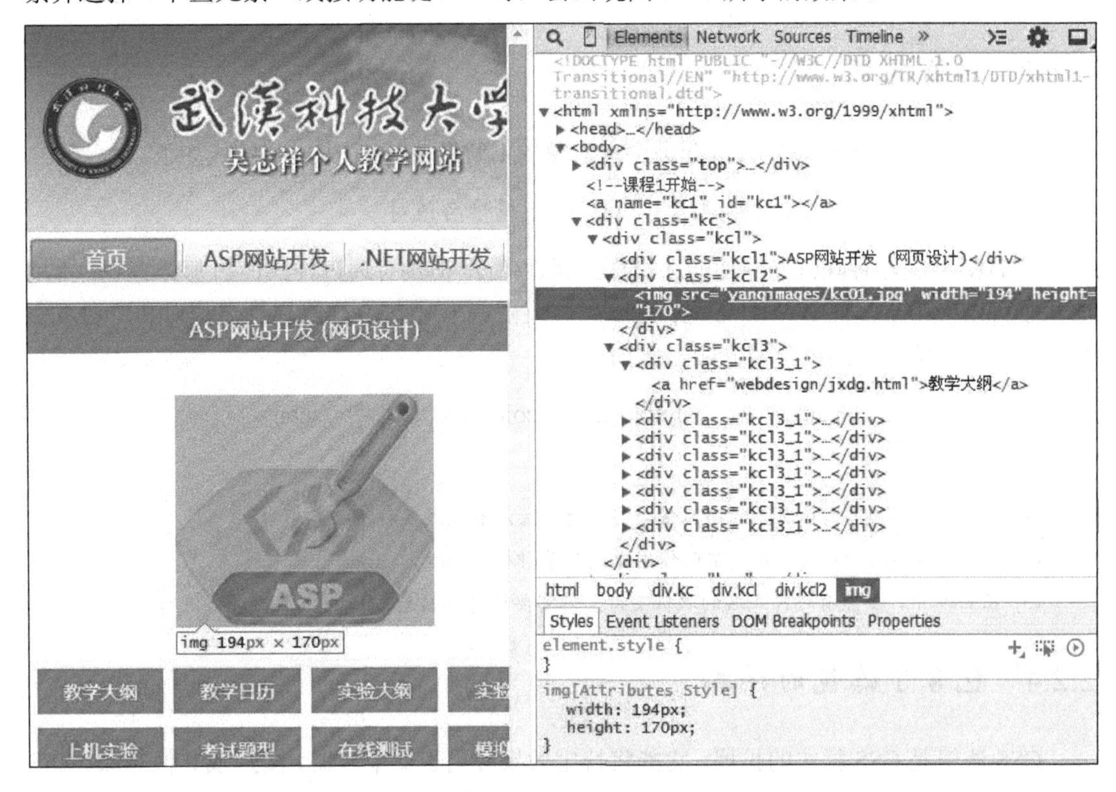

图 2.2.4　使用 Google 浏览器分析页面元素(HTML 定义及应用的 CSS 样式)

2.2.2　重新定义 HTML 元素外观、伪类样式

HTML 页面通常包含许多实体元素，产生实体元素的 HTML 标记名称也称为标签。这些标签有默认的外观，也可以重新定义。

注意：标签选择器 body 控制了页面里文本的外观，而标签选择器 td 则控制了表格单元格里文本的外观。

每个 HTML 标记所生成的页面元素都有其默认的外观。例如，HTML 标记<a>所产生的超链接，在默认情况下，存在下画线。在实际的网站开发时，通常通过重新定义 HTML 标记<a>样式，可以取消默认的下画线，例如：

```
<style type="text/css">
a {
    text-decoration: none;/*取值none时无下画线，取值为underline时有下画线*/
    font-size: 18px;   /*设置链接文字的大小*/
}
</style>
```

与伪类选择器对应的样式称为伪类样式。例如，除了 a:hover 外，还有 a:active(超链接被选中时)、a:visited(超链接被访问过时)和 a:link(超链接没有被访问过时)等都是伪类样式。

2.2.3 内联样式

内联样式通过 style 属性直接套进定义对象的 HTML 标记中去，其格式如下。

```
<标记名 style= "CSS属性名值对">
```

在 DW 中虽然有联机支持功能选择样式属性(值)，但没有通过样式面板那样直观；本用法几乎可以应用于任何 HTML 标记；style 属性值由若干对 CSS 样式属性名值对和一对双引号组成，且名值对之间以分号分隔。例如：

```
<span style="font-size: 24px; color: red;">文字</span>
```

注意：

(1) 内联样式因为与需要展示的内容融合在一起，故没有样式名称。

(2) 内联样式适用于对页面元素临时使用或追加某种样式属性。

(3) 在 DW 中，虽然有对样式名的联机支持，但需要设计者熟悉 CSS 样式属性名，没有设计对话框。

2.2.4 包含了滤镜的样式

CSS 滤镜是 CSS 样式的扩展，它能将特定效果应用于文本容器、图片或其他对象。CSS 滤镜通常作用于 HTML 控件元素，如 img、td 和 div 等。

在 CSS 样式中，通过关键字 filter 引入滤镜。下面介绍两种 IE 浏览器支持的常用滤镜 shadow 和 alpha。

对于空间文字，应用 shadow 滤镜可以实现文字的阴影效果，其 CSS 样式属性如下。

```
filter:shadow(color=cv,direction=dv)
```

其中，滤镜参数 color 表示阴影的颜色，cv 值可以使用代表颜色的英文单词，如 red、blue、green 等，也可以使用色彩代码；参数 direction 表示阴影的方向，dv 取值 0～360。

对于图像，使用 alpha 滤镜，可以得到透明效果，其使用方法如下。

```
filter: alpha(opacity=ov,style=sv);
```

其中，参数 opacity 表示图像的不透明度，ov 取值范围为 0～100。

- opacity=0，表示完全透明，此时完全看不清图像，而只能看到背景。
- opacity=100，表示完全不透明，此时只能看到原图像，而看不见背景。
- opacity 取大于 0 且小于 100 的值，则部分能看清图像，即为图像与背景的叠加效果。

参数 style 表示透明区域的形状特征，sv 取值 0、1、2、3，分别代表均匀渐变、线性渐变、放射渐变和矩形渐变。

注意：不同的浏览器对滤镜的支持是有区别的。

2.2.5　外部样式

前面我们建立的样式都在页面内部定义，它们只能为本页面使用，这样定义的样式称为内部样式。

外部样式是指样式定义在一个单独的文件里，该样式文件以.css 作为扩展名。建立外部样式文件后，可以在网站的每个页面里引用它，用于统一网站风格。

在 DW 中，引用外部样式的一个快捷方法是从站点文件面板拖曳 CSS 样式文件至页面代码窗口里的头部(</title>)，此时会在页面代码窗口里增加如下代码。

```
<link rel="stylesheet" type="text/css" href="带路径的样式文件名.css">
```

【例 2.2.1】使用 CSS+Div 制作的水平导航菜单。

【设计思想】默认情况下，项目列表是纵向排列的，且每个列表项前有一个项目符号。通过设置相关的 CSS 样式，让项目列表项横向排列并去掉项目符号，再对每个列表项设置超链接后即是一个一维的水平导航菜单，页面 example2_2_1.html 的浏览效果如图 2.2.5 所示。

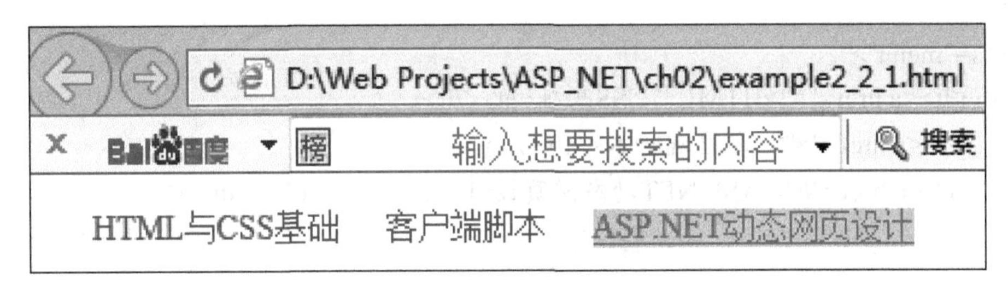

图 2.2.5　页面(使用 IE)浏览效果

页面 example2_2_1.html 的代码如下。

```
<html>
<head>
    <meta http-equiv="Content-Type" content="text/html; charset=utf-8">
    <title>使用CSS+Div制作的水平菜单</title>
<style type="text/css">
*{
    /*星号样式表示应用于所有页面元素*/
    margin:5;      /*外填充*/
    padding:0;     /*内填充*/
}
.menu{
    position:relative; /*不是必需的*/
}
```

```
.menu ul li {
    float:left; /*默认情况下，列表是换行的，使用本属性则不换行，即水平菜单*/
    list-style:none; /*不显示列表符号*/
    font-size:14px;
}
.menu ul li a{
    text-decoration: none;
}
.menu a:hover{
    text-decoration: underline;
    background:#f2cdb0;
    color:#f00;
}
</style>
</head>
<body>
<div class="menu">
    <ul> <li><a href="#">HTML与CSS基础</a></li>
        <li><a href="#"> 客户端脚本</a> </li>
        <li><a href="#"> ASP.NET动态网页设计</a> </li> </ul> </div>
</body>
</html>
```

2.3 页面布局

2.3.1 区域标记<Div>

Div 是成对标记，用于定义一个块级元素，其中可以包含文本或段落、表格等 HTML 标记。

Div 标记可以嵌套，即一个 Div 里可以包含一个或多个 Div。对于同一级别的多个 Div，默认位置关系是上下关系，但可以通过设置 CSS 样式属性改变成左右关系，还可以通过相对定位方式实现重叠。

Div 除了通过 style 属性应用内联 CSS 样式外，还可以通过 class 属性应用类样式或通过 id 属性应用 ID 样式。

Div 常用的 CSS 样式属性，如表 2.3.1 所示。

表 2.3.1　Div 的常用 CSS 样式属性

CSS 属性名	功 能 描 述
position	定位属性，常用取值为 absolute、relative，默认值为 static
left 和 top	定义左上角点，适用于 absolute 和 relative 两种定位方式，相对父 Div
right 和 bottom	定义右下角点，适用于 absolute 和 relative 两种定位方式，相对父 Div
width 和 height	定义 Div 的宽度和高度，以像素为单位
border	定义 Div 的边框，以像素为单位
background	定义 Div 背景图片
text-align	定义 Div 内文本对齐方式，取值为 left (默认)、center 或 right
overflow	当设置为 hidden 时，不显示超出 Div 部分；否则，Div 被膨胀
float	浮动，取值 left 或 right，常用于实现 Div 的并排
clear	设置为 both 时，消除 float 的影响
margin	外填充，用于设置 Div 之间的距离，可按“上右下左”的顺序分别设置
padding	内填充，用于设置 Div 与其内部元素的间距，也可分别设置
z-index	定义层叠加的顺序，取值为整数，值越大，就越靠上

元素以 relative 方式定位时，无论是否进行移动，该元素仍然占据原来的空间。

元素以 absolute 方式定位时，如果不存在父元素，则 top 和 left 两个属性值依据浏览器左上角开始计算；如果存在父元素且父元素使用 relative 定位方式，则 top 和 left 两个属性值依据父元素的左上角点开始计算。

注意：

(1) CSS 样式属性 margin 和 padding 可以按照不同方向设置属性值。如 margin-top、margin-right、margin-bottom 和 margin-left。

(2) 当 CSS 样式属性 margin 和 padding 只给出 2 个值时，则分别表示上下值和左右值。

假设在一个大 Div 里包含若干小 Div，如果要改变这些同级的小 Div 的默认的位置关系(上下排列)为水平排列(当显示不完时才自动转到下一行)，可以设置浮动属性 float 的值为 left。

使用 CSS 属性 margin 水平居中一个 Div 的方法如下。

```
margin:10px auto;   /*上下间距为10px，左右间距为auto*/
```

【例 2.3.1】一个相对定位与绝对定位混合的布局。

【设计思想】对于不规则的 Div 布局(即不是矩阵布局)，应在大 Div 里应用定位属性 position="relative"，在里面的多个小 Div 应用定位属性 position="absolute"。其页面浏览效果如图 2.3.1 所示。

图 2.3.1 页面浏览效果

页面 example2_3_1.html 的代码如下。

```
<html xmlns="http://www.w3.org/1999/xhtml">
<head>
    <meta http-equiv="Content-Type" content="text/html; charset=utf-8" />
    <title>采用相对定位与绝对定位实现不规则的Div布局</title>
    <link href="index.css" rel="stylesheet" type="text/css" />
</head>
<body>
<div class="bg">
    <div class="big">
        <div class="small1">透明修车，不盲目换件；以4s店价格为基准统一定价，工时为4s
                            店的60%，配件为70%，每年为客户节省30%~40%的费用</div>
        <div  class="small2">配备一般修理厂罕有的专用原厂检测仪器配备先进的维修设
                            备 开放式维修车间，远离修理陷阱</div>
        <div class="small3">标准化作业流程，一次修完，承诺返修赔500；使用纯正配件，
                            承诺配件假一赔十；以厂家技术标准为维修质量标准</div>
        <div class="small4">快速的预约保养作业，一小时完成；按时交车，承诺交车超时
                            赔500；提前预约"零等待"，大大节约客户的等待时间</div>
        <div class="small5">领先同行的汽车非金属件修复，漆面快修技术，修复的效果让
                            广大客户所认可，无一不具备独特的技术特色，拥有特色的技
                            术和工艺</div></div></div>
</body>
</html>
```

页面 example2_3_1.html 调用的外部样式文件 index.css 的代码如下。

```
body {
    margin:0px;    padding:0px;
}
.bg{
    margin-top:30px;padding-top:30px;
    background:#EEEEEE;
    border-top:2px #E7E7E7 solid;
    width:100%;height:650px;}
.big{
    position:relative; /*大Div相对定位是子Div绝对定位的前提*/
    width:1000px;height:630px;
    margin:0 auto;
    background:url(c02.jpg) no-repeat;   /*背景图片*/
}
.small1{
    position: absolute;   /*父Div是相对定位，子Div是绝对定位*/
    height: 81px;width:227px;
    left: 63px;top: 192px;
    line-height: 25px;
    color: #FFFFFF;
}
.small2{
    position: absolute;   /*父Div是相对定位，子Div是绝对定位*/
    height: 81px;width: 283px;
    left: 675px;top: 195px; /*顶点坐标是相对于父Div而言的*/
    line-height: 25px;
    color: #666;
}
.small3{
    position: absolute;
    height: 81px;width: 227px;
    left: 121px;top: 399px;
    line-height: 25px;
    color: #666;
}
.small4{
    position: absolute;
    height: 81px;width:227px;
```

```
    left: 706px;top: 356px;
    line-height: 25px;
    color: #FFFFFF;
}
.small5{
    position: absolute;
    height: 64px;width:378px;
    left: 363px;top: 519px;
    line-height: 25px;
    color: #666;
}
```

相对定位时，通过使用 top 和 left 两个属性(为负值)，可以实现页面元素的重叠(覆盖)效果。此时，根据 z-index 属性值决定谁出现在最上面。作为 CSS 样式属性 z-index 的使用示例，参见例 3.3.1(图片新闻显示)。

2.3.2 用于页面布局的常用 CSS 样式属性

用于页面布局的常用 CSS 样式属性，如表 2.3.2 所示。

表 2.3.2 用于页面布局的常用 CSS 样式属性

CSS 属性名	功 能 描 述
margin	外填充，用于设置元素的间距，可按“上右下左”的顺序分别设置
padding	内填充，用于设置容器与其内部元素的间距，也可分别设置
box-sizing	取值为 border-box 时，消除 div 因使用内填充而默认引起的膨胀效果
background-repeat	重复背景图片，常用于定义页面背景图片
display	显示属性，以 block 作为默认值，使用该值将为对象之后添加新行；取值为 none 时将隐藏对象(不保留其物理空间)；取值为 inline 时，不添加新行
visibility	可见属性，以 visible 作为默认值，表示可见；取值为 hidden 时，表示不可见，但保留着占用的物理空间

CSS 样式属性 margin 用于设置页面元素的间距，按照“上→右→下→左”的顺序，其使用示例见例 2.3.2。

CSS 样式属性 padding 用于设置容器与其内元素的间距，使用规则同 margin。

当背景图片尺寸小于其显示区域时，通常会出现平铺效果；反之，则会出现剪裁效果。通过 CSS 样式属性 background-repeat 可以设置平铺效果，其规则如下。

- repeat：默认值，表示背景图像将在垂直方向和水平方向重复。
- repeat-x：背景图像将在水平方向重复(即左右平铺)。
- repeat-y：背景图像将在垂直方向重复(即上下平铺)。
- no-repeat：背景图像将仅显示一次(不会出现平铺)。

- inherit：表示继承父元素的 background-repeat 属性设置。

在设置导航菜单时，经常要在一定的事件(如 OnMouseOver 和 OnMouseOut 等)发生时去改变元素的显示属性 display 和可见属性 visibility，参见例 3.2.2。

2.3.3　一个采用 CSS+Div 布局的主页

目前最流行的页面布局方式是使用 CSS+Div，它克服了传统的表格布局灵活性不足、代码冗余等缺点。

【例 2.3.2】一个采用 CSS+Div 布局的主页。

作者教学网站的主页采用 CSS+Div 布局，访问 http://www.wustwzx.com，其主页效果(部分)如图 2.3.2 所示。

图 2.3.2　一个采用 CSS+Div 布局的主页(主要部分)

主页头部的 HTML 代码如下。

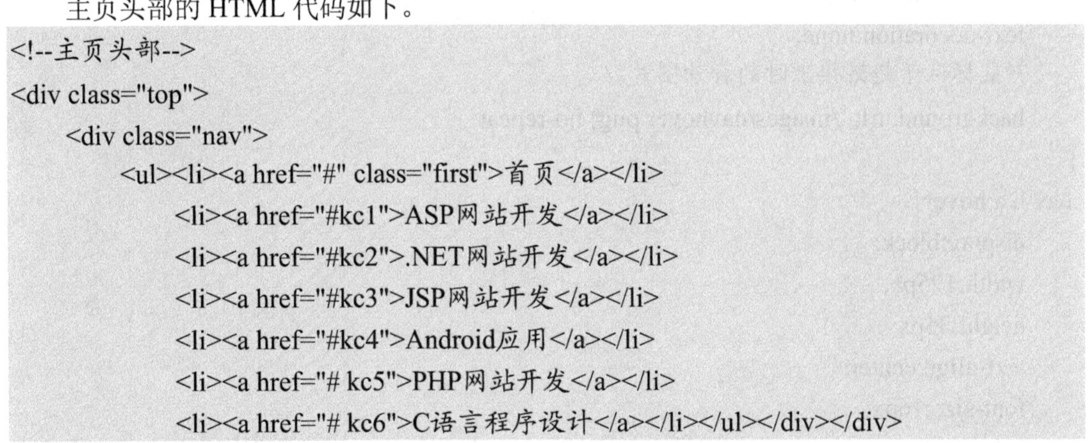

```
<!--主页头部-->
<div class="top">
    <div class="nav">
        <ul><li><a href="#" class="first">首页</a></li>
            <li><a href="#kc1">ASP网站开发</a></li>
            <li><a href="#kc2">.NET网站开发</a></li>
            <li><a href="#kc3">JSP网站开发</a></li>
            <li><a href="#kc4">Android应用</a></li>
            <li><a href="# kc5">PHP网站开发</a></li>
            <li><a href="# kc6">C语言程序设计</a></li></ul></div></div>
```

主页头部应用的样式定义如下。

```
.top{    /*主页头部Div样式*/
```

```
    width:1000px;
    height:190px;
    margin:0 auto; /*居中Div*/
    background:url("../images/top.jpg") center top no-repeat;
}
.nav{    /*主页头部里的导航*/
    padding-top:155px;
    width:1000px;height:35px;
}
.nav li{
    width:120px;height:35px;
    float:left;
}
.nav li a{
    display:block;   /*默认*/
    width:125px;height:35px;   /*超链接宽度和高度*/
    text-align:center;
    font-size:16px;color:#666666;
    line-height:35px;
    text-decoration:none;
}
.nav li a.first{   /*重新定义超链接的样式*/
    display:block;
    width:125px;height:35px;
    text-align:center;font-size:16px;
    color:#fff;line-height:35px;
    text-decoration:none;
    /*鼠标位于超链接上时的背景图片*/
    background:url(../images/navhover.png) no-repeat;
}
.nav li a:hover{
    display:block;
    width:125px;
    height:35px;
    text-align:center;
    font-size:16px;
    color:#fff;
    line-height:35px;
    text-decoration:none;
```

```
/*鼠标位于超链接上时的背景图片*/
background:url(../images/navhover.png) no-repeat;
}
```

注意：使用 Google 浏览器访问作者的教学网站，按功能键 F12 后可以分析其主页布局及各个元素应用的 CSS 样式。

2.3.4　页内框架与框架布局

1. 使用页内框架

使用表格或 Div 布局页面时，可以将表格内的某个单元格或 Div 定义为页内框架，其方法是使用成对的 HTML 标记<iFrame>及<iFrame>，其定义格式如下。

```
<iFrame [src="预载页面"] name="框架名"  width="" height="" ></iFrame>
```

其中，src、name、width 和 height 是 iFrame 标记的四个常用属性。

页内框架应用于超链接中，将链接页面的内容输出到指定的页内框架中，而不是新开一个窗口，其引用方法如下。

```
<a href="目标页面" target="页内框架名" >
```

注意：

(1) 使用页内框架，避免频繁新开窗口，使浏览过程更加连贯，从而改善了用户体验。

(2) 页内框架可以放在一个 Div 内。

【例 2.3.3】页内框架使用示例。

页面浏览效果如图 2.3.3 所示。

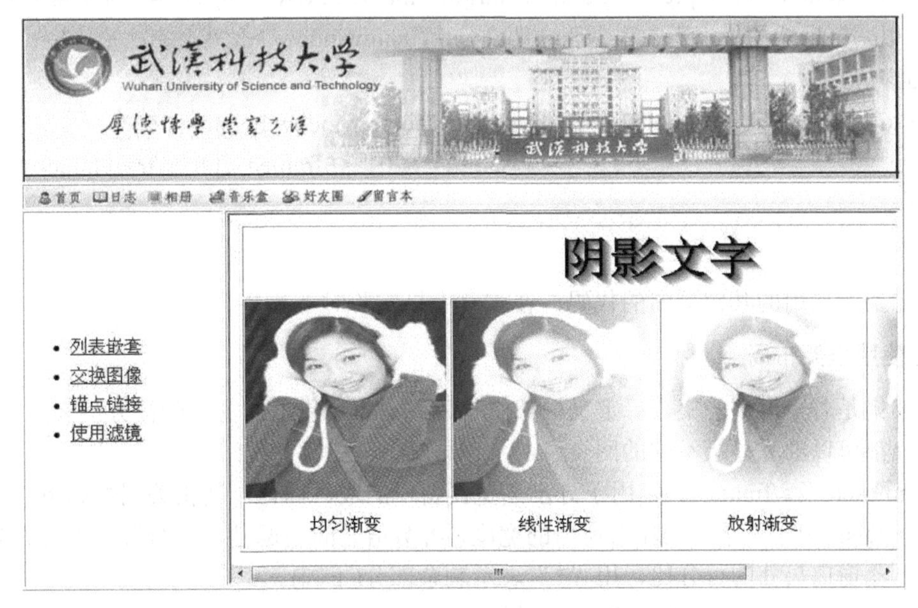

图 2.3.3　一个使用了页内框架布局的主页效果

页面 example2_3_3.html 的代码如下。

```
<html>
  <head>
    <meta http-equiv="Content-Type" content="text/html; charset=utf-8">
    <title>使用页内框架的一个示例</title>
    <style type="text/css">
      td { font-size: 16px;    line-height: 28px; }
  </style>
</head>
<body>
  <center><table width="780" border="1">
    <tr height=151>
        <td height="159" colspan="2" background="media/武汉科技大学.jpg">
        <embed src="media/闪烁的星.swf" width="120" height="100"
                                    wmode="transparent"></td></tr>
  <tr>
    <td colspan="2"><img src="media/导航条.jpg" width="780"></td> </tr>
  <tr>
    <td width="180" height="248">
     <ul>
        <li><a href="example2_3_3b.html" target="mainwindow">列表嵌套</a></li>
        <li><a href="example2_3_3c.html" target="mainwindow">交换图像</a></li>
        <li><a href="example2_3_3d.html" target="mainwindow">锚点链接</a></li>
        <li><a href="example2_3_3e.html" target="mainwindow">使用滤镜</a></li>
    </ul></td>
      <td><iframe src=example2_3_3a.html name=mainwindow height="360"
                        width="600"></iframe></td> </tr></table></center>
</body>
</html>
```

该框架所调用的其他页面的代码，在本章上机实验时下载查看。

2. 使用框架布局

框架集是若干框架的集合。定义框架结构后，浏览器显示的窗口就被分割为几个部分，每个部分都可以独立显示不同的网页。

<frameset>及</frameset>是用于分割浏览器窗口的成对标记，其相关属性如下。

- cols：用于设定分割左右窗口的宽度，各数值之间用逗号“,”分隔，也可设为浏览器窗口尺寸的百分比，用“*”表示剩余部分(下同)。
- rows：用于设定分割上下窗口时的高度。

标记<frameset>可以嵌套使用，即表示窗口先上下分割后再左右分割或者先左右分割后再上下分割。

注意：框架集文件是一个特殊的 HTML 文件，它的主体部分是空的(可以去掉)，即框架集划分的代码应位于<body>标记前(如果没有去掉主体标记的话)。

【例 2.3.4】框架布局使用示例。

框架集文件 example2_3_4.html 的代码如下。

```
<html>
<head>
    <meta http-equiv="Content-Type" content="text/html; charset=utf-8">
    <title>框架集文件简明示例</title>
</head>
<frameset rows="25%,*">
  <frame src="example2_3_4_top.html">
  <frameset cols="15%,*">
    <frame src="example2_3_4_left.html">
    <frame src="example2_3_4_main.html" name="mainwindow">
  </frameset>
</frameset>
</html>
```

本框架集文件是先将浏览器窗口上下分割后，再对下方的窗口进行左右分割，加载框架集文件的同时还载入另外 3 个页面(参见本章上机实验)。

习 题 2

一、判断题

1. 声明 HTML 相关信息的标记<meta>一般出现在文档的头部。
2. 通过定义样式，可以取消在浏览时超链接所出现的下画线。
3. 标记 Div 与 Table 一样，都具有 width 和 height 等标记属性。
4. 在 CSS+Div 布局时，Div 只能通过属性 class 来引入 CSS 样式。
5. 可以针对同一图片的不同区域设置不同的链接。
6. Button 类型的按钮只能出现在表单里。
7. 在 HTML 中，name 属性值可以重复，而 ID 属性值不可重复。
8. 在 DW 中，为了向当前编辑页面插入图像或引用外部样式文件，可以直接将文件面板里的相应文件拖曳至代码窗口里。

二、选择题

1. 使用 DW 时，相对不常用的面板是____。
   A. 属性　　B. 文件　　C. 行为　　D. 样式
2. 下列选择器中，定义伪类样式的是____。
   A. td　　B. .big　　C. #container　　D. a:hover
3. 为了实现两个 Div 的并列显示，需要设置它们的 CSS 样式属性____。
   A. position　　B. display　　C. float　　D. top 和 left
4. 下列表示定义两个样式内容相同的类样式的选项是____。
   A. .ys1,ys2{…}　　B. .ys1 .ys2{…}　　C. .ys1;.ys2{…}　　D. .ys1,.ys2{…}
5. 在页面里引用外部样式文件，需要使用的 HTML 标记是____。
   A. insert　　B. link　　C. meta　　D. style
6. 注释 CSS 样式，使用____。
   A. /*和*/　　B. //　　C. <!--和-->　　D. '

三、填空题

1. 在网站开发中，对站点内页面的链接一般应采用____对引用方式。
2. 在 DW 中，打开或关闭 CSS 样式面板的快捷键是____。
3. 分别设置 CSS 属性 margin 和 padding 在四个方向的属性值的顺序是____。
4. 为了隐藏对象且不保留其物理空间，应设置其 CSS 样式属性 display 的值为____。
5. 提交表单数据到服务器页面必须使用<form>的 ____属性。
6. 对超链接使用页内框架是通过使用超链接标记的____属性实现的。
7. 要实现页面元素的重叠效果，必须指定 Div 的 CSS 样式属性 position 值为____。

实验 2　HTML 标记语言、CSS 样式与页面布局

一、实验目的

(1) 通过 DW 等网页编辑工具，掌握常用 HTML 标记的用法(标记名称及常用属性)。

(2) 掌握表单的作用及制作方法。

(3) 掌握使用 CSS 样式面板设计 CSS 样式的方法。

(4) 掌握上下文样式的使用方法。

(5) 掌握 CSS+Div 布局页面的方法。

(6) 掌握页内框架与框架布局的使用区别。

二、实验内容及步骤

【预备】访问本课程上机实验网站 http://www.wustwzx.com/asp_net/index.html，单击第 2 章实验的超链接，下载本章实验内容的源代码(含素材)并解压，得到文件夹 ch02。

1. 常用 HTML 标记的使用

(1) 在 DW 中新建名为 ch02 的站点，并将站点文件夹指向下载文件夹里的 ch02。

(2) 在站点 ch02 内新建一个名为 temp.html 的文件并保存，并选择“拆分”模式。

(3) 从文件面板的 media 文件夹里拖曳图片文件 01.jpg 至 DW 的设计窗口。

(4) 查看 DW 下方的属性面板中关于图片的相关参数。

(5) 在代码窗口的 body 内输入标记<bgsound>，插入页面背景音乐。

(6) 在代码窗口的 body 内输入标记<embed>，插入.swf 动画。

(7) 在代码窗口的 body 内输入标记<ol>及</ol>、内嵌若干对<li>和</li>，制作编号列表。

(8) 按 F12 键浏览页面。

(9) 将上面的 ol 修改为 ul 后再次浏览，查看项目列表。

2. 表单制作

(1) 在 DW 中打开文件 example2_1_1.html，并选择“拆分”模式。

(2) 分别单击 body 部分中的 HTML 标记，查看设计窗口中相应的元素。

(3) 按 F12 键浏览。

(4) 输入若干字段值后，单击“提交”按钮，观察浏览器地址栏的变化。

3. CSS 样式的基本使用

(1) 在 DW 中打开文件 example2_2_1.html 后按 F12 键浏览页面。

(2) 验证去掉样式属性“float:left;”后，变成垂直菜单。

(3) 验证去掉样式属性“list-style:none;”后，则每个菜单项前面多了一个列表符号。

(4) 查找实现“鼠标不在菜单项上时没有下画线、在菜单项上时有下画线”效果的相关 CSS 样式设置。

(5) 在 DW 中打开文件 testZ-index.html，查看 Div 的定位属性。

(6) 修改两个 Div 的 CSS 样式属性 z-index 后做浏览测试。

4. 使用 CSS 进行 Div 的相对定位与绝对定位

(1) 在 DW 中打开文件 example2_3_1\index.html，并选择“拆分”模式查看各 Div。

(2) 查看引入外部样式表文件 index.css 的代码。

(3) 查看大 Div 采用相对定位，其中的小 Div 采用绝对定位布局的样式。

(4) 按 F12 键浏览 index.html 页面。

5. 使用 CSS+Div 布局的一个网页主页

(1) 在 DW 中打开文件 wustwzx\index.html，并选择“拆分”模式。

(2) 查看引入外部样式表文件 wustwzx\css\index.css 的代码。

(3) 在 DW 中打开文件 wustwzx\css\index.css。

(4) 查看样式表文件中 CSS 样式对 index.html 页面元素的修饰。

(5) 按 F12 键浏览 index.html 页面。

6. 页内框架与框架布局的使用

(1) 在 DW 中打开文件 example2_3_3.html，并选择“拆分”模式。

(2) 查看使用表格布局页面的相关代码。

(3) 查看定义页内框架的代码及预载入的页面名称。

(4) 按 F12 键浏览并测试页面框架的效果。

(5) 修改本页面中的某个超链接，不使用页内框架，测试其浏览效果。

(6) 在 DW 中打开框架集文件 example2_3_4.html。

(7) 查看预载入的三个页面 example2_3_4_top.html、example2_3_4_left.html 和 example2_3_4_main.html。

(8) 在 DW 中做浏览测试。

三、实验小结及思考

(由学生填写，重点填写上机中遇到的问题。)

客户端脚本及应用

JavaScript(以下简称 JS)是一种脚本语言，用于编写页面脚本以实现对网页客户端行为的控制。目前的浏览器大都内嵌了 JS 引擎，用来执行客户端脚本。同时，网页设计人员还可以使用优秀的 JS 功能扩展库 jQuery 或第三方提供的 JS 脚本。本章的学习要点如下。

- 掌握在页面中使用 JS 脚本的方法。
- 掌握 JavaScript 内置对象实现对表单提交数据有效性的验证。
- 掌握使用 JS 对象和浏览器对象实现页面的交互效果和动态效果。
- 掌握 jQuery 的使用方法。
- 掌握使用第三方的 JS 脚本制作图片新闻的方法。
- 了解面向对象设计方法的优点。
- 了解 HTML 5 与 HTML 4 的区别(新增功能)。

3.1 使用 JavaScript 脚本控制网页的客户端行为

3.1.1 JavaScript 内置对象和浏览器对象

JS 是一种广泛用于客户端 Web 开发的脚本语言，常用来给 HTML 网页添加动态功能，如响应用户的各种操作。

如今的浏览器程序一般都嵌入了 JavaScript 解释程序，用于解释执行嵌入在页面里的 JS 脚本(程序)。

JS 内置了几个重要对象，主要包括日期/时间对象 Date、数组对象 Array、字符串对象 String 和数学对象 Math 等。其中：Date、Array 和 String 是动态对象(本质上是类)，它们封装了一些常用的属性和方法，使用前需要使用 new 运算符创建其实例；而 Math 是静态对象，不需要实例化就可以直接使用其方法及属性。

对于嵌入到网页中的 JS 来说，其宿主对象就是浏览器提供的对象，所以又称为浏览器对象。在浏览器对象模型中，顶级对象是 window 对象，表示浏览器的窗口，其提供了如下重要方法。

- alert()：产生警示消息框方法，警告框在单击确定后消失。
- setTimeout()(或 setInterval())：定时器方法，在指定的时间(或周期性地)调用某个方法。
- confirm()：产生一个是否型对话框方法，对话完成后对话框关闭。

在浏览器窗口里，可以包含文档、框架和访问历史记录等对象，几个常用的二级对象介绍如下。

- document：表示浏览器窗口里的文档。
- location：表示窗口里文档的位置，使用 href 属性可实现客户端页面跳转。
- navigator：表示客户端浏览器。
- history：表示历史访问记录。

文档对象 document 的常用方法如下。

- write(exp)：向文档对应的网页窗口输出表达式 exp 的值。
- getElementsByTagName("tagName")：返回文档里指定标签名的对象的集合。
- getElementById()：返回使用 ID 属性定义的对象。

注意：

(1) 在 JS 脚本里使用浏览器对象时，浏览器对象名称通常需要小写，这不同于 HTML 标记名称及其属性名称，使用 JS 内置对象时，其名称及其方法名需要严格区分大小写。

(2) 使用 JS 内置对象编程时，其名称及其方法与属性名需要严格区分大小写。

在一个文档里可以包含超链接、图像和表单等，表单又可以包含文本框、下拉列表、提交按钮等。因此，浏览器对象模型具有多级结构，如图 3.1.1 所示。

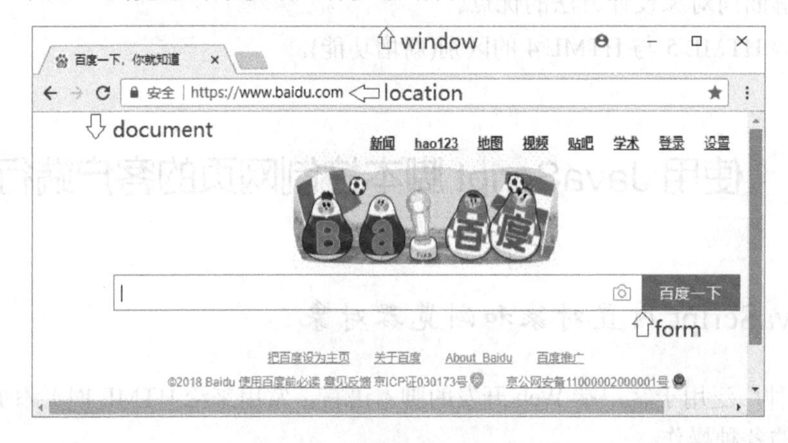

图 3.1.1　浏览器对象模型示意图

注意：

(1) 在 JS 脚本里应用浏览器的顶级对象 window 的相关方法时，方法名前的“window.”可以省略。

(2) 在 JS 脚本里应用浏览器二级对象的相关方法时，必须通过二级对象名来应用。例如：

```
document.write(exp);
```

(3) 大部分表单元素，如文本框、命令按钮等，均可直接出现在页面里（即不在表单里）。

为了控制客户端的行为，需要引入面向对象的思想和对象的 PEM 模型。

类与对象是面向对象编程方式的核心和基础，对象是类的一个实例，类是对一类对象的抽象。通过类可以对零散的用于实现某项功能的代码进行有效管理。

将要处理的问题(对象)抽象为类，并将这类对象的属性和方法封装起来，然后通过对象的事件来访问该类对象的属性和方法来解决实际问题。

任何对象都具有一些属性(property)和方法(method)，方法是在一定的事件(event)发生时采用的，这就是对象的 PEM 模型。

JavaScript 支持的浏览器事件有很多，它们可以用于不同的对象，常用事件如表 3.1.1 所示。

表 3.1.1　JavaScript 支持的常用浏览器事件

序　号	事 件 名	含义或说明
1	OnClick	单击事件，常用于 button 类型的命令按钮和超链接
2	OnFocus	获得焦点事件，如激活文本框等对象时触发
3	OnBlur	失去焦点事件，如下拉列表选择、文本框输入确定后触发
4	OnChange	更新后事件，在元素的值发生改变时触发
5	OnLoad	Document 对象的事件，浏览器完成 HTML 文档载入时触发
6	OnDblClick	双击事件，常用于 button 类型的命令按钮
7	OnMouseOver	鼠标位于对象上时
8	OnMouseOut	鼠标从对象上离开时

要在 JS 中访问 DOM(document object model，文档对象模型)元素，就需要标识 HTML 元素的标记属性。属性 ID 和 Name 都可以用来标识一个 HTML 元素，JavaScript 分别有两个方法 getElementById()和 getElementByName()来定位 DOM 节点。ID 标识的元素外观由与 ID 属性值相同的#样式决定；在表单表提交到服务器端后，为了取到表单域的值，则需要使用 Name 属性命名表单域(表单元素)。

注意：在 HTML 中，Name 属性值可以重复，而 ID 属性值不可重复，是方法 getElementById()的要求。

在设计在线测试页面时，其单选题对应的表单元素的 Name 属性值相同，为此，客户端脚本和服务器脚本分别提交其处理方法。

表单里的元素是页面中的元素，在 JS 脚本中，除了可以按名称访问外，还可以使用 elements[]数组访问。命名访问表单第 i 个元素的属性的方法如下。

```
表单名.elements[i].属性名　　i=0,1,2…
```

其中，下标 i 为该元素在表单内元素出现的先后顺序，从 0 开始编号。

本课程在线测试页面，请访问 http://www.wustwzx.com/asp_net/zxcs.html。

3.1.2　JavaScript 变量与常量、流程控制语句

程序是可执行的语句序列。变量与常量是程序设计中最基本的概念。

常量在指在程序运行过程中值不发生变化的量；变量是相对于常量而言的，它的值在程序运行过程中可以随时变化。

程序结构除了容易理解的顺序结构外，还有分支结构和循环结构。

1. 分支结构

分支语句用于条件执行，可分为单分支语句、双分支语句和多分支语句三种。

单分支语句的用法格式如下。

```
if(exp){
    statement;  //exp的值为真时才执行
}
//后继语句; //无条件执行的语句
```

双分支语句用于二选一，其用法格式如下。

```
if(exp){
    statement1;  // exp的值为真时执行
}else{
statement2;    // exp的值为假时执行
}
//后继语句; //无条件执行的语句
```

多分支语句用于多选一的情形，其用法格式如下。

```
if(exp1){
    statement1;
}
else if(exp 2){
    statement 2;
}
else if(exp 3){
    statement 3;
}
……
else if(exp n){
    statement n;
}
else{
    statement n+1;
}
//后继语句; //无条件执行的语句
```

注意：多分支实质上是基本分支语句的嵌套。

开关语句可用于多选一的情形，其用法格式如下。

```
switch(表达式)
```

```
{
case   常量表达式1: 语句组1; break;
case   常量表达式2: 语句组2; break;
case   常量表达式3: 语句组3; break;
.......
case   常量表达式n: 语句组n; break;
default:   语句组n+1;
}
//后继语句；  //无条件执行的语句
```

注意：执行开关语句时，遇到 break 语句就终止 switch 执行语句，转到后继语句。

2. 循环结构

循环结构有 for、while 和 do…while 等多种格式。for 循环的语法格式如下。

```
for(exp1;exp2;exp3){   //当exp1仅执行一次
    循环体语句   //当exp2为真时才执行，然后执行exp3，再次执行exp2
}
// 后继语句
```

注意：当 exp2 为假时，将终止循环的执行。

while 循环的语法格式如下。

```
while(exp){   //当exp为真才执行循环体
    循环体语句
}
// 后继语句
```

do…while 循环的语法格式如下。

```
do{
    循环体语句
}while(exp);   //当exp为假时将执行后继语句
// 后继语句
```

注意：do…while 是先执行循环体再判断条件，因此，循环体至少执行一次。

在循环体内，通常使用 if 语句检测某种条件是否成立。当条件成立时，使用 break 语句可以提前终止循环，即程序执行到循环语句的后继语句。

3.1.3　在页面里使用 JavaScript 脚本实现页面的交互效果

使用 button 类型的命令按钮用来响应客户端的浏览器事件，而响应客户端事件的处理方法可用 JS 来写。在如下的例 3.1.1 中，OnLoad 表示页面加载完毕事件，OnClick 表示单击命令按钮事件。

【例 3.1.1】在页面中央显示一组图片。

【浏览效果】页面浏览效果如图 3.1.2 所示。

图 3.1.2 页面 example3_1_1.html 浏览效果

页面 example3_1_1.html 代码如下。

```
<!DOCTYPE>
<html>
<head>
<meta http-equiv="Content-Type" content="text/html; charset=utf-8">
<title>以交互方式在页面正中央显示一组图片</title>
<script>
    var tp=new Array(5);
    tp[0]="images/p1.jpg";  //规定: 数组下标从0开始
    tp[1]="images/p2.jpg";
    tp[2]="images/p3.jpg";
    tp[3]="images/p4.jpg";
    tp[4]="images/p5.jpg";
    var index=0;  //初始化，表示处于第1张图片(对应于数组的下标0)
    function displaystate(){    //作为body的OnLoad事件处理方法
        total.value=tp.length;
    }
    function ff(){  //下一幅方法
      index++;
      if(index==5) {  //数组中共存放5幅图片的URL
          alert("没有下一幅了，单击后将从头浏览...");
              index=0;     //数组下标有效范围从0到4
```

```
        }
        xh.value=index+1;   //显示图片序号
        tpk.src=tp[index];   //刷新图片框，仅IE支持这种对象属性访问方式！
    }
    function rf(){   //上一幅方法
        index--;
        if(index==-1){
            alert("没有上一幅了，单击后将从后浏览…");
            index=4;
        }
        xh.value=index+1;
        tpk.src=tp[index];
    }
</script>
<style>
  .big{
      width:400px; height:330px;
      margin:30px auto;   /*水平居中*/
  }
  .row1{
      width:400px; height:300px;
  }
   .row2{
      width:400px; height:30px;
      line-height:30px;
      text-align:center;
  }
</style>
</head>
<body onLoad="displaystate()">
<div class="big">
    <div class="row1"><img src="images/p1.jpg" width="400" height="300"
                                                          name="tpk"></div>
    <div class="row2">
        <input type="button" value="上一幅"   onClick="rf()">
        共有<input type="text" name="total" size="1"
                              style=" color:blue;text-align:center">张  
        当前序号：<input type="text" name="xh" size="1" value="1"
                               style=" color:red;text-align:center"">  
```

```
        <input type="button" value="下一幅"  onClick="ff()"></div>
</div>
</body>
</html>
```

注意：使用 IE 浏览器浏览本页面时，会出现运行脚本的安全提示，此时应单击允许，而使用其他浏览器时则不会出现安全提示。

通过 CSS 样式控制，超链接在不同的状态下可以有不同的外观，配合事件 OnMouseOver 和 OnMouseOut，可以制作水平弹出式菜单。

【例 3.1.2】使用 CSS+Div 及 JS 制作的水平弹出式导航菜单。

【设计思想】水平弹出式菜单是一维水平菜单的延伸，当鼠标位于某个主菜单项时，显示相应的子菜单，而鼠标离开主菜单时子菜单又消失，这通过定义主菜单项的 OnMouseOver 和 OnMouseOut 两个事件处理方法来实现。页面浏览效果如图 3.1.3 所示。

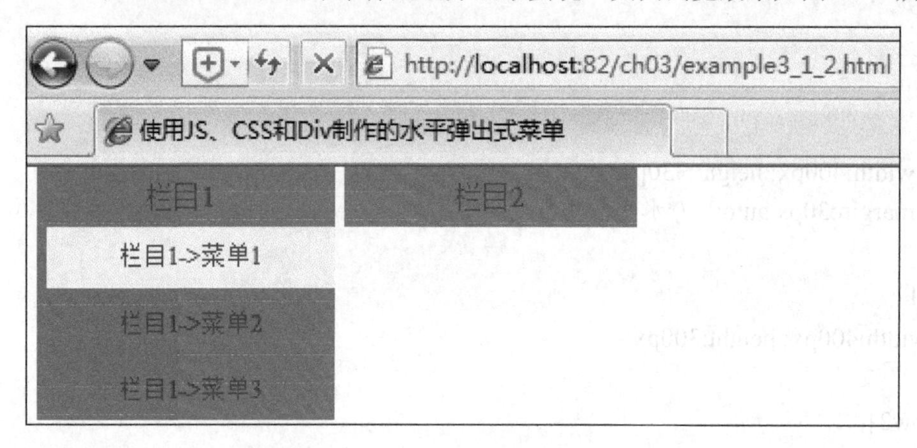

图 3.1.3 水平弹出式导航菜单的浏览效果

文档 example3_1_2.html 的代码如下。

```
<!--说明：使用DW的行为面板制作的弹出式菜单会产生较多的JS代码-->
<html>
<head>
<title>使用JS、CSS和Div制作的水平弹出式菜单</title>
<style type="text/css">
*{   /*星号表示所有元素*/
    margin:0; /*外填充*/
    padding:0; /*内填充*/
    }
.menu{
    position:relative;
    /*z-index:100;*/
}
```

```
.menu ul li {
    font-size:14px; /*设定菜单项文字的大小*/
    list-style:none; /*设定无列表符号*/
    float:left; /*水平排列*/
    position:relative;
    width:150px;height:30px;
    background:#FF00FF;   /*主菜单项背景色为桃红色*/
    line-height:30px;
    text-align:center;   /*菜单项对齐方式*/
    margin-left:5px;
}
.menu ul li a:hover{
    background:#FF0000; /*鼠标位于主菜单项时背景色变为深红色*/
    /*background:url(../images/navhover.jpg);*/
}
.menu ul li ul {
    display:none;   /*不显示子菜单*/
}
.menu ul li ul li {
    font-size:13px; /*设定子菜单项文字的大小*/
    float:none;   /*水平菜单*/
    position:relative;
}
.menu ul li a{
    display:block;
    text-decoration:none;
    }
.menu ul li ul li a:hover{
    border:0;
    border-bottom:1px solid #fff;
    background-color: #FFFF00; /*鼠标位于子菜单项上时背景颜色改变为黄色*/
}
</style>
<script type="text/javascript">
    function displaySubMenu(li) {
        //获取主菜单项里的列表
        var subMenu = li.getElementsByTagName("ul")[0];
        //在JS脚本里改变对象的CSS样式属性
        subMenu.style.display = "block"; //显示子菜单
```

```
    }
    function hideSubMenu(li) {
        var subMenu = li.getElementsByTagName("ul")[0];
        subMenu.style.display = "none"; //隐藏子菜单
    }
</script>
</head>
<body>
<div class="menu">     <!--整个菜单被看成一个项目列表-->
    <ul>
        <li onMouseOver="displaySubMenu(this)" onMouseOut="hideSubMenu(this)">
            <a href="#">栏目1</a>
            <ul><li><a href="#">栏目1->菜单1</a></li>
                <li><a href="#">栏目1->菜单2</a></li>
                <li><a href="#">栏目1->菜单3</a></li></ul></li>
        <li onMouseOver="displaySubMenu(this)" onMouseOut="hideSubMenu(this)">
            <a href="#">栏目2</a>
            <ul><li><a href="#">栏目2->菜单1</a></li>
                <li><a href="#">栏目2->菜单2</a></li>
                <li><a href="#">栏目2->菜单3</a></li>
                <li><a href="#">栏目2->菜单4</a></li> </ul> </li> </ul> </div>
</body>
</html>
```

3.1.4 在页面里使用 JavaScript 脚本实现页面的动态效果

页面的动态效果大多数需要使用浏览器顶级对象 Window 提供的定时器方法。

【例 3.1.3】在页面里实时显示客户端计算机的系统时间。

【设计思想】先自定义一个 JS 脚本方法，其功能是创建 JS 内置对象 Date 的实例、获取客户端的日期与时间信息并显示在页面里。然后，再使用 Window 的定时器方法反复调用显示时间的方法。页面 example3_1_3.html 的代码如下。

```
<html>
<head>
<meta http-equiv="Content-Type" content="text/html; charset=utf-8">
<title>客户端计算机的日期和时间的实时显示</title>
<script>
    function xssj()      {
        var dt=new Date();    //创建JS内置动态对象(类)Date的实例
        //JavaScript中的语法,通过元素的ID特性来设置/获取该元素的属性值/局部刷新
```

```
        //dtps.innerHTML=dt.toLocaleString();   //innerText也可
        document.getElementById("dtps").innerHTML=dt.toLocaleString();
        //Window对象的定时器方法，单位为毫秒，自己调用自己
        window.setTimeout("xssj()",1000);
        //试验：屏蔽上一行代码，则时间不会连续变化！
    }
</script>
</head>
<body onLoad="xssj()">
    <!--下面的id属性不可用name取代-->
    计算机系统当前的日期与时间：<span id="dtps"></span>
</body>
</html>
```

使用 Window 的另一种定时器方法，文档 example3_1_3a.html 的代码如下。

```
<html>
<head>
<meta http-equiv="Content-Type" content="text/html; charset=utf-8">
<title>客户端计算机的日期和时间的实时显示</title>
</head>
<body>
    计算机系统日期与时间：<span id="dtps"></span>
     <!--下面的JS脚本可以移到文档的头部-->
    <script>
    setInterval("dtps.innerText=new Date().toLocaleString()
                                    +' 星期'+'日一二三四五六'.charAt(new Date().getDay())",1000);
    </script>
</body>
</html>
```

页面 example3_1_4a.html 的浏览效果，如图 3.1.4 所示。

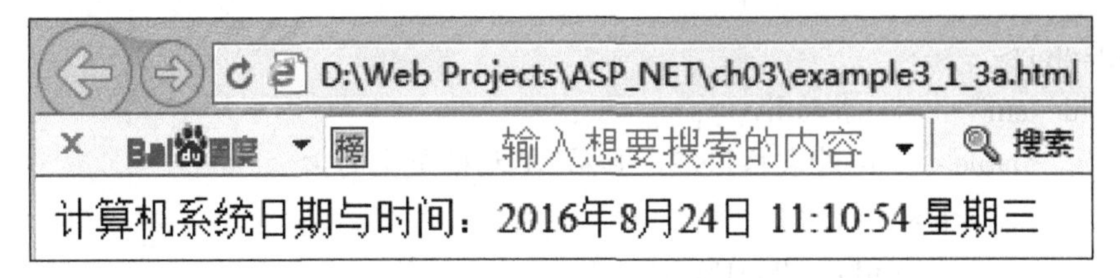

图 3.1.4　页面 example3_1_4a.html 浏览效果

【例 3.1.4】制作一组图片循环且首尾相连的滚动效果。

【设计思想】在一个 Div 内存放两个相同的内容(使用一行多列表格)作为一个滚动对象

并将超出宽度的内容隐藏，在 JS 脚本中定义 Div 向左移动的方法(水平坐标加 1)。当第一个内容完全消失(即 Div 向左移动的距离达到该 Div 的宽度，此时第二个内容完全显示)时，将滚动对象的坐标复位，开始新一轮的滚动。页面浏览效果如图 3.1.5 所示。

图 3.1.5　一组图片首尾相连的滚动效果

文档 example3_1_4.html 的代码如下。

```
<html>
<head>
    <meta http-equiv="Content-Type" content="text/html; charset=utf-8">
    <title>一组图片循环且首尾相连的滚动效果</title>
    <style>
    #bg{
        width:940px; height:158px;
        background: url(images/精品展示.jpg);
    }
    #sm{ /*滚动对象样式*/
        overflow:hidden; /*隐藏Div中多余的内容，增加图片会一起滚动*/
        width:920px; height:128px;
        margin: 0 auto;
        padding-top:30px;
    }
    </style>
</head>
<body>
<center>
  <div id="bg">
    <div id="sm">   <!--滚动div-->
          <table>  <!--外表格1×2，且第2单元格是空的-->
            <tr>
              <td id="Pic1">
                <table><!--内表格1×9，存放9张图片 -->
                  <tr><td><img src="images/1.jpg" /></td>
                    <td><img src="images/2.jpg" /></td>
```

```
                                    <td><img src="images/3.jpg" /></td>
                                    <td><img src="images/4.jpg" /></td>
                                    <td><img src="images/5.jpg" /></td>
                                    <td><img src="images/6.jpg" /></td>
                                    <td><img src="images/7.jpg" /></td>
                                    <td><img src="images/8.jpg" /></td>
                                    <td><img src="images/9.jpg" /></td></tr></table></td>
                            <td id="Pic2"></td></tr></table></div></div></center>
<!--下面的客户端脚本不可放置在页面头部-->

<script>
    Pic2.innerHTML = Pic1.innerHTML;  //复制一组图片，但被隐藏
    function scrolltoleft() {    //定义向左移动的方法
        sm.scrollLeft++;  //改变层的水平坐标，实现向左移动
        if(sm.scrollLeft>=Pic1.scrollWidth) //需要复位
            sm.scrollLeft=0;  //层的位置复位，浏览器窗口的宽度是有限的
        }
        var MyMar = setInterval(scrolltoleft, 40);    //定时器，方法名后不可加()
        //两面两行是用方法响应对象的事件
        sm.onmouseover=function(){  //匿名方法(函数)
            clearInterval(MyMar); }    //停止滚动
        sm.onmouseout=function() {
            MyMar = setInterval(scrolltoleft, 40); } //继续滚动
</script>
</body>
</html>
```

3.1.5　使用 JavaScript 脚本验证表单

使用 JavaScript 脚本验证表单用于客户端验证，它能减轻 Web 服务器的压力，因为表单数据只有通过 JS 程序验证后才会提交至 Web 服务器，否则，继续进行未通过验证的字段输入。

【例 3.1.5】使用 JavaScript 脚本验证表单。

表单页面 example3_1_5.html 的代码如下。

```
<html>
<head>
    <meta http-equiv="Content-Type" content="text/html; charset=utf-8">
    <title>表单的前端JS验证</title>
```

```
    <script src="js/example3_1_5.js"></script>
<style type="text/css">
.big {
    height: 400px;
    width: 400px;
}
.zd{
    line-height:25px;
}
</style>
</head>
<body>
    <div class="big">
        <!--表单进行前端验证时需要使用name属性，与onSubmit事件相应-->
        <form name="form1" onSubmit="return checkform();" action="" method="post">
          <div class="zd">会员名:<input type="text" name="hym" /> *</div>
          <div class="zd">电话:<input type="text" name="dh" /> *</div>
          <div class="zd">邮箱:<input type="text" name="yx" /> *</div>
          <div class="zd">QQ:<input type="text" name="qq" /></div>
          <div class="zd"><input type="submit" value="注册" /></div>
        </form>
    </div>
</body>
</html>
```

注意：onSubmit 是表单的客户端事件，使用 JS 方法来响应。

表单页面 example3_1_5.html 使用的 JS 文件的代码如下。

```
function checkform(){  //验证表单数据有效性的方法
  if(form1.hym.value==""){
    alert("姓名不能为空");
    form1.hym.focus();    //设置焦点
    return false;
  }
  var tel1=/^1[3|4|5|7|8][0-9]\d{8}$/ ;  //定义正则表达式
  var str=document.form1.dh.value;  //document.可以省略
  if(!tel1.test(str)) //正则测试
  {
    alert("手机号码输入错误");
    form1.dh.focus();
```

```
        return false;
    }
    var reg=/\w+([-+.]\w+)*@\w+([-.]\w+)*\.\w+([-.]\w+)*/;
    var str=document.form1.yx.value;
    if(!reg.test(str)){
        alert("邮箱格式不对,请重新输入");
        form1.yx.focus();
        return false;
    }
}
```

3.2　使用 JavaScript 的功能扩展库 jQuery

为了简化 JavaScript 的开发，一些用于前台设计的 JavaScript 库诞生了。JavaScript 库封装了很多预定义的对象和实用函数，能帮助使用者建立具有高难度和交互的 Web 2.0 特性的客户端页面，大大提高了前台页面的逻辑控制开发，并且兼容各大浏览器。

jQuery 是当前比较流行的 JavaScript 脚本库。

注意：

(1) 访问 jQuery 的官方网站 http://jquery.com，可以下载 jQuery 的各种版本，其中文件名中带 min 的，表示是压缩版本。

(2) 用户开发的 JS 脚本只定义了方法，而 jQuery 则不然(是基于对象的)。

3.2.1　jQuery 使用基础

对于一个 DOM 对象，只需要用$()把 DOM 对象包装起来，就可以获得一个 jQuery 对象，即 jQuery 对象就是通过 jQuery 包装 DOM 对象后产生的对象。转换后的 jQuery 对象，可以使用 jQuery 中的方法。

1. 文档加载完成后默认要执行的方法

文档加载完毕后，默认要执行的代码(如初始化等)通常使用匿名函数的形式，其代码框架如下。

```
$(document).ready(function(){
    alert("开始了");
    //还可以使用其他进行初始化的代码
});
```

注意： $(document)作用是将 DOM 对转换为 jQuery 对象，注册事件函数 ready()以一个匿名方法作为参数。

2. 使用$()方法获取 jQuery 对象(jQuery 选择器)

通常情况下，我们使用如下三种方式获取 jQuery 对象。

- 根据标记名： $("label") ，其中，label 为 HTML 标记。例如，选择文档中的所有段落时用 p。
- 根据 ID： $("#id")，如 div 的 id。
- 根据类： $(".name")，其中，name 为样式名。

3. jQuery 提供的常用方法

jQuery 为 jQuery 对象预定义很多方法，其常用方法如表 3.2.1 所示。

表 3.2.1　jQuery 提供的常用方法

方　法　名	功 能 描 述
css("key"[,val])	获取/设置 CSS 属性(值)
toggleClass("css")	切换到新样式 CSS 方法
addClass("name")	增加新 CSS 样式的应用，参数 name 为样式名
removeClass("name")	取消应用的 CSS 样式，参数 name 为样式名
parent()	选择特定元素的父元素
next()	选择特定元素的下一个最近的同胞元素
siblings()	选择特定元素的所有同胞元素
hide("slow")	隐藏(慢慢消失)文字，且不保留物理位置
show();	不带效果方式显示，会自动记录该元素原来的 display 属性值
slideToggle(mm)	使用滑动效果(高度变化)来切换元素的可见状态。如果被选元素是可见的，则隐藏这些元素；如果被选元素是隐藏的，则显示这些元素。其中，变换时间以毫秒为单位
next(["css"])	获得页面所有元素集合中具有 CSS 样式且最近的同胞元素。省略参数时，获得某个元素集合中的下一个元素
siblings(["css"])	查找同胞元素(不包括本身)中应用了 CSS 样式的元素，形成一个子集
find("css")	查找某个元素集合中应用了 CSS 样式的元素，得到它的一个子集
slideUp(["mm"])	向上滑动来隐藏元素，可选参数 mm 取值为"slow"、"fast"或毫秒
slideToggle(mm)	通过使用滑动效果(高度变化)来切换元素的可见状态，mm 的含义同上
attr(name,val)	设置对象的属性，第一参数 name 为对象属性名，第二参数 val 为属性值
$.getScript()	通过 HTTP GET 请求载入并执行一个 JavaScript 文件，用法参见 4.3.5 小节网站项目 IPToCity
$.ajax()	通过 HTTP 请求完成 AJAX 调用，参见 8.2.3 小节项目 TestMVCDropDownList
$.post()	使用 HTTP POST 请求完成 AJAX 调用，参见 8.2.3 小节项目 TestMVCAjax
$.serialize()	序列化表单值，生成 AJAX 请求时用于 URL 查询字符串中，参见 8.2.3 小节项目 TestMVCAjax

注意：$getScript()、$.ajax()和$.post()等都是通过 HTTP 请求获取远程数据并进行异步传输的 Ajax 方法，主要包含请求 URL、传递参数 data 和 callback(回调函数)三个参数，参见 5.7 节。

3.2.2　jQuery 使用示例

下面通过几个示例巩固 jQuery 的用法。

【例 3.2.1】使用 jQuery 的基础示例。

【浏览效果】页面浏览效果如图 3.2.1 所示。

图 3.2.1　页面 example3_2_1.html 浏览效果

页面 example3_2_1.html 的完整代码如下。

```
<html>
<head>
<meta http-equiv="Content-Type" content="text/html;charset=utf-8">
<title>jQuery使用示例</title>
<style>
  .ys   {font-size:30px;color:red;}
</style>
</head>
    <script type="text/javascript" src="js/jquery-1.3.2.js"></script>
      <script type="text/javascript">
         //初始：修改Div内文本的颜色
         $(document).ready(function(){
              $("#div1").css("color","blue");
         });
        function cancelBgColor(){
              var divs=$('.ys');    //转换为jQuery对象,var可以省略
              divs.removeClass("ys"); //调用jQuery方法
        }
        function hiddenWZ(){       //隐藏(慢慢消失)文字
              var divs=$('.ys');    //转换为jQuery对象,var可以省略
              divs.hide("slow"); //调用jQuery方法,可以无参
```

```
        }
        function showWZ(){    //显示文字
            var divs=$('.ys');    //通过点样式选择
            divs.show("slow"); //调用jQuery方法
        }
        function applyBgColor(){      //对文字应用样式
            var divs=$('#wz');    //通过id选择
            //divs=$("span");   //通过标记选择
            divs.addClass("ys"); //调用jQuery方法
        }
    </script>
<body>
  <span class="ys" id="wz">中华人民共和国</span><br>
  <input type="button" value="隐藏文字" onclick="hiddenWZ()">
  <input type="button" value="显示文字" onclick="showWZ()">
  <input type="button" value="取消文字样式" onclick="cancelBgColor()">
  <input type="button" value="应用文字样式" onclick="applyBgColor()">
  <div id="div1">Test Div.</div>
</body>
</html>
```

【例 3.2.2】使用 jQuery 制作折叠菜单。

【设计思想】每个主菜单的菜单项包含一个项目列表，且包含在一个 Div 内。每个 Div 内的项目列表应用相同的 CSS 样式，通过使用 CSS 样式属性"display:none;"隐藏其列表项。但在初始情况下，对第一个主菜单的 Div 的项目列表补充应用内联样式 style="display:block;"，用于显示其所有列表项。然后，在页面里定义脚本用于处理单击主菜单项的单击事件。当单击第 2 个菜单项后的折叠菜单效果，如图 3.2.2 所示。

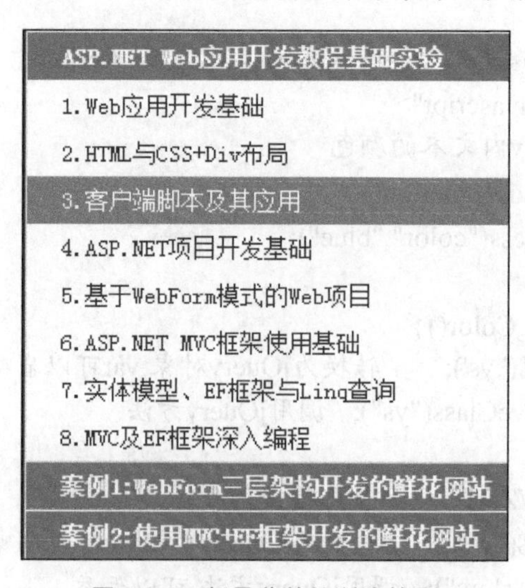

图 3.2.2　折叠菜单的浏览效果

页面 example3_2_2.html 应用的主要样式如下。

```
.subNavBox{     /*整个导航菜单*/
    width:280px;    padding-top:10px;
}
.subNav{     /*主菜单外观：蓝底白字*/
    border-bottom:solid 1px #fff;
    cursor:pointer;
    font-weight:bold;
    font-size:14px;line-height:28px;
    padding-left:20px;
    background:#4991DE;     color:#FFFFFF;
}
.navContent{     /*子菜单列表*/
    display: none;   /*埋藏*/
    border-bottom:solid 1px #e5e3da;
}
```

页面 example3_2_2.html 文件代码如下。

```
<html xmlns="http://www.w3.org/1999/xhtml">
<head>
<meta http-equiv="Content-Type" content="text/html; charset=utf-8" />
<title>使用jQuery制作的折叠菜单</title>
<link href="css/example3_2_2.css" rel="stylesheet" type="text/css" />
<script src="js/jquery-1.3.2.js" type="text/javascript"></script>
<script type="text/javascript">
    //$(function(){    //按如下标准写法理解
    $(document).ready(function() {    //标准写法
        //jQuery用法：获取应用了点样式.subNav的DOM元素(对象)
        $(".subNav").click(function(){
            //当前主菜单后面指定样式的元素(即UL列表)
            var temp=$(this).next(".navContent");
            temp.slideToggle(500);   //实现卷起或展开(即是否可见)
            //siblings()实现查找页面元素集合中的其他同胞元素,形成一个子集
            //slideUp()实现向上卷起(即列表)
            temp.siblings(".navContent").slideUp("fast");
            //上面的样式名参数.navContent不可省略！
        })
    })
</script>
</head>
```

```
    <body>
    <div class="subNavBox">   <!--本Div内嵌入了3个小Div-->
       <div class="subNav">ASP.NET Web应用开发教程基础实验</div>
           <ul class="navContent" style="display:block">   <!--显示列表项-->
               <li><a href="#">1.Web应用开发基础</a></li>
               <li><a href="#">2.HTML与CSS+Div布局</a></li>
               <li><a href="#">3.客户端脚本及其应用</a></li>
               <li><a href="#">4.ASP.NET项目开发基础</a></li>
               <li><a href="#">5.基于WebForm模式的Web项目</a></li>
               <li><a href="#">6.ASP.NET MVC框架使用基础</a></li>
               <li><a href="#">7.实体模型、EF框架与Linq查询</a></li>
               <li><a href="#">8.MVC及EF框架深入编程</a></li></ul>
       <div class="subNav">案例1:WebForm三层架构开发的鲜花网站</div>
           <ul class="navContent">
               <li><a href="#">设计说明</a></li>
               <li><a href="#">效果浏览</a></li>
               <li><a href="#">源代码下载</a></li></ul>
       <div class="subNav">案例2:使用MVC+EF框架开发的鲜花网站</div>
           <ul class="navContent">
               <li><a href="#">设计说明</a></li>
               <li><a href="#">效果浏览</a></li>
               <li><a href="#">源代码下载</a></li></ul>
    </div>
    </body>
</html>
```

【例 3.2.3】使用透明 CSS 样式，实现不新开窗口的用户登录与注册（遮照效果）。

【设计思想】分别对登录 Div 和注册 Div 使用一个应用了透明 CSS 样式的遮照 Div，默认隐藏。在单击“登录”超链接后弹出登录 Div，此时遮照层会遮照住原来页面上的其他内容。单击“取消”按钮时，将恢复原来的状态（单击“确定”按钮一般转至某表单处理程序），如图 3.2.3 所示。

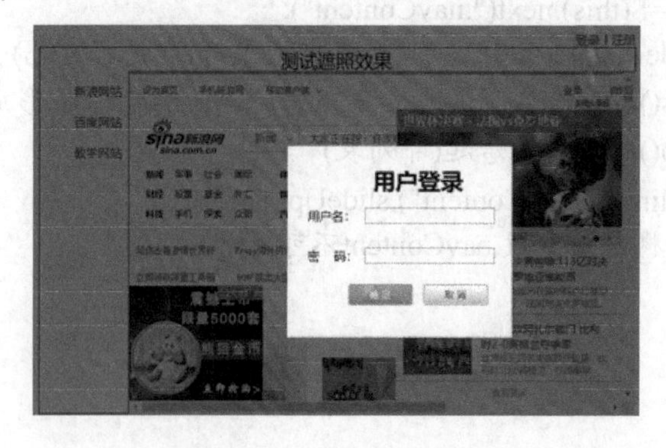

图 3.2.3　页面浏览效果

页面 example3_2_3.html 的完整代码如下。

```
<html>
<head>
    <meta charset="UTF-8">
    <title>页面遮照效果示例</title>
    <script type="text/javascript" src="js/jquery-1.3.2.js"></script>
    <style>
            *{margin:0;box-sizing:border-box;}
            .big{width:800px;height:500px;margin:0 auto;}
            .state{width:800px;height:20px;line-height:20px; text-align:right;}
            .main{width:800px;height:480px;border:1px solid;text-align:center;}
            .top{ width:800px;height:30px;font-size:25px; text-align:center;}
            .below{width:800px;height:450px;}
            .left{width:120px;height:450px;float:left;}
            .right{width:680px;height:450px; float:left;}
        #cover{ /*遮照Div样式*/
            position: absolute;
            top: 0px;left: 0px;
            width: 100%; height: 100%;
            /*前3个参数是色彩代码，第4个是opacity值；透明背景色*/
            background:rgba(0,0,0,0.5);
            display:none;    /*初始时不显示*/
        }
        #log{ /*遮罩内登录框*/
            width:300px;height:250px;
            background:#FFF; /*白底*/
            position: absolute;
            top:15%;left:45%;
            padding:25px;
        }
        #reg{ /*遮罩内注册框*/
            width:300px;height:250px;
            background:white; /*白底*/
            position: absolute;
            top:15%;left:45%;
            padding:25px;
        }
```

```
            a{ text-decoration:none;}
            a:hover { color:#cd0000;}
            li{ list-style-type:none; height:40px; }
            tr{ height:50px;}
            caption{font-size:30px;font-weight:bold;   /*文字加粗*/ }
    </style>
</head>
<body>
    <div class="big">
      <div class="state"><a id="login" href="#">登录</a> |
                                                <a id="register" href="#">注册</a></div>
      <div class="main">
        <div class="top">测试遮照效果</div>
        <div class="below">
            <div class="left">
              <ul>
                <li><a href="http://www.sina.com.cn/" target="kj">新浪网站</a></li>
                <li><a href="http://www.baidu.com/" target="kj">百度网站</a></li>
                <li><a href="http://www.wustwzx.com/" target="kj">教学网站
                                                            </a></li></ul></div>
            <div class="right"><iframe name="kj" width="680" height="450">
                                                  </iframe></div></div></div></div>
    <div id="cover" style="display: none;"> <!--遮罩默认不显示-->
      <div id="log">   <!--登录框含于登录遮罩里-->
        <table border="0" width="300">
        <caption>用户登录</caption>
        <tr><td width="25%">用户名: </td><td width="75%"><input type="text"
                                              name="username" maxlength="18"></td></tr>
        <tr><td width="25%">密  码: </td><td width="75%">
          <input id="pass" maxlength="20" type="password" name="pass">
                                                                        </td></tr>
        <tr><td colspan="2" align="center"><img src="images/ensure.jpg">
                                                                    
                <img src="images/cancel.jpg" class="cancel">
                                                              </td></tr></table></div>
    <div id="reg" style="display: block;">   <!--注册框含于登录遮罩里-->
      <table border="0" width="300">
```

```
        <caption>用户注册</caption>
        <tr><td width="25%">用户名: </td><td width="75%"><input type="text"
                                        name="username" maxlength="18"></td></tr>
        <tr><td width="25%">密  码: </td><td width="75%">
                    <input id="pass" maxlength="20" type="password"
                                                        name="pass"></td></tr>
        <tr><td colspan="2" align="center"><img src="images/ensure.jpg">
                                                                  
                    <img src="images/cancel.jpg" class="cancel">
                                                    </td></tr></table></div></div>
</body>
</html>
<script>
    $('#login').click(function(){   //登录处理
        $('#reg').hide();
        $('#cover').show();   //显示遮罩
    });
        $('#register').click(function(){//注册处理
        $('#log').hide();
        $('#cover').show();
    });
    $('.cancel').click(function(){
        $('#cover').hide();   //显示遮罩
        //考虑连续操作情形，如先注册后登录
        $('#log').show();$('#reg').show();
    });
</script>
```

【例 3.2.4】调用搜狐网提供的 JS 脚本，显示用户 IP 及所在城市等信息。

在页面里调用搜狐网提供的如下 JS 脚本。

```
<script src="http://pv.sohu.com/cityjson?ie=utf-8"></script>
```

则返回包含如下格式数据的 JSON 对象。

```
var returnCitySN = {"cip": "113.57.246.106", "cid": "420300", "cname": "湖北省十堰市"};
```

注意：IP 地址及城市随着环境的不同而变化。

页面 example3_2_4.html 调用上述 JS 脚本而显示用户的 IP 及所在的城市，其代码如下。

```
<!DOCTYPE>
```

```
<html xmlns="http://www.w3.org/1999/xhtml">
<head>
    <meta http-equiv="Content-Type" content="text/html; charset=utf-8" />
    <title>jQuery的使用</title>
    <script src="http://libs.baidu.com/jquery/1.9.1/jquery.min.js"></script>
</head>
<body>
    <div>
        调用第三方JS脚本，显示用户IP及所在城市<br />
        本方式调用搜狐网提供的JS脚本，无须编写后台程序！<hr />
        <span id="IP_detail">IP_detail</span>[IP:<span id="ip">ip</span>]<br />
        <script src="http://pv.sohu.com/cityjson?ie=utf-8"></script>
        <script type="text/javascript">
            document.getElementById("ip").innerText = returnCitySN["cip"];
            document.getElementById("IP_detail").innerHTML = '欢迎你，来自
                        <font color="red">' + returnCitySN["cname"] + '</font>的朋友！';
        </script>
    </div>
</body>
</html>
```

页面 example3_2_4.html 浏览效果，如图 3.2.4 所示。

调用第三方JS脚本，显示用户IP及所在城市 本方式调用搜狐网提供的JS脚本，无须编写后台程序！
欢迎你，来自湖北省十堰市的朋友！[IP:113.57.246.106]

图 3.2.4　页面 example3_2_4.html 浏览效果

3.3　使用第三方提供的 JS 特效脚本

除了官方提供的专业的 JS 库外，许多编程爱好者也纷纷推出了自己的 JS 特效脚本。通过网络，可以搜索大量的由第三方提供的 JS 特效脚本，供我们开发网站使用。

3.3.1　制作循环显示的图片新闻

如今，很多网站的首页里包含了图片新闻的循环显示。使用第三方提供的 JS 特效脚本，就能更加方便地实现制作网站的图片新闻。

【例 3.3.1】使用第三方提供的 JS 特效脚本，制作图片新闻(在同一位置循环显示)。

【浏览效果】页面浏览效果，如图 3.3.1 所示。

图 3.3.1　页面浏览效果

注意：如果图片序号没有随图片的变化而变化，请使用其他浏览器。

页面 example3_3_1.html 的完整代码如下。

```
<html>
<head>
<meta http-equiv="Content-Type" content="text/html; charset=utf-8">
<title>使用第三方提供的JS脚本，制作图片新闻</title>
<style type="text/css">
#banner {
    position:relative;
    width:478px; height:286px;
    border:1px solid #666;
    overflow:hidden; /*隐藏溢出部分*/
}
#banner_info{   /*参数4*/
    position:absolute; /*与z-index相应*/
    bottom:0; left:5px;
    line-height:30px;
    color:#fff;
    z-index:1001; /*顺序值中间*/
}
#banner ul {
    position:absolute;list-style-type:none;
    filter: alpha(Opacity=75); /*滤镜样式，设置不透明度*/
```

```
    border:1px solid #fff;
    z-index:1002;   /*顺序值最大*/
    margin:0; padding:0; bottom:3px; right:5px;}
#banner ul li {
    padding:0px 8px;float:left;
    display:block;color:#FFF;
    border:#fff 1px solid;
    background-color:#6f4f67;
    cursor:pointer;
}
#banner ul li.on{
    background-color:#900; /*改变序号背景，表示当前图片序号*/
}
#banner_list a{   /*不可去掉*/
    position:absolute;
}
</style>
<script type="text/javascript" src="js/babyzone.js"></script>
<script>
    window.onload = function () {
        //调用第三方JS脚本里定义的对象及其方法，第1参数为图片数量
        babyzone.scroll(5, "banner_list", "list", "banner_info"); //本方法含4个参数
    }
</script>
</head>
<body>
    <div id="banner">
        <div id="banner_list">   <!--第2参数为div名，其中包含若干图像链接-->
            <a href="#"><img src="images/p1.jpg" width=478 height=286 /></a>
            <a href="#"><img src="images/p2.jpg" width=478 height=286 /></a>
            <a href="#"><img src="images/p3.jpg" width=478 height=286 /></a>
            <a href="#"><img src="images/p4.jpg" width=478 height=286 /></a>
            <a href="#"><img src="images/p5.jpg" width=478 height=286 /></a></div>
        <ul id="list"></ul>   <!--图片序号，项目列表对象标识为第3参数-->
        <a href="#" id="banner_info"></a>     <!--超链接对象标识为第4参数-->
    </div>
</body>
</html>
```

3.3.2　实现 QQ 临时会话

目前很多的网站能够实现与网站客服的临时会话功能(因为他们不会成为好友)，其制作可以通过使用第三方提供的 JS 脚本来实现，具体步骤如下。

1. 注册用户

访问网站 http://www.54kefu.net，从“登录管理”页面即可进入到“注册”页面。

2. 设置 QQ 临时会话的相关信息

会员注册成功后，会自动进入到“代码管理”。单击“修改”超链接，即可输入或设置客服的相关信息(如账号、说明、状态等)，如图 3.3.2 所示。

图 3.3.2　设置 QQ 临时会话的相关信息

3. 获取使用 QQ 临时会话的 JS 代码

在完成了客服账号等相关信息后，或者再次访问网站 http://www.54kefu.net 并成功登录后，进入“代码管理”，单击“获取代码”超链接，即可获取 QQ 临时会话的 JS 代码。

4. 在网站主页里使用 QQ 临时会话的 JS 代码

在获取了 QQ 临时会话的 JS 代码，将其粘贴到你自己的网站主页的</body>前面即可实现本网站的临时会话功能。

注意：QQ 临时会话与 QQ 好友会话在功能上的差别之一是不能传送文件。

3.4　HTML 5 简介

3.4.1　从 HTML 4 到 HTML 5

HTML 5 是 HTML 标准的下一个版本，相对 HTML 4 而言新增了许多功能，简化了很多细微的语法。例如，doctype 的声明，只需要写<!doctype html>即可。

DW CS6 中首选参数设置默认文档为 HTML 5 的方法，如图 3.4.1 所示。

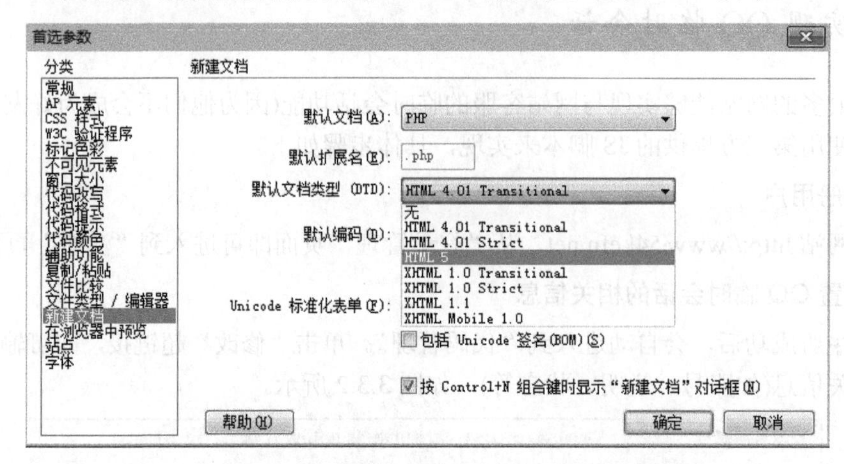

图 3.4.1　在 DW CS6 中设置默认新建 HTML 5 文档类型

注意：非 IE 内核的浏览器均支持 HTML 5，IE 8 及以下版本不支持 HTML 5，IE 9 及以上版本支持。

3.4.2　HTML 5 的两个应用实例

根据 3.1.5 小节，我们知道，可以使用 JS 进行表单的前端验证。HTML 5 的一个重要功能是对表单输入字段值的客户端验证，另一个是 SVG 功能。

【例 3.4.1】HTML 5 的表单字段验证功能。

【浏览效果】当输入一个非法的 E_mail 时，页面浏览效果如图 3.4.2 所示。

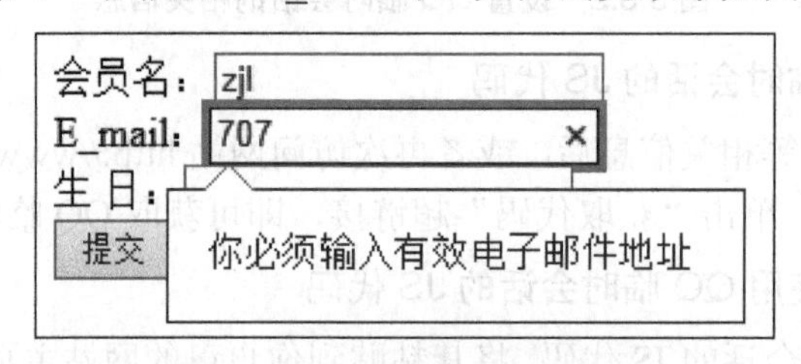

图 3.4.2　页面浏览效果(表单字段验证)

页面 example3_4_1.html 的完整代码如下。

```
<!doctype html>
<html>
<head>
    <meta charset="utf-8">
    <title>HTML 5新特性：表单字段验证</title>
</head>
<body>
<form>
    会员名：<input type="text" required><br><!--必填写-->
```

```
    E_mail:  <input type="email" required ><br><!--自动验证电子邮件地址格式-->
    生　日：<input type="date" name="user_date" /><br><!--有日期选择器可用-->
    <input type="submit" value="提交">
</form>
</body>
</html>
```

【例 3.4.2】HTML 5 的 SVG 功能。

SVG 即 scalable vector graphics，是一种用来绘制矢量图的 HTML5 标签。用户只需定义好 XML 属性，就能获得一致的图像元素。使用 SVG 之前先将标签加入到 HTML body 中。就像其他的 HTML 标签一样，用户可以为 SVG 标签添加 ID 属性，也可以为其添加 CSS 样式，如“border-style:solid;border-width:2px;”。SVG 标签跟其他的 HTML 标签有通用的属性，用 height="100px" width="200px" 为其添加高度和宽度。SVG 提供很多绘图形状功能，如线条、圆、多边形等。

【浏览效果】使用支持 HTML 5 的浏览器(如 360、火狐、Google 和 IE 9 以上版本)，访问页面 http://www.wustwzx.com/php/ch03/html5_svg/index.html，其浏览效果如图 3.4.3 所示。

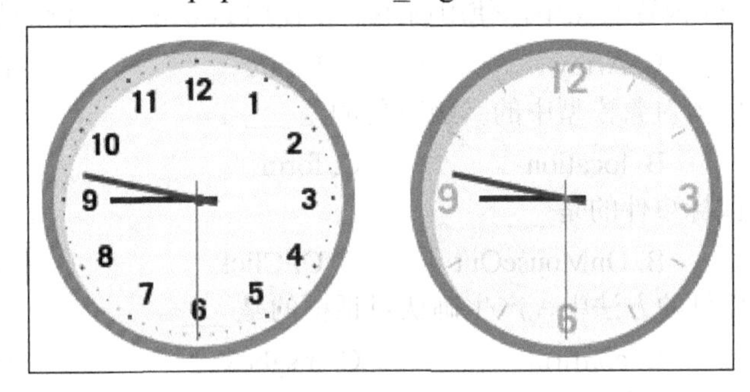

图 3.4.3　页面浏览效果

习 题 3

一、判断题

1. 访问网站时，选择“文件”→“另存为”命令可获取当前页面的 HTML 代码、素材和 JS 脚本。

2. 在 JS 脚本里可以将 HTML 标记作为特殊的文本输出，此时需要使用一对引号。

3. 在 JS 脚本里使用浏览器对象时，其名称要小写。

4. jQuery 对象就是 DOM 对象。

5. IE 8 不支持 HTML 5。

6. 浏览器对象在使用前需要先创建其实例。

7. 在 JS 脚本中可以访问页面元素的所有属性(包括 CSS 样式属性)。

二、选择题

1. 下列 JavaScript 内置对象中，使用前不需要使用 new 创建实例的是____。

A. Date　　B. Array　　C. String　　D. Math

2. 下列不是浏览器对象模型中的二级对象的是____。

A. document　　B. location　　C. form　　D. navigator

3. 下列不属于鼠标事件的是____。

A. OnLoad　　B. OnMouseOut　　C. OnClick　　D. OnMouseOver

4. 在 Window 提供的方法中，产生确认对话框的是____。

A. alert　　B. confirm　　C. msgbox　　D. prompt

5. 在 jQuery 中，下列不合法的是____。

A. $('.login')　　B. $('#login')　　C. $(document)　　D. $['.logout']

三、填空题

1. 页面里默认使用____作为客户端脚本语言。

2. Window 对象提供的两种定时器方法分别是 setTimeout()和____。

3. 为了获取 jQuery 对象，必须使用 jQuery 提供的____函数。

4. 下列代码的运行结果是____。

```
<p id="box">test</p>
<script>
    var box=document.getElementById("box");
    alert(box.innerHTML);
</script>
```

实验 3　客户端脚本与 HTML 5 的使用

一、实验目的

(1) 掌握在页面里引入客户端脚本语言的多种方式。

(2) 掌握 JS 内置对象及浏览器对象的常用方法与属性、常用的页面事件。

(3) 掌握 jQuery 或第三方提供的 JS 脚本的使用。

(4) 掌握在 JS 程序中刷新页面中某个标志位内文本的方法。

(5) 掌握 HTML 4 与 HTML 5 在使用上的差别。

二、实验内容及步骤

【预备】访问本课程上机实验网站 http://www.wustwzx.com/asp_net/index.html，单击第 3 章实验的超链接，下载本章实验内容的源代码(含素材)并解压，得到文件夹 ch03，最后在 DW 中建立指向 ch03 的站点。

1. 使用 JS 实现页面的交互效果(参见例 3.1.1 和例 3.1.2)

(1) 打开站点 ch03 内的文件 example3_1_1.html。

(2) 查看使用 Array 对象保存图像数组的代码。

(3) 查看 Button 按钮的 OnClick 事件的处理代码。

(4) 使用 DW 打开文件 example3_1_2.html。

(5) 查看 CSS 上下文样式的定义。

(6) 分析使用 CSS+Div 实现水平弹出式菜单的原理。

2. 使用 JS 实现页面的动态效果(参见例 3.1.3 和例 3.1.4)

(1) 使用 EditPlus 或 DW 打开文件 example3_1_3.html。

(2) 分别查看 JS 内置对象 Date 和浏览器对象(window 和 document)方法。

(3) 浏览页面。

(4) 对 example3_1_3a.html 重复上面的步骤，并比较两种定时器方法的用法区别。

(5) 使用 EditPlus 或 DW 打开文件 example3_1_4.html 并分析源代码。

(6) 验证在表格里增加图片再浏览，其滚动效果正常。

3. jQuery 使用基础(参见例 3.2.1)

(1) 在 VS 2015 中，使用 Shift+Alt+O 快捷键打开项目文件夹(网站)ch03。

(2) 查验在文件夹 js 内存在文件 jquery-1.3.2.js。

(3) 查看从文件面板里拖曳 jquery-1.3.2.js 文件至页面头部后所产生的标记。

(4) 使用 EditPlus 打开文件 example3_2_1.html，查看对 jQuery 脚本库的引用代码。

(5) 查看将 DOM 对象转化为 jQuery 对象的几种方式。

(6) 测试 jQuery 对象的常用方法的效果。

(7) 通过屏蔽某些关键代码后，右击页面，在弹出的右键快捷菜单中选择“在浏览器中查看”，分析这些关键代码的作用。

4. 使用 jQuery 制作的折叠式菜单和遮罩效果(分别参见例 3.2.2 和例 3.2.3)

(1) 使用 EditPlus 打开文件 example3_2_2.html，分析其设计思想。

(2) 适当修改其关键样式，测试菜单的折叠效果。

(3) 使用 EditPlus 打开文件 example3_2_3.html，分析 Div 的嵌套关系。

(4) 浏览页面，测试遮罩效果。

5. 第三方 JS 脚本库的使用

(1) 使用 EditPlus 打开文件 example3_3_1.html，查看引入第三方 JS 脚本 babyzone.js 的代码。

(2) 查看方法 babyzone.scroll()里 4 个参数的含义。

(3) 增加若干图片、修改参数 1 后进行测试。

(4) 使用 EditPlus 打开网页文件 example3_2_4.html。

(5) 分别查看对 jQuery 和搜狐 JS 脚本的引用后做浏览测试。

6. 掌握 HTML 4 与 HTML 5 在使用上的差别

(1) 使用 EditPlus 打开 HTML 5 文档 example3_4_1.html。

(2) 使用支持 HTML 5 的浏览器测试对表单字段值有效性的验证功能。

(3) 使用不支持 HTML 5 的 IE 8 进行浏览测试(无验证功能)。

(4) 使用 EditPlus 打开 HTML 5 文档 html5_svg/index.html。

(5) 使用支持 HTML 5 的浏览器(如 Google 浏览器)进行浏览(体现 HTML 5 的 SVG 功能)。

三、实验小结及思考

(由学生填写，重点填写上机中遇到的问题。)

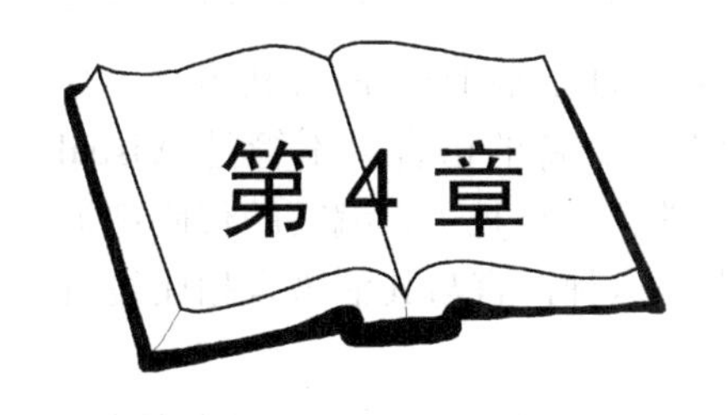

ASP.NET 项目开发基础

在 VS 2015 集成环境中开发 ASP.NET Web 应用程序，需要使用 Framework 组件所提供的类库，并选用一种编程语言(以 C#使用最为广泛)。此外，ASP.NET 内置对象和 ADO.NET 是 ASP.NET Web 开发的重要基础，而 IIS 组件是网站投入实际运行的基础。本章的学习要点如下。

- 掌握.NET 框架体系结构和 Framework 类库的作用。
- 掌握 C#编程中的程序集、命名空间和类属性等基本概念。
- 掌握 C#集合框架。
- 掌握 ASP.NET 常用内置对象的使用。
- 掌握 IIS 的作用。
- 掌握使用 ADO.NET 访问数据库的技术。
- 了解使用数据集访问数据库的用法。

4.1 ASP.NET 项目运行环境

4.1.1 .NET 框架体系与 Framework

.NET 框架可以理解为一系列技术的集合，包括.NET 语言、通用语言规范 CLS、.NET 类库、通用语言运行库 CLR 和 Visual Studio.NET 集成开发环境。

.NET 框架是一个多语言组件开发和执行环境，它提供了一个跨语言的统一编程环境。.NET 框架的目的是便于开发人员更容易地建立 Web 应用程序和 Web 服务，使得 Internet 上的各应用程序之间可以使用 Web 服务进行沟通。从层次结构来看，.NET 框架包括三个主要组成部分：公共语言运行时 CLR(common language runtime)、服务框架(services framework)和上层的两类应用模板——传统的 Windows 应用程序模板(Win forms)和基于 ASP.NET 的面向 Web 的网络应用程序模板(Web forms 和 Web services)。

在 CLR 之上的是服务框架，它提供了一套开发人员希望在标准语言库中存在的基类库，包括集合、输入/输出、字符串及数据类。

在 Microsoft .NET 平台上，所有的语言都是等价的，它们都是基于 CLR(公共语言运行库)的运行环境来进行编译和运行的。所有 Microsoft .NET 支持的语言，不管是 Visual Basic .NET、Visual C++、C# 还是 JScript .NET，都是平等的。用这种语言编写的代码都被编译成一种中间代码，在公共语言运行库中运行。在技术上这种语言与其他语言相比没有很大的区别，用户可以根据自己熟悉的编程语言进行操作。

注意：C#是一种优秀的程序开发语言，它简洁、高效且便于使用，主要用于 Microsoft .NET 框架中面向组件的领域。

有了公共语言运行库，就可以很容易地设计出对象能够跨语言交互的组件和应用程序。也就是说，用不同语言编写的对象可以互相通信，并且它们的行为可以紧密集成。例如，可以定义一个类，然后使用不同的语言从原始类派生出另一个类或调用原始类的方法。还可以将一个类的实例传递到用不同的语言编写的另一个类的方法。这种跨语言集成之所以成为可能，是因为基于公共语言运行库的语言编译器和工具使用由公共语言运行库定义的通用类型系统，而且它们遵循公共语言运行库关于定义新类型以及创建、使用、保持和绑定到类型的规则。

总之，ASP.NET 是建立在公共语言运行库上的编程框架，可用于在服务器上生成功能强大的 Web 应用程序，如图 4.1.1 所示。

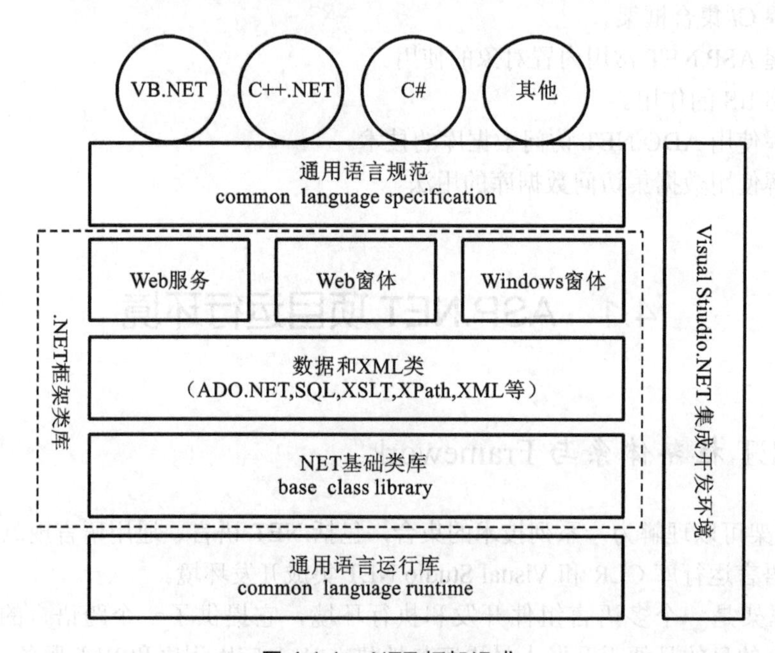

图 4.1.1 .NET 框架组成

4.1.2 ASP.NET 的两种 Web 编程框架

1. WebForm 窗体模型

WebForm 窗体模型的要点是：客户端用户通过浏览器请求站点根目录里名为 Index.aspx 的窗体页面时，服务器根据相应的后台代码文件 Index.aspx.cs 进行业务逻辑处理，其中，可能包含对数据库服务器的访问，最后由窗体页面 Index.aspx 呈现处理结果给客户端浏览器，如图 4.1.2 所示。

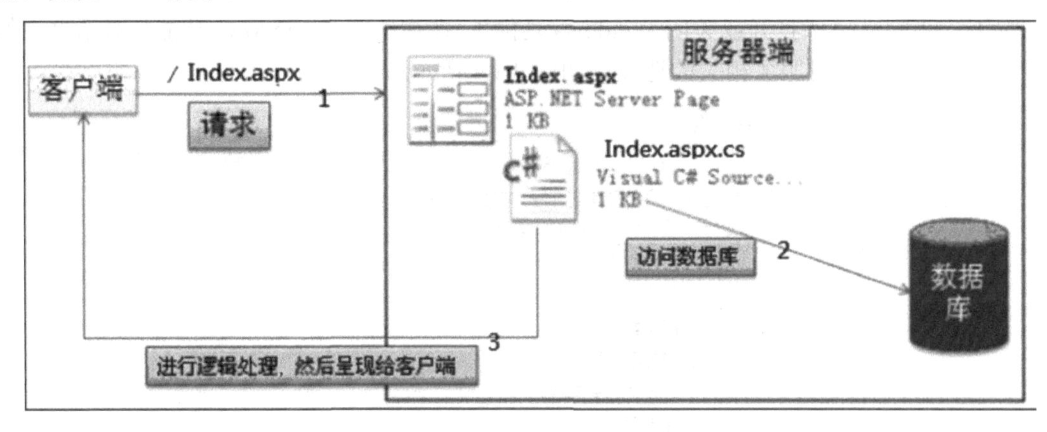

图 4.1.2　WebForm 窗体模型

注意：基于 WebForm 窗体模型的 ASP.NET Web 应用开发，详见第 5 章。

2. 基于 MVC 框架的 Web 编程框架

MVC 模式是一种组织代码的规范，它包括模型(Model)、视图(View)和控制器(Controller)三个部分，分别对应于内部数据、数据表示和输入/输出控制部分，其工作流程如图 4.1.3 所示。

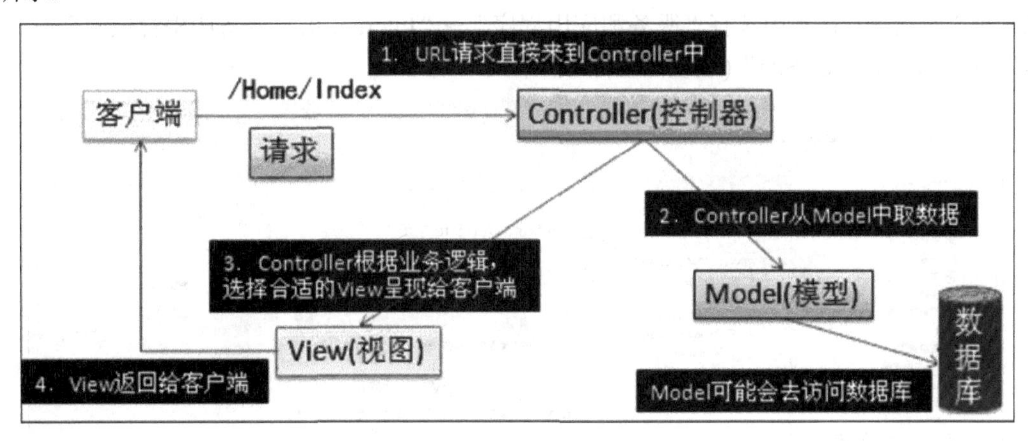

图 4.1.3　MVC 项目工作流程图

注意：

(1) MVC 框架是 WebForm 框架的再封装。

(2) 基于 MVC 框架的 ASP.NET Web 应用开发，详见第 6～9 章。

4.1.3　使用 Win 7 操作系统的计算机的 IIS 服务器

ASP.NET Web 应用程序除了需要 Framework 组件外，还需要使用 Windows 提供的 IIS 组件作为 Web 服务器。

安装了 Win 7 操作系统及以上版本的计算机(以下简称 Win 7 计算机)自带 IIS，因此，在 Win 7 计算机里无须安装 IIS，只需要打开其 IIS 服务。操作方法是：选择“控件面板”→“程序与功能”→“打开或关闭 Windows 功能”，在弹出的“Windows 功能”对话框中勾选所有与 Internet 信息服务相关的选项，如图 4.1.4 所示。

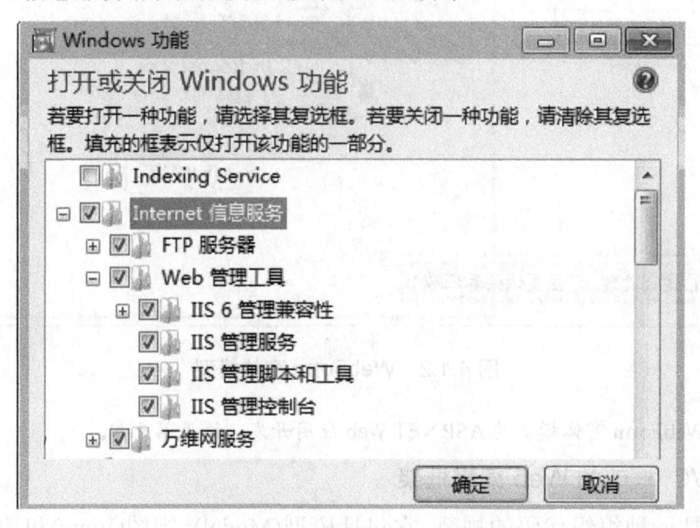

图 4.1.4　打开 Win 7 的 IIS 功能

安装完成后，右击“我的电脑”，在弹出的右键快捷菜单中选择“管理”，弹出“计算机管理”对话框，在其中选择“服务和应用程序”→“Internet 信息服务(IIS)管理器”→“网站”→“Default Web Site”(默认网站)，如图 4.1.5 所示。

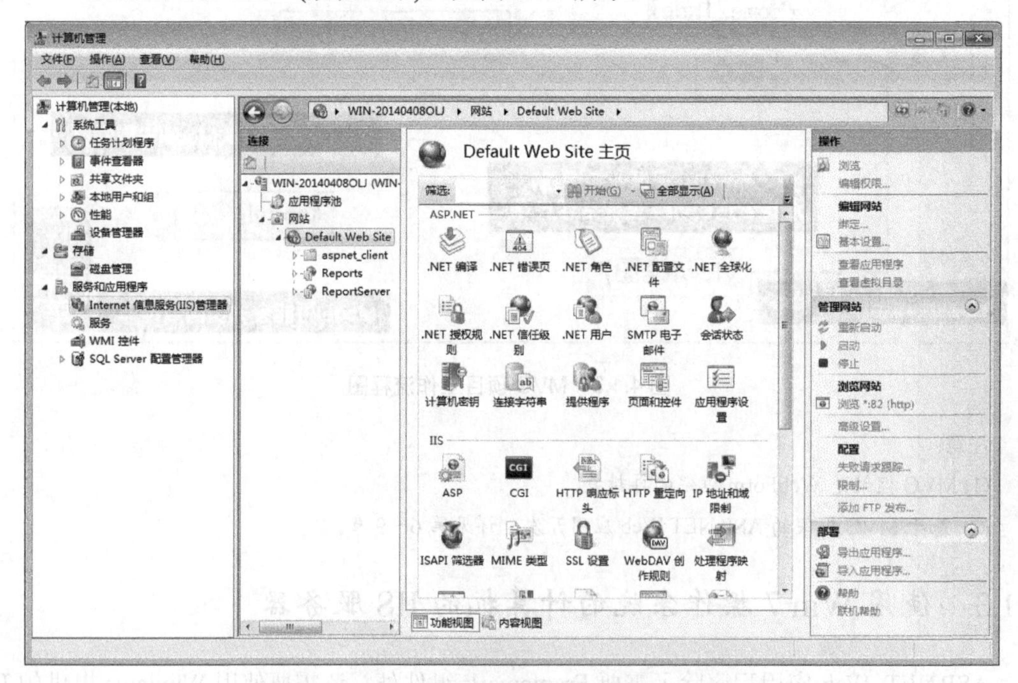

图 4.1.5　在 Win 7 中选择 IIS 默认网站管理

可以对 Default Web Site(默认网站)进行设置和浏览。例如，访问默认网站主页的效果，如图 4.1.6 所示。

图 4.1.6　访问本地 Win 7 的 IIS 默认网站

注意：

(1) 在作者计算机里，IIS 默认的 80 端口已经被其他服务器软件占用，选择“编辑网站”→“绑定”，修改端口为 82 后，访问 IIS 默认网站的域名就是 http://localhost:82。

(2) Win 7 旗舰版和专业版默认已经安装 IIS，而家庭版没有。

(3) ASP.NET 版本就是 Framework 版本。

4.1.4　ASP.NET 网站工作原理

1. 默认使用程序集 mscorlib.dll 和 System.Core.dll

新建 Web 项目时，默认引用程序集 mscorlib.dll 和 System.Core.dll，对这两个程序集的 API 的简化，如图 4.1.7 所示。

```
◢ mscorlib 程序集
    ◢ {} System 命名空间
        ▷ Console 控制台程序的标准I/O流、错误流
        ▷ Array 数组
        ▷ DateTime 日期/时间结构体
    ▷ {} System.Collections 此命名空间提供管理集合的类、接口和结构
    ▷ {} System.Collections.Generic 此命名空间提供泛型集合类
◢ System.Core 程序集
    ▷ {} System.Linq 此命名空间提供LINQ查询类
```

图 4.1.7　ASP.NET Web 项目默认引用的两个程序集

2. 使用 Web API

ASP.NET 提供了 Web 编程框架，主要包含在框架的程序集 System.Web.dll 里，该程序集的主要命名空间及类，如图 4.1.8 所示。

- System.Web 程序集
  - { } System.Web 命名空间
    - HttpApplication 定义ASP.NET 应用程序对象共有的方法、属性和事件
    - HttpContext 封装 HTTP 请求的相关信息
    - HttpRequest 使 ASP.NET 能够读取客户端在 Web 请求期间发送的 HTTP 值
    - HttpResponse 封装来自 ASP.NET 操作的 HTTP 响应信息
    - HttpServerUtility 提供用于处理 Web 请求的 Helper 方法
  - { } System.Web.Routing 命名空间
    - Route 提供用于定义路由及获取路由相关信息的属性和方法
  - { } System.Web.UI 命名空间
    - Page Web 窗体页
    - Control 定义控件的属性、方法和事件
  - { } System.Web.UI.WebControls 命名空间
    - Button 按钮控件
    - GridView 数据绑定控件

图 4.1.8 ASP.NET Web 编程的主要 API

3. Web 项目的全局文件 Global.asax 与配置文件 Web.config

Web 项目的全局文件 Global .asax 是一个特殊的类文件(通常的类以.cs 作为扩展名)，它继承类 System.Web.HttpApplication。

Global.asax 包含整个站点上任何页面所引起的事件的代码，它在下列事件发生时自动执行。

(1) 整个应用程序启动或停止时。

(2) 当某个用户开始或停止使用网站时。

(3) 对可能在页面上的特殊事件进行响应时，如用户登录或者出现错误。

作为 Global.asax 文件应用的一个典型例子是网站在线人数统计，它包含了新用户首次访问站点(一个新的会话开始，参见 4.3.3 小节)时会自动执行的代码，其使用示例参见 4.3.5 小节示例项目 example4.3_1)。

注意：

(1) 在 Web 项目里，Web.config 存放运行环境的数据，而 Global.asax 存放程序代码。

(2) Global.asax 文件不是必需的，当不存在时，系统按照默认参数运行。

(3) Web.config 文件保存网站设定值，而 Global.asax 文件则保存共享代码。

每个 Web 项目的配置文件 Web.config 是一个 XML 格式的文件，它包含了指定项目运行的环境信息。例如，指定所使用的 Framework 版本、连接数据库的字符串等，其简化的代码如下。

```
<?xml=version="1.0" encoding=""?>
<configuration>
    <system.web>
```

```
        <compilation debug="true" targetFramework="4.5.2"/>
        <httpRuntime targetFramework="4.5.2"/>
    </system.web>
    <connectionStrings>
        <add name="conStr" connectionString="server=localhost;
                            database=flower;uid=root;pwd=root;port=3308;charset=utf8"/>
    </connectionStrings>
    <!--其他成对标签-->
</configuration>
```

4. 基于服务器处理的窗体事件模型

Web 页是 Web 应用程序用户界面，用于实现 Web 服务器与客户端之间的交互，对应于扩展名为.aspx 的窗体文件，在运行时被编译为 Page 对象。Page 类有一个名为 IsPostBack 的属性表示当前页面特性：如果是为响应客户端事件回发而加载该页，属性值为 true；否则，为 false。

窗体内的服务器控件大多数具有事件处理功能，如 Button 控件的 OnClick 事件，该控件的 PostBackUrl 属性用来指定单击事件发生后所转向的目标页面(如果未使用本属性，则默认回传至自身页)。窗体表单 Form 的提交称为 PostBack，可以认为 PostBack 是由用户在客户端触发的一个事件，事件的发送者用 sender 表示。

每个 ASP.NT 页面的生命周期包括初始化、实例化控件，运行事件处理代码，最终将 HTML 代码发送至客户端浏览器，并由浏览器程序解释执行并呈现页面。

当客户端发出一个 http 请求后，Web 服务器通过监听 socket 请求获取到 http 请求报文，HttpContext 封装 http 请求，HttpApplication 对象的 ProcessRequest 方法来处理这个请求，最后封装响应报文，响应给客户端浏览器。

注意：

(1) WebForm 项目是基于事件驱动的。

(2) 服务器控件 DropDownList 具有回发功能，其用法参见 5.2.2 小节示例。

(3) HttpApplication 是构成 ASP.NET 管道的核心对象，通过反射的方式来创建。

4.2　C#编程及动态调试技术

4.2.1　基本概念

1. 公共语言运行时

在.NET 中，程序集是指经由编译器编译得到的、供 CLR 进一步编译执行的那个中间产物，在 Windows 操作系统中，它一般表现为.dll 或者.exe 格式的文件，之所以要编译为程序集然后由.NET Framework 解析执行，就是为了实现跨平台的功能。并且，由 CLR 解析执行可以针对不同的具体平台生成具体针对性的优化代码，对执行效率有好处。

注意：程序集必须依靠 CLR 才能顺利执行，这是它与普通意义上的 Win 32 可执行程序的不同之处。

2. 程序集、命名空间

程序集是组件复用以及实施安全策略和版本策略的最小单位。

在 ASP.NET 中，.NET Framework 提供了丰富的基类，为了能在程序中引用这些基类，必须先引用这些基类的命名空间。

在 ASP.NET 中，命名空间提供了一种组织相关类和其他类型的方式。与文件或组件不同，命名空间是一种逻辑组合，而不是物理组合。在 C#文件中定义类时，可以把它包括在命名空间定义中。以后，在定义另一个类，在另一个文件中执行相关操作时，就可以在同一个命名空间中包含它，创建一个逻辑组合，告诉使用类的开发人员这两个类是如何相关的以及如何使用它们。

在.NET 的每个项目里，都会自动创建一个引用文件夹。在引用文件夹内的程序集(对应于.dll)上双击，即可打开对象浏览器来查看程序集中类的命名空间及其类。

当在程序里未引入某个类的命名空间而使用了该类时，会出现警告。例如，未引入命名空间 System.Collections 而使用了类 ArrayList 时，出现的警告信息如图 4.2.1 所示。

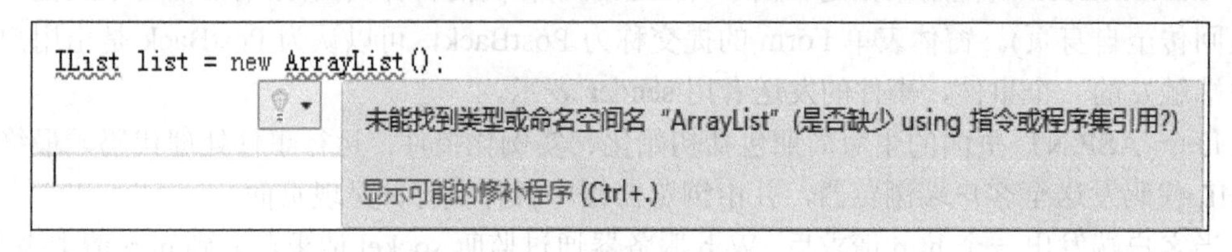

图 4.2.1　C#程序警告示例

单击“显示可能的修补程序(Ctrl+.)”，则出现需要引入的命名空间 using System.Collections。

注意：

(1) 在开发 ASP.NET 项目进行编码之前，通常需要先添加一些程序集。在 VS 中输入 using 指令时，如果没有出现想使用的命名空间名称的联机支持，则表明没有引入相应的程序集。

(2) 新建 ASP.NET 项目时，系统默认引用程序集 mscorelib.dll，但它不出现在项目的引用文件夹里，当以对象浏览方式打开其他某个程序集时，可以看到该程序集并可浏览。

3. 类、抽象类和接口

项目开发时，程序员最终使用的是接口或抽象类的实现类对象，一般地，在创建类的实例对象(静态类除外)后，通过该对象使用该类的成员属性或方法。

同一个命名空间里可以有多个类。使用对象浏览器可以查看程序集里的所有命名空间以及每个命名空间里的所有类(含抽象类和接口)。

处于不同层次(即不同的程序集和命名空间)的类(含接口与抽象类)可能存在关联，这表现在继承或实现上，这正是程序员需要分析清楚的难点内容。

声明方法的存在而不去实现它的类被称为抽象类(abstract class)，它用于要创建一个体现某些基本行为的类，并为该类声明方法，但没有方法的实现。不能创建 abstract 类的实例。

然而可以创建一个变量，其类型是一个抽象类，并让它指向具体子类的一个实例。不能有抽象构造函数或抽象静态方法。abstract 类的子类为它们父类中的所有抽象方法提供实现，否则它们也是抽象类。取而代之，在子类中实现该方法。

对于行为的最高抽象，用接口是最好的选择。接口是制定的一组规则，而抽象类则是提高代码的复用。现实中，学会了开一种汽车，几乎就会开各种汽车，这是由于所有汽车采用了相同的“接口”，即刹车、油门、方向盘等，并且它们所在的位置及使用方法相似。

接口(interface)是抽象类的变体。在接口中，所有方法都是抽象的。多继承性可通过实现这样的接口而获得。接口中的所有方法都是抽象的，没有一个有程序体。

注意：在 VS 里引入命名空间时，如果没有描写的联机支持，则表明该命名空间所在的程序集没有添加引用。

4. C#程序结构

一个完整的 C#程序，与 C 程序一样，需要包含 Main()方法作为程序运行的入口。C#程序结构示意图，如图 4.2.2 所示。

图 4.2.2 C#程序示例

注意：程序集 mscorlib.dll 的命名空间 System 内包含了项目必需的一些基础类(含结构)，因此，每个项目都会引用命名空间 System。

4.2.2 C#数据类型及运算符

1. C#数据类型

在 C#语言中，数据类型分为值类型和引用类型两种。.NET 使用通用类型系统(CTS)定义了可以在中间语言(IL)中使用的预定义数据类型，所有面向.NET 的语言都最终被编译为 IL，即编译为基于 CTS 类型的代码。例如，在 C#中声明一个 int 变量时，其本质是在 CTS 中定义类 System.Int32 的一个实例。

注意：

(1) 每种值类型均有一个隐式的默认构造函数来初始化该类型的默认值。例如：int i = new int();等价于 Int32 i = new Int32();。其中，在 Framework 框架里，int 是 Int32 的别名。

(2) 所有的值类型都是密封(seal)的，所以它无法派生出新的值类型。

(3) 结构体是一种值类型，而类是引用类型。

变量是值类型还是引用类型仅取决于其数据类型。C#的值类型分为简单类型、结构类型和枚举类型。其中，简单类型提供的几种基本数据类型，与 C 语言类似。

引用类型与值类型的区别如下。

(1) 引用类型可以派生出新的类型，而值类型不能。

(2) 引用类型可以包含 null 值，而值类型不能。

(3) 引用类型变量的赋值(简称引用赋值)只复制对对象的引用(地址)，而不复制对象本身，而将一个值类型变量赋给另一个值类型变量时，将复制该对象包含的值。

C#数据类型，如图 4.2.3 所示。

值类型	简单类型	有符号整型：sbyte (8位), short (16位), int (32位), long (64位)
		无符号整型：byte, ushort, uint, ulong
		Unicode 字符：char (16位)
		IEEE浮点型：float (32位), double (64位)
		高精度小数：decimal (128位)
		布尔型：bool
	枚举类型	enum
	结构类型	struct
引用类型	类类型	所有其他类型的最终基类：object
		class
	接口类型	interface
	Unicode字符串	string
	数组类型	一维和多维数组，如 int[ ]　int[,]　int[ ] [ ]

图 4.2.3　C#数据类型

注意：

(1) 布尔型分别使用 true 和 false 代表“真”和“假”。

(2) 结构是值类型；类是引用类型，使用前需要实例化，类可以继承。

字符串 string 是类 System.String 的实例，一个区分 string 与 String 的示例代码如下。

```
char[] temp = new char[] { 'C', '#' };     // 定义字符数组(参见4.2.6小节)
Console.Write(temp); Console.WriteLine(temp[1]);   //输出C##
string ss = new String(temp);   //创建类String的实例
Console.Write(ss); Console.WriteLine(ss[1]);       //输出C##
```

字符串中可以包含转义符，如：

```
string hello = "Hello\nWorld!";
string s2 = "c:\\myFolder\\myFile.txt"; //  不易阅读
```

字符串可以@开头，并用双引号引起来。例如：

```
string s3 = @"c:\myFolder\myFile.txt";
```

枚举类型表示一组静态值的组合，由一组命名常量组成，使用关键字 enum 定义，枚举变量不能在方法里定义，但可以定义在单独的类文件里。

枚举中每个元素的序号默认值是整数类型 int，且第一个值是 0，后面每个连续的元素依次加 1 递增，也可以改变序号默认的起始值。

枚举类型的一个示例程序代码如下。

```
using System;
namespace TestCSharp6
{
    class Program
    {
        enum Days { Sat, Sun, Mon, Tue, Wed, Thu, Fri }; //默认第一个枚举值为0
        enum Orientaions { North = 1, South, East, West }; //自定义枚举值从1开始
        enum Directions : long { Up = 100, Down = 200 }; //自定义枚举值及类型long
        static void Main(string[] args)
        {
            Console.Write(Days.Sun + "----"); Console.WriteLine((int)Days.Sun);
            // 输出:   Sun----1
            int x = (int)Days.Sun;
            int y = (int)Orientaions.South;
            long z = (long)Directions.Down;
            Console.WriteLine("Sun={0},South={1},Down={2}", x, y, z);
        }
    }
}
```

一系列相关的变量组织在一起形成的整体称为结构体，结构体内的每个变量称为结构成员。DateTime 是 Framework 提供的结构体，其示例用法参见 4.2.5 小节。

前面介绍的 C#变量是强类型，但也可以使用关键字 var 定义弱类型，其用法示例如下。

```
var s = 100;   //定义var变量必须进行初始化(赋值)
Console.WriteLine(s);    //输出100
var ss = "abcd";
ss = "Hello";  //不能给var变量赋予与初始化类型不相同的值
Console.WriteLine(ss);  //输出Hello
```

注意：

(1) var 变量要求是局部变量，在程序运行时首次赋值后才确定其类型(不是编译时确定其类型)。

(2) var 类型在 7.3 节中会用到。

在 ASP.NET 项目开发中，有时需要进行不同数据类型的转换。直接使用目标数据类型的 Parse()方法转换为目标数据类型，其用法示例如下。

```
string s1 = "123";int a = int.Parse(s1);
Console.WriteLine(a);   // 输出整数123
string s2 = "123.45";double f = double.Parse(s2);
Console.WriteLine(f);   // 输出实数123.45
string s3 = "2016/08/10"; DateTime dt = DateTime.Parse(s3);
Console.WriteLine(dt.Year);   //输出2016，参见4.2.5小节
```

2. C#运算符

C#几个重要的运算符分别如下。

- 用于创建类的实例对象的运算符 new。
- 用于访问类成员的运算符“.”。
- 用于类型转换的运算符( )。
- 用于检索数组元素的运算符[ ]。

4.2.3 变量的作用范围与生命周期

1.块级

块级变量是指包含在 if、while 等语句段中定义的变量，它仅在块内有效，在块结束后即被释放。

2.方法级

方法级变量作用于声明变量的方法中，在方法外不能访问。

3.字段级

定义在所有类方法之外的变量称为字段级变量。在 WebForm 项目(详见第 5 章)里，字段级变量可作用于定义类的所有方法中，只有在相应的窗体页面结束时才被释放。

一个测试 C#变量作用范围的 WebForm 项目 TestVariableScope(详见本章实验)中的后台代码如下。

```
using System;
public partial class Default:System.Web.UI.Page
{
    string strName="张三";   //strName采用Camel法命名，字段级变量
    protected void Page_Load(object sender,EventArgs e)
    {
        Label.Text=strName;   //使用字段级变量
    }
    protected void Button1_Click(object sender,EventArgs e)
    {
        string strName ="李四";   //定义方法级变量，其名称与字段级变量相同
        Label1.Text=strName;    //局部变量屏蔽字段级变量
```

```
        //Label1.Text=this. strName;   //通过使用this关键字访问字段级变量
    }
}
```

WebForm 项目 TestVariableScope 运行，单击“测试”按钮前后的效果如图 4.2.4 所示。

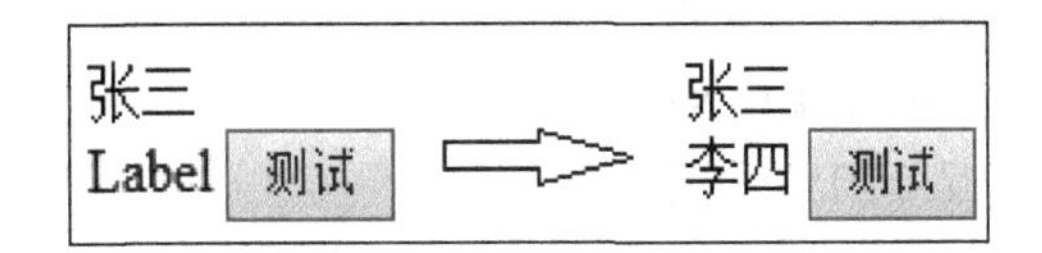

图 4.2.4　项目运行效果

注意：

(1) C#字段级变量相当于 Java 类的成员属性，其作用范围是全局的。

(2) 在控制台项目里，静态方法里只能调用 static 修饰的字段级变量。

4.2.4　流程控制语句及异常处理

1. foreach 循环

foreach 循环用于以只读方式访问数组或对象集合中的每个元素，其用法格式如下。

```
foreach(var 变量名 in 数组或者集合)
{
    //循环体语句
}
```

注意：var 可以换成数据具体的类型。

2. 异常处理语句

捕捉异常及处理语句使用 try…catch 语句，其用法格式如下。

```
try
{
    //执行的代码(可能有异常)
    //一旦出现异常，则立即跳转catch里执行
}
catch(Exception e)
{
    //异常处理(未见异常时不执行)
}
finally
{
    //不管是否出现异常都会执行
}
```

注意：

(1) finally 子句是可选项。

(2) catch 子句可以有多个，用来捕捉不同的异常。

4.2.5 日期与时间相关类(DateTime 结构体)

在C#项目开发时，经常会涉及日期、时间和时间戳等，其示例代码如下。

```
//通过Now获取一个值为当前日期和时间的DateTime对象
DateTime dt1 = DateTime.Now;
DateTime dt2 = new DateTime(2014,10,8);
Console.WriteLine(dt1);  //显示日期与时间
Console.WriteLine(dt2.ToLongDateString()); //长日期:2014年10月8日
Console.WriteLine(DateTime.Now.ToLongDateString());  // 长日期
Console.WriteLine(dt2.ToString("yyyy-MM-dd")); // 2014-10-8
Console.WriteLine(DateTime.Now.ToString());  //输出：yyyy/mm/dd h:m:s
//Year是结构体DateTime的属性
Console.WriteLine(DateTime.Now.Year);  //输出：年份
Console.WriteLine("格林尼治时间：" + DateTime.UtcNow); //与北京时间相差8小时
//时间戳(Unix Stamp)：从1970年1月1日UTC/GMT的午夜开始所经过的秒数
TimeSpan ts = DateTime.UtcNow - new DateTime(1970, 1, 1, 0, 0, 0, 0);
//Console.WriteLine(ts.TotalSeconds);//包含小数
Console.WriteLine("当前时间戳：" + Convert.ToInt64(ts.TotalSeconds).ToString());
```

注意：

(1) 结构体与类在使用上相似，都有成员(方法、字段或属性，参见4.2.7小节)。

(2) Now、Year等是结构体DateTime的常用属性。

(3) 时间戳的一个应用实例是生成与当前日期与时间相关联的订单ID，参见5.5.5小节。

(4) 结构体适用于描述一个完整事物的相互关联的数据，而类则适用于比较有层次的数据；结构体是一种值类型，而类是引用类型；类是反映现实事物的一种抽象，而结构体的作用只是一种包含了具体不同类别数据的一种包装，结构体不具备类的继承多态特性；结构体使用栈存储(stack allocation)，而类使用堆存储(heap allocation)。

4.2.6 数组、泛型与集合框架

1. 数组与实现 IList 接口的类 ArrayList

C#数组属于引用类型，其基类型是 System.Array，提供用于创建、处理、搜索数组并对数组进行排序的方法，充当公共语言运行时中所有数组的基类。一维数组的定义如下。

```
类型[] 数组名=new 类型[数组大小];
```

二维数组的定义如下。

```
类型[,] 数组名=new 类型[行数,列数];
类型[][] 数组名=new 类型[行数,列数];
```

注意：二维数组列元素个数要一样。

交错数组是数组的数组，其定义如下。

```
Int[][] 数组名=new 类型[个数][];
```

注意：交错数组列元素个数可以不一样。

2. C#集合框架中的接口 IList 及其实现类 ArrayList 与泛型类 List<T>

数组的容量是固定的，对其进行扩充、删除或插入等操作时不方便，而 ArrayList 类实现了 C#集合框架中的 IList 接口，它可以用来存储任何引用或值类型，是一种动态数组。使用 ArrayList 的示例代码如下。

```
ArrayList arrList = new ArrayList();
//新增数据，可以是任意类型
arrList.Add(123);
arrList.Add("abc");
//修改数据
arrList[1] = 100;
//插入数据
arrList.Insert(1, "xyz");
//移除数据
arrList.RemoveAt(0);
Console.WriteLine("元素个数=" + arrList.Count);
foreach(var x in arrList)
{
    Console.WriteLine(x);
}
```

注意：添加到 ArrayList 中的数据都将隐式强制转换为 object(装箱)，读取时又要进行拆箱，因而性能较低。

泛型是 2.0 版 C# 语言和公共语言运行库中的一个新功能，它将类型参数的概念引入到.NET Framework，类型参数使得设计如下类和方法成为可能：这些类和方法将一个或多个类型的指定推迟到客户端代码声明并实例化该类或方法时，减少运行时强制转换或装箱操作的成本或风险。

通过创建自己的泛型接口、泛型类、泛型方法、泛型事件和泛型委托，可以对泛型类进行约束以访问特定数据类型的方法。使用泛型类型可以最大限度地重用代码、保护类型的安全以及提高性能。

泛型最常见的用途是创建集合类。大多数集合都在命名空间 System.Collections 和 System.Collections.Generic 里。其中，System.Collections.Generic 专门用于泛型集合。

注意：

(1) 使用泛型时，在编译阶段就要完成类型制定，从而避免了使用 ArrayList 时的装箱、拆箱和类型转换时所造成的性能损失。

(2) 泛型数据类型中使用的类型信息可在运行时通过反射获取。

.NET Framework 类库在 System.Collections.Generic 命名空间中包含几个新的泛型集合类。应尽可能地使用这些类来代替普通的类，如 System.Collections 命名空间中的 ArrayList。

List<T>泛型表示可按照索引单独访问的一组对象，实现了接口 IList，使用上与同类型的数组十分相似。一个使用 List<T>泛型和数组的示例程序代码如下。

```
using System;
using System.Collections.Generic;   //泛型集合
namespace TestCSharp7
{
    class Program
    {
        static void Main(string[] args)
        {
            List<string> list = new List<string>();
            list.Add("Tom"); list.Add("Mary"); list.Add("Mike");
            string[] ss = { "Jerry", "Jim", "David" };   //创建数组
            list.AddRange(ss);
            list.Remove("Jerry");list.RemoveAt(0);   //删除
            list.Sort();   //排序，默认升序
            list.Reverse(); //反序
            if (!list.Contains("Jerry")) Console.WriteLine("Jerry已经不存在了！ ");
            Console.WriteLine("元素个数=" + list.Count);
            foreach(string x in list)
            {
                Console.WriteLine(x);
            }
            list.Clear();
        }
    }
}
```

程序的运行结果，如图 4.2.5 所示。

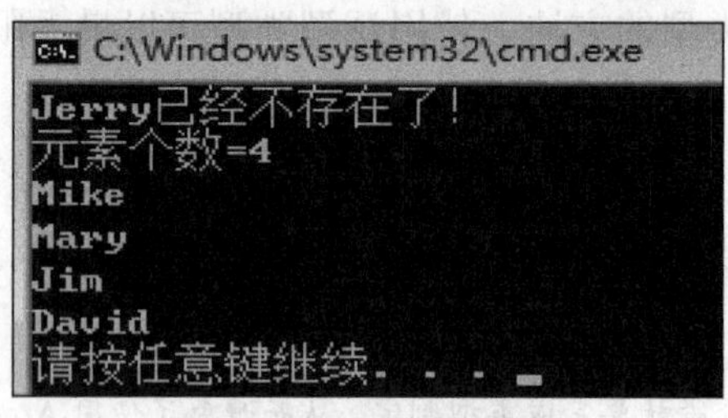

图 4.2.5　程序运行结果

3. C#集合框架中的枚举接口 IEnumerable<T>与静态类 Enumerable

集合类 Collection 是专门用于数据存储和检索的类，这些类提供了对列表(list)、哈希表(hash table)、栈(stack)和队列(queue)的支持。集合类服务于不同的目的，如基于索引访问列表项、为元素动态分配内存等。

注意：大多数集合类实现了相同的接口。

一个 Collection 要支持 foreach 方式的遍历，必须实现 IEnumerable 接口。事实上，C#集合和数组都可以用接口 IEnumerable 或者 IEnumerable<T>来定义。

接口 IEnumerable 只有一个 GetEnumerator()方法，返回一个枚举器，用于枚举集合中的元素。静态类 Enumerable 针对实现了 IEnumerable<T>接口的集合进行扩展，提供一组用于查询实现 System.Collections.Generic.IEnumerable<T> 接口类型的对象的 static 方法，且方法参数多数为接口类型。

枚举接口 IEnumerable<T>与静态类 Enumerable 的定义，如图 4.2.6 所示。

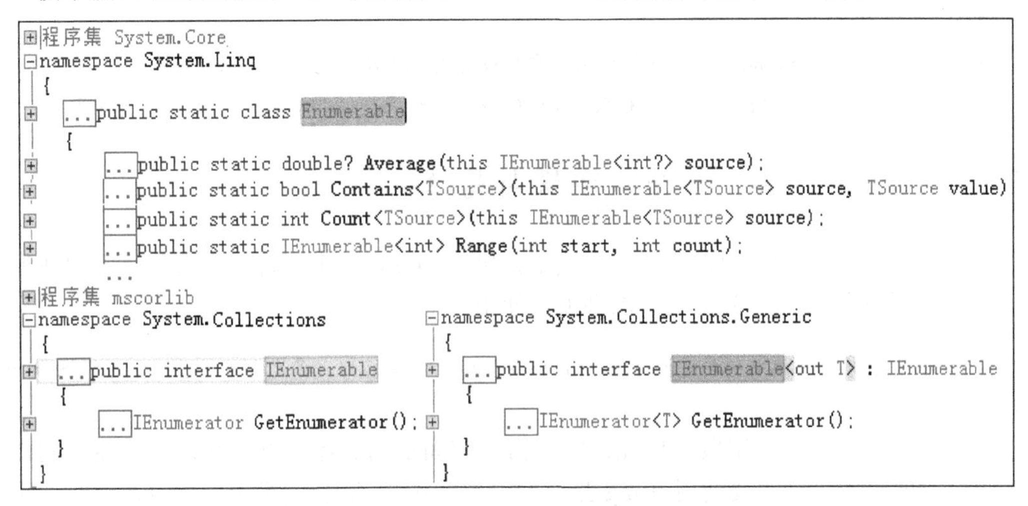

程序集 System.Core
namespace System.Linq
{
...public static class Enumerable
{
...public static double? Average(this IEnumerable<int?> source);
...public static bool Contains<TSource>(this IEnumerable<TSource> source, TSource value)
...public static int Count<TSource>(this IEnumerable<TSource> source);
...public static IEnumerable<int> Range(int start, int count);
...
程序集 mscorlib
namespace System.Collections
{
...public interface IEnumerable
{
...IEnumerator GetEnumerator();
}
}
namespace System.Collections.Generic
{
...public interface IEnumerable<out T> : IEnumerable
{
...IEnumerator<T> GetEnumerator();
}
}

图 4.2.6 枚举接口 IEnumerable<T>与类 Enumerable

注意：

(1) 定义枚举对象，与定义枚举变量在使用上的主要区别是：对象可以使用类方法。

(2) 接口 IEnumerable<T>继承接口 IEnumerable。

(3) 静态类 Enumerable 类并不是 IEnumerable<T>接口的实现类。

(4) 在 EF 框架里，LINQ 查询的结果为 IQueryable 类型，参见 7.3 节。

(5) 接口 IQueryable 继承接口 IEnumerable，常用于实现数据库访问时 SQL 命令的延迟加载。

枚举类与接口的用法代码示例如下。

```
using System;
using System.Collections.Generic;   //mscorlib.dll
using System.Linq;      //System.Core.dll
namespace TestCSharp8
{
    class Program
```

```
    {
        static void Main(string[] args)
        {
            IEnumerable<string> enu=new List<string> { "Apple", "Orange",
                                                        "Banana", "Pears", "melon" };
            Console.WriteLine(enu.Contains("Banana"));   //输出True
            List<Int32> its = Enumerable.Range(1,9).ToList();
            foreach (var x in its) Console.Write(x);   //输出123456789
            Console.WriteLine("");
        }
    }
}
```

注意：

(1) 命名空间 System.Linq 提供了支持使用语言集成查询 (LINQ) 进行查询的类和接口。

(2) 泛型接口 IEnumerable<T>为 EF 框架中 LINQ 查询的结果数据类型定义了相关方法(参见第 7 章)。

4.2.7 自定义 C#类、方法、字段与属性

在开发 ASP.NET 应用时，除了需要使用公用的 Framework 类库外，有时还需要我们自己设计以.cs 作为扩展名的公用类，以供项目使用。

注意：我们在项目里编写的功能程序(如用户登录程序)，其表现形式是类文件，这与公用类(如访问数据库的公用类)的定位不同。

类的成员包括方法、字段和属性，同一命名空间里的类还可以相互调用，而不同命名空间里的类的调用，则需要使用 using 指令。一个使用了 C#自定义类的项目及运行效果，如图 4.2.7 所示。

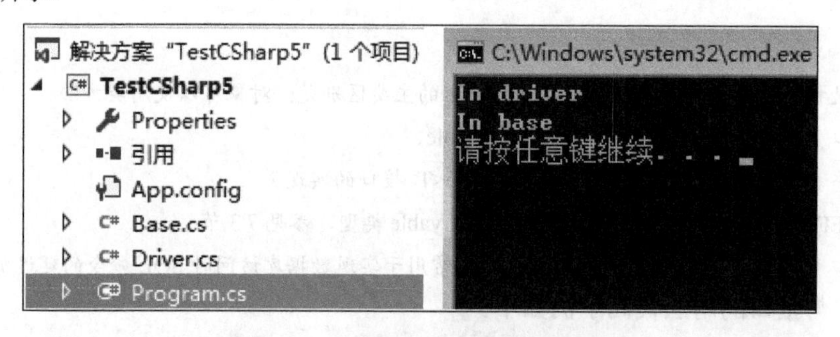

图 4.2.7 项目文件系统及运行效果

其中，自定义的 C#类文件 Base.cs 的代码如下。

```
using System;
namespace TestCSharp5
{
```

```
    public class Base    //自定义类
    {
        public void abc() // 定义类方法
        {
            Console.WriteLine("In base");
        }
    }
}
```

自定义的 C#类 Driver 继承自定义类 Base，文件 Driver.cs 的代码如下。

```
using System;
namespace TestCSharp5
{
    public class Driver : Base    //类继承
        {
            public new void abc()
            {
                Console.WriteLine("In driver");
            }
        }
}
```

含有 Main()方法的主程序文件 Program.cs 的代码如下。

```
namespace TestCSharp5
{
    class Program
    {
            static void Main(string[] args)
            {
                Driver d = new Driver();
                d.abc();                //输出 In driver
                ((Base)d).abc();   //输出 In base
            }
    }
}
```

在C#编程中，访问(读取或赋值)类的私有成员字段，可通过定义属性来实现。属性是类的成员字段的赋值方法和获取方法的综合体。类属性的定义与使用的示例代码如下。

```
using System;
//类属性的定义与使用
namespace TestClassProperty
```

```
{
    class User
    {
        public string Username { get; set; }     //定义类属性
        /*private string username;   //定义私有字段
        public void setName(string un)
        {
            this.username = un;
        }
        public string getName()
        {
            return this.username;
        }*/
    }
    class Program
    {
        static void Main(string[] args)
        {
            User user = new User();
            user.Username = "张三";  //属性访问：赋值
            Console.WriteLine(user.Username);   //属性访问：获取
            /*user.setName("李四");
            Console.WriteLine(user.getName());*/
        }
    }
}
```

其中，两个类中使用/*和*/里的代码实现了对私有字段的访问，但使用属性方式可以快速地访问私有字段。

注意：

(1) 自定义的 ASP.NET 类在项目里是源码形式，在解决方案窗口里可以直接展开，查看其成员，这与查看 Framework 类库或第三方提供的程序集不同(即需要使用对象浏览器查看 Framework 类库或第三方提供的程序集)。

(2) 4.5 节中封装的数据库访问类 MyDb 是自定义的 C#类，在第 5 章的 Web 应用程序里使用了该类。

(3) 类属性不是必须定义的，而是根据需要而定的。

4.2.8 ASP.NET 项目调试

在开发 C#程序时，如果某个对象的方法或属性上出现红色的波浪线，则表明该对象不具有那个方法或属性，通常是由于项目没有引用相应的程序集或程序没有引用相应的命名空间。其示例如图 4.2.8 所示。

```
using System;
using System.Collections.Generic;  //mscorlib.dll
//using System.Linq;   //System.Core.dll

namespace TestCSharp8
{
    0 个引用
    class Program
    {
        0 个引用
        static void Main(string[] args)
        {
            IEnumerable<string> enu=new List<string> { "Apple", "Orange", "Banana", "Pears", "melon" };
            Console.WriteLine(enu.Contains("Banana"));  //输出True

            List<Int32> its = Enumerable.Range(1,9).ToList();
            foreach (var x in its) Console.Write(x);  //输出123456789
            Console.WriteLine("");
        }
    }
}
```

图 4.2.8 VS 2015 调试菜单项

图 4.2.8 中，如果引入命名空间 System.Linq，则红色的波浪线会自动消除。

当源程序里没有硬错误时，右击解决方案，在弹出的右键快捷菜单中选择“生成解决方案”，若生成报告里有错误，则根据提示信息进行修改。

注意：在运行项目前，重新生成解决方案且不报错，是保证项目运行时不出现逻辑错误的前提。

对于运行时发现的错误，通过在程序里设置断点并按 F5 键进行调试，相关操作如图 4.2.9 所示。

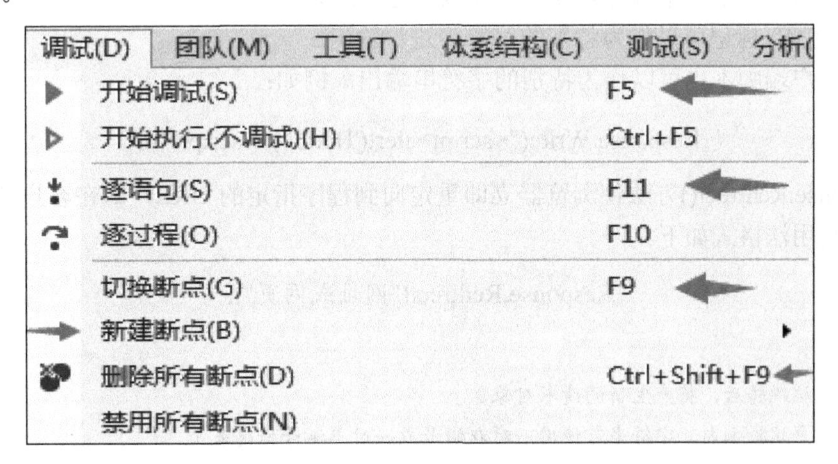

图 4.2.9 VS 2015 调试菜单项

注意：

(1) F9 键用于设置/取消断点，也可使用双击某行最左边灰色区域的方式来操作。

(2) 按 F5 键以调试模式运行，而使用 Ctrl+F5 快捷键则是直接运行(不以调试模式)。

(3) VS 2015 工具栏提供了代码块注释与取消注释的工具。

4.3 ASP.NET 内置对象

在 ASP.NET Web 项目开发中，通常会用到 Response、Request、Session 和 Server 等基本内置对象，这些对象不需要经过任何声明即可直接使用，它们分别是 Framework 类库中某些类的实例。

注意：

(1) 请求对象 Request 与响应对象 Response 都是重要的对象，它们分别表示表示访问 Web 服务器时的 HTTP 请求及响应。

(2) Response 对象为类 HttpResponse 的一个实例，而 Request 是 HttpRequest 的实例。

(3) 通过对象浏览器，可以查验 Request 及 Response 是 System.Web.UI.Page 的属性。

4.3.1 响应对象 Response

Response 对象表示服务器给浏览器发送信息，包括直接发送的信息、重定向浏览器到另一个 URL 或设置 Cookie 等。

Response.Write()方法的功能是将指定的信息发送至客户端，即在客户端动态显示内容，其用法格式如下。

```
Response.Write(字符串或变量);
```

- 输出字符串常量时必须使用一对双撇号括起来。
- HTML 标记可以作为特别的字符串进行输出。
- 客户端脚本也可以作为特别的字符串输出。例如：

```
Response.Write("<script>alert('Hello!');</script>");
```

Response.Redirect()方法使浏览器立即重定向到程序指定的 URL，即在客户端实现了页面跳转，其用法格式如下。

```
Response.Redirect("网址或网页");
```

注意：

(1) 客户端跳转后，将产生新的请求对象。

(2) 在客户端脚本内，字符串可使用一对双撇号或一对单撇号括起来。

4.3.2 请求对象 Request

Request 对象的主要功能是获取客户端的信息，使用 Request 对象可以访问任意 HTTP 请求传递的信息，Request 对象的主要属性如下。

- QueryString：从查询字符串中读取用户提交的数据。

- ServerVariables：通过使用服务器变量获得服务器端或客户端的环境信息。
- Browser：获得客户端浏览器的相关信息。
- ApplicationPath: 获取服务器上 ASP.NET 应用程序的虚拟应用程序根路径。
- Path：获取当前请求页面的虚拟路径(带文件名)。

注意：Form 也是 Request 的属性，用于获取提交的窗体信息，但由于窗体一般使用 Web 服务器控件，因此，Form 属性较少用。

使用 Request.QueryString 属性，可以获取 HTTP 查询字符串变量的集合。当在浏览器地址栏请求某个页面或在页面跳转(如在 Response.Redirect()中)时，如果在目标页面后面再加上问号、参数名和参数值，则在目标页面里通过使用 Request.QueryString 属性获取传递的参数值。例如，请求页面时若使用“?”传递参数，则有：

```
目标页面URL地址?p=pv
```

则在目标页面里，通过使用下面的接收语句可以获取页面请求时所传递的参数值 pv。

```
string p=Request.QueryString["p"];
```

使用 Request.ServerVariables 属性，就可以获得服务器和客户端的一些环境信息，其使用格式如下。

```
Request.ServerVariables["环境变量名"];
```

常用的服务器变量如下。

- Local_Addr：Web 服务器(主机)的 IP。
- Server_Name：Web 服务器(主机)的名称。
- Server_Software：服务器端运行软件的名称和版本。
- Server_Port：Web 服务器(主机)使用的端口。
- Remote_Addr：客户端网关(或计算机)的 IP。
- URL：当前页面相对于网站根目录的路径及名称。
- Path_Translated：当前页面的完整路径及名称。
- Http_Accept_Language：客户端语言。

注意：使用 Request.ServerVariables["Remote_Addr"]可以获取用户 IP，再根据 IP 地址库就可以查询到用户(来访者)所在的城市，参见本章实验。

4.3.3　会话对象 Session 与 Cookie

Session 表示用户会话，是一种把信息保存在服务器内存中的方式，其数据类型除了基本类型外，还可以是自定义对象。

每个客户端的 Session 是独立存储的。事实上，Web 服务器会在每个访客初次访问时为其创建一个唯一的标识 SessionID，在整个会话过程中，只要 SessionID 的 Cookie 不丢失，都会保存 Session 信息。并且，Session 信息是跨页面、全局型的。

Session 不能跨进程访问，只能由该会话的用户访问，因为提取 Session 数据的 ID 标识是以 Cookie 的方式保存到访问者浏览器的缓存里的。

当会话终止(如关闭浏览器)或过期时，服务器就自动清除 Session 对象。

Cookie 是一段文本信息，保存在客户端的 Cookie 是 ASP.NET 的会话状态将请求与会话关联的方法之一。Cookie 也可以直接用于在请求之间保存数据，但数据随后将存储在客户端并随每个请求一起发送到服务器。浏览器对 Cookie 的大小有限制，不能超过 4096 字节。

4.3.4 全局对象 Application

Application 对象是面向整个应用程序的，我们通常会在 Application 中存储一些公共数据，在服务器内存中存储数量较少又独立于用户请求的数据。其访问速度非常快而且只要应用程序不停止，数据就一直存在。同时，我们通常在 Application_Start 中初始化一些数据，这样后面的程序就可以快速访问和调用。

Application 对象的一个典型应用是进行网站在线人数的统计，具体可参考 4.3.1 小节的示例项目 Example4.3_1，并且在 Global.asax 文件里，还使用了 Session 对象。

4.3.5 服务器对象 Server

Server 对象封装了服务器端的一些操作，提供了对服务器方法和属性的访问。例如，在网站上传前，应将路径的文件引用转换为物理路径，需要使用如下方法。

```
Server.MapPath("相对路径文件名")
```

注意：页面设计时所引用的素材文件，一般是使用相对路径。

Server 对象的一个重要属性是 ScriptTimeOut，用于设置服务器动态网页的最长执行时间，默认值为 90 秒，其设置方法如下。

```
Server.ScriptTimeOut=时间值;
```

通过设置脚本运行的最长时间，可以有效防止当脚本陷入死循环时耗费太多系统资源的问题。在规定的时间内，脚本还未执行完毕，将触发 ScriptTimeOut 事件，同时在页面中出现相应的错误信息。

注意：属性 ScriptTimeOut 也可在 IIS 服务器中设置。

【例 4.3.1】ASP.NET 网站的在线人数统计。

新建一个 WebForm 项目 Example4.3_1，编辑站点根目录下的文件 Global.asax，其代码如下。

```
using System;
namespace Example4._3_1
{
    public class Global : System.Web.HttpApplication
    {
        protected void Application_Start(object sender, EventArgs e)
```

```
    {
        Application["VisitNumber"] = 0;
    }
    void Application_End(object sender,EventArgs e)
    {
        Application["VisitNumber"] = 0;
    }
    void Session_Start(object sender, EventArgs e)
    {
        Session.Timeout = 20;  //设置超长时间，分钟
        if (Application["VisitNumber"]!= null)
          {
            Application.Lock();
            Application["VisitNumber"] = Int32.Parse(
                                    Application["VisitNumber"].ToString()) + 1;
            Application.UnLock();
          }
    }
    void Session_End(object sender, EventArgs e)
    {
        if (Application["VisitNumber"] != null)
        {
            Application.Lock();
            Application["VisitNumber"] = Int32.Parse(
                                    Application["VisitNumber"].ToString()) - 1;
            Application.UnLock();
        }
    }
  }
}
```

在窗体文件 Default.aspx 的主体里，增加如下代码。

```
当前在线人数：<%=Application["VisitNumber"]%>
```

使 Ctrl+F5 快捷键运行程序，首次显示在线人数 1。复制浏览器地址栏里的 URL，在其他内核的浏览器里访问，可以观察到在线人数会递增。

【例 4.3.2】使用新浪 JS 获取客户端 IP 及所在城市等信息。

本案例采用“新建→网站”的方式创建，网站名称为 IPToCity，包含一个窗体 IPToCity，将窗体上传至教学网站后，其浏览效果如图 4.3.1 所示。

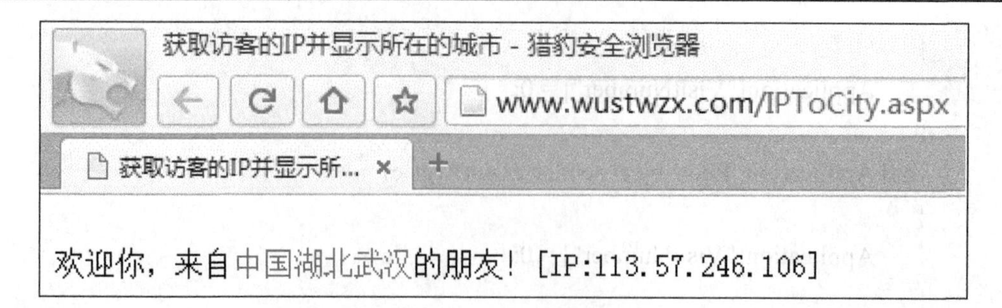

图 4.3.1 页面浏览效果

窗体 IPToCity 前台的 JS 脚本里，调用了新浪 JS，其完整代码如下。

```
<%@ Page Language="C#" AutoEventWireup="true"
CodeFile="IPToCity.aspx.cs" Inherits="IPToCity" %>
<!DOCTYPE html>
<html xmlns="http://www.w3.org/1999/xhtml">
<head runat="server">
    <meta http-equiv="Content-Type" content="text/html; charset=utf-8"/>
    <title>获取访客的IP并显示所在的城市</title>
    <script src="http://libs.baidu.com/jquery/1.9.1/jquery.min.js"></script>
</head>
<body>
    <form id="form1" runat="server">
        <div>调用新浪<hr />
            <span id="IP_City"> </span>
             [IP:<asp:Label runat="server" ID="ip"></asp:Label>]
        </div>
    </form>
    <script>
        $(document).ready(function () {
            var ip = document.getElementById("ip").innerText;
            //var ip = '61.183.81.140';
            $.getScript('http://int.dpool.sina.com.cn/iplookup/iplookup.php?
                                        format=js&ip=' + ip, function (_result) {
                if (remote_ip_info.ret == '1') {
                    document.getElementById("IP_City").innerHTML ="欢迎你，来自
                                    <font color='red'>" + remote_ip_info.country +
                        remote_ip_info.province + remote_ip_info.city +"</font>的朋友！";

                } else {
```

```
                    alert("错误，没有找到匹配的 IP 地址信息！");
                }
            });
        });
    </script>
</body>
</html>
```

窗体 IPToCity 后台获取客户端 IP 并刷新前台标签控件，其主要代码如下。

```
protected void Page_Load(object sender, EventArgs e)
{
    string userIP = Request.ServerVariables["Remote_Addr"];
    ip.Text = userIP;  //刷新标签控件
}
```

4.4　使用数据集访问数据库

4.4.1　数据集概述

ADO.NET(ActiveX Data Object.NET)是 Microsoft 公司开发的基于 Microsoft 的.NET Framework 并用于数据库连接的一套组件模型，是 ADO 的升级版本，并提供了访问数据库的基础类。

数据集提供了使用 ADO.NET 访问数据库的可视化操作，并将所有数据库操作方法保存在数据集类文件的表适配器类文件里。使用数据集的要点如下。

- 数据集类文件以.xsd 作为扩展名，并且与某个数据库相关联。
- 类文件里包含若干名为 xxxTableAdapter 的表适配器类，其中，xxx 为表适配器类名。表适配器类定义了单表查询或多表连接查询，当为单表查询时，xxx 通常为数据库表名称。
- 表适配器类 xxxTableAdapter 里的方法可以包含以@打头的形式参数。

建立了表适配器类后，在项目里就能通过表适配器对象实现对数据库表的查询了。

注意： 数据集是使用 ADO.NET 访问 SQL Server 数据库的一种方式，更加通用的方式见 4.5 节。

4.4.2　数据集类的创建与使用

首先，在“添加新项”对话框里，选择“数据集”，如图 4.4.1 所示。

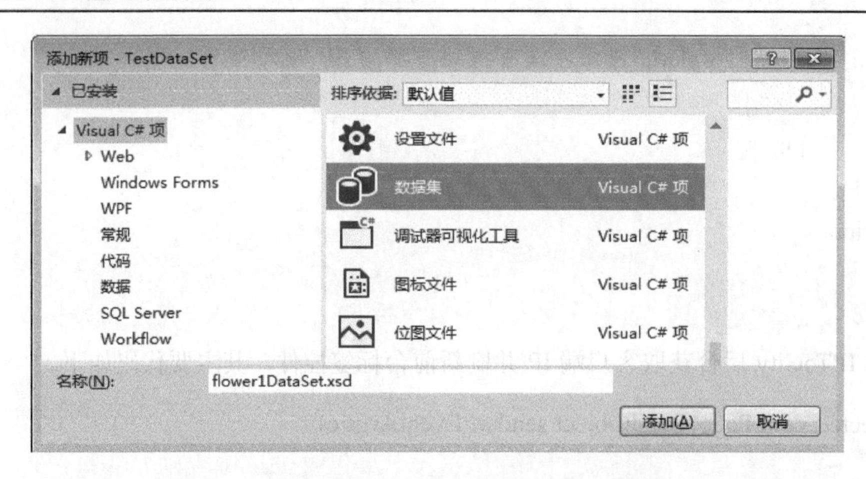

图 4.4.1 在“添加新项”对话框中选择“数据集”

接下来的操作是使用现有的数据库连接或创建新的数据库连接。若在控制台项目里使用数据集，则数据库连接字符串保存在 App.config 文件里；若在 Web 项目里使用数据集，则数据库连接字符串保存在 Web.config 文件里。

然后在工具箱里，使用 TableAdapter 工具来创建表适配器，其操作如图 4.4.2 所示。

图 4.4.2 使用工具箱里的表适配器工具 TableAdapter

表适配器配置向导提供了查询生成器，用于添加要查询的表(可以添加多张表)及查询的 SQL 命令，如图 4.4.3 所示。

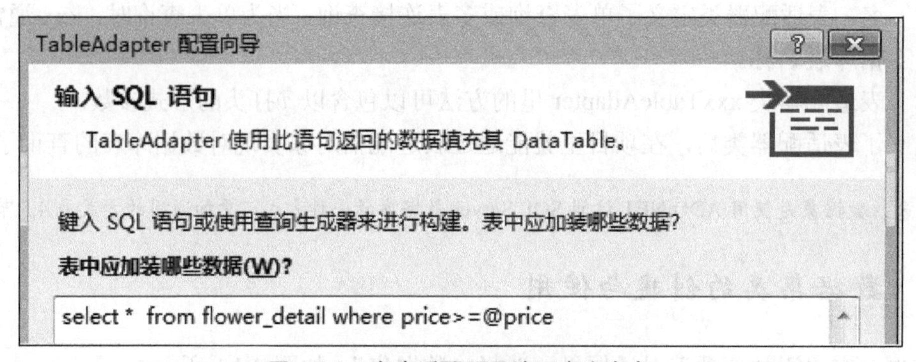

图 4.4.3 在表适配器里填写查询命令

最后，给查询数据库的 SQL 命令命名一个方法，如图 4.4.4 所示。

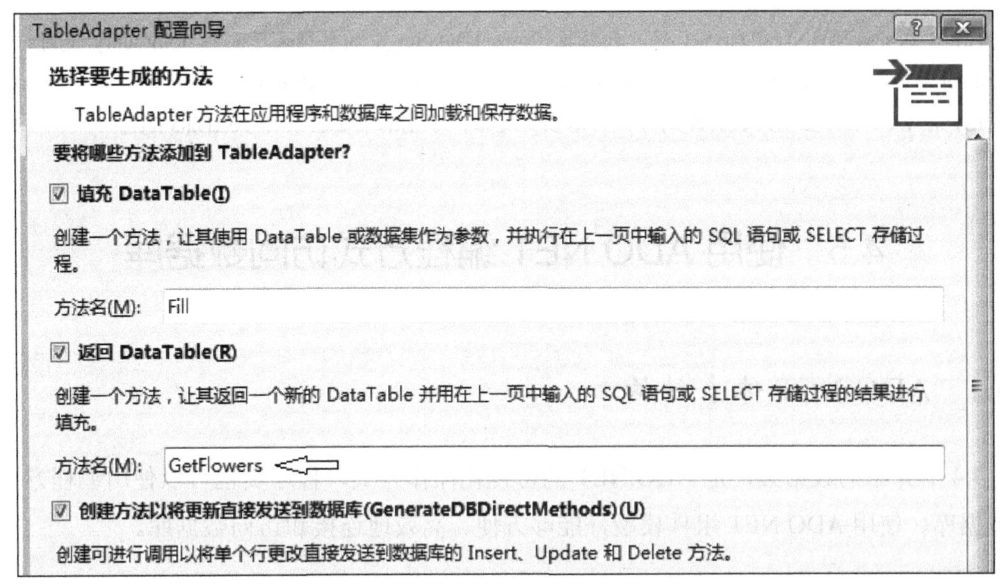

图 4.4.4　在表适配器里命名查询方法

测试数据集的控制台程序 Program.cs 的代码如下。

```
using System;
namespace TestDataSet
{
    class Program
    {
        static void Main(string[] args)
        {
            //使用数据集(类)时，需要后缀TableAdapters
            //一个数据集包含若干数据表适配器类，最终使用表适配器类
            flower1DataSetTableAdapters.flower_detailTableAdapter fdt =
                        new flower1DataSetTableAdapters.flower_detailTableAdapter();
            foreach(var item in fdt.GetFlowers(300)) //查询价格达到300元的鲜花
            {
                Console.Write(item.bh+"    "+item.name);   //输出
                Console.WriteLine("    "+item.price);   //输出
            }
        }
    }
}
```

注意：

(1) 在项目的解决方案资源管理器窗口，可以从项目自动生成的数据集文件里查看到“数据集→数据表适配器→查询方法”这三者的层次关系。

(2) 本章实验项目 TestDataSet 里，数据集 flower1DataSet 里的数据表适配器 JoinQuery 是对订单表 ordersheet 和会员表 user_register 的连接查询，其方法名为 GetDataFromMultiTable。

(3) 在 Web 项目里使用数据库的方式与本项目类似，参见本章实验项目 TestDataSet2。

4.5 使用 ADO.NET 编程方式访问数据库

4.5.1 ADO.NET 体系结构

4.4 节介绍的数据集，是 ADO.NET 的可视化操作方式，程序员也可以使用编程方式访问数据库。使用 ADO.NET 组件模型，能够方便、高效地连接和访问数据库。

注意：

(1) 使用 Web 程序实现对数据库的查询(含显示)是 Web 开发的主要内容之一。

(2) 使用 WebForm 开发 Web 项目(详见第 5 章)，需要使用 ADO.NET。

(3) 使用 ASP.NET MVC 开发 Web 项目时，程序员不直接与 ADO.NET 组件对象打交道，取而代之的是实体框架 Entity Framework(详见第 7 章)，它是对 ADO.NET 的再封装。

ADO.NET 组件的表现形式是.NET 的类库，它拥有两个核心组件：.NET Data Provider(数据提供者)和 DataSet(数据结果集)对象，包括连接对象 Connection、命令对象 Command、数据读取对象 DataReader、数据适配器对象 DataAdapter 和数据集对象 DataSet 等五大对象，如图 4.5.1 所示。

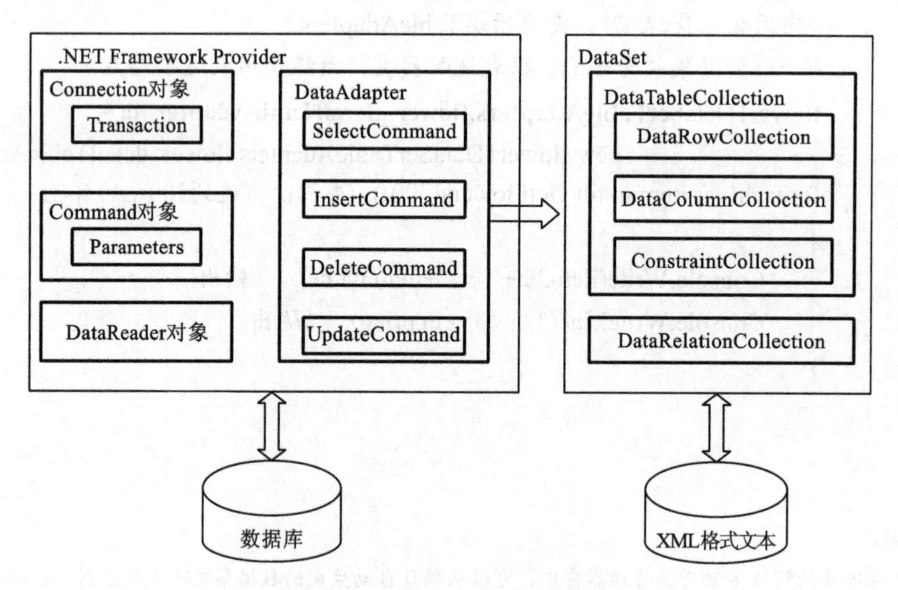

图 4.5.1 ADO.NET 体系结构

命名空间 System.Data 提供了数据集及其相关类，如图 4.5.2 所示。

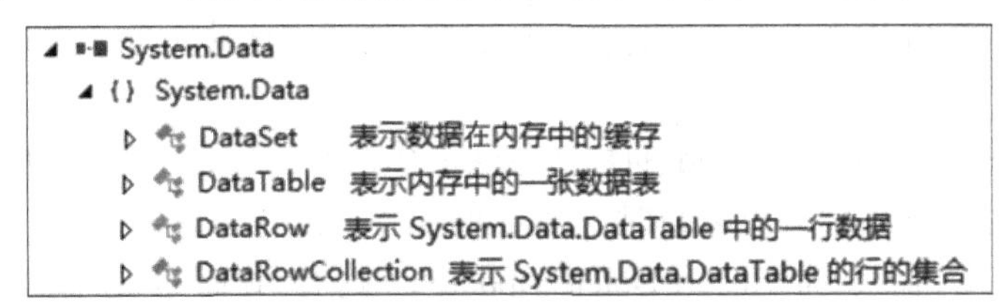

图 4.5.2　数据集 DataSet 等相关类

DataSet 是 ADO.NET 结构的主要组件，它是从数据源中检索到的数据在内存中的缓存。DataSet 由一组 DataTable 对象组成，这些对象之间可以建立关联，还可以在 DataSet 中实施数据的参照完整性。

通常，连接数据库的字符串信息存放在项目配置文件 Web.config 里，与之对应的程序集 System.Configuration.dll 提供了获取连接字符串信息的相关类。

注意：

(1) 访问 SQL Server 数据库时，选择“工具”→“连接到数据库”可进行可视化的操作，在 Web 项目的 Web.config 或控制台项目的 App.config 里建立连接字符串。

(2) 在 Web.config 文件的标签 <connectionStrings>内嵌的标签 <add>里，分别通过属性 name 和 connectionString 定义连接字符串的名称及值。

访问 SQL Server 数据库所涉及的类的定义，如图 4.5.3 所示。

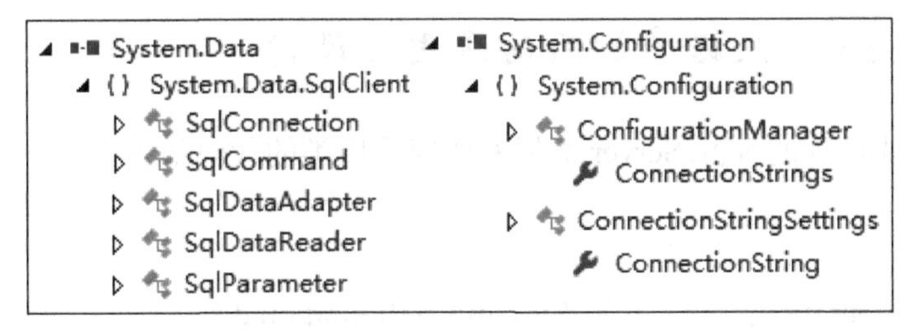

图 4.5.3　访问 SQL Server 数据库的主要 API

在以“新建项目”方式创建的 ASP.NET 项目中，使用 ADO.NET 访问数据库的一个前提是引用配置类程序集 System.Configuration.dll，其方法如图 4.5.4 所示。

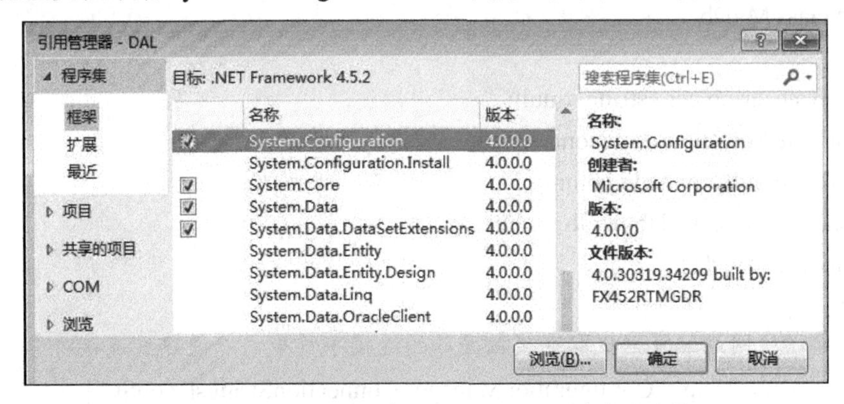

图 4.5.4　对项目引用类 Configuration 所在的程序集

访问SQL Server数据库的要点如下。

(1) 使用连接类SqlConnection的构造方法创建数据库连接对象，并以数据库连接字符串为参数。

(2) 使用命令对象SqlCommand的构造方法创建命令对象，并以SQL命令为参数。当SQL命令里包含以@开头的占位参数时，则需要使用参数类对象。

(3) 如果SQL命令为Insert/Delete/Update，则使用命令对象的操作查询方法ExecuteNonQuery()。

(4) 如果SQL命令为Select，则有如下两种选择。一种选择是使用离线查询方式，其步骤是先创建数据集对象DataSet(或DataTable对象)和数据适配器对象SqlDataAdapter，再通过数据适配器对象的填充方法fill()将查询结果填充至DataSet对象的某张数据表(或DataTable对象)，这种方式也能实现对数据库的更新；另一种选择是保持连接的只读查询，其步骤是通过SqlCommand对象的方法ExecuteReader()创建数据读取器SqlDataReader对象，再使用该对象的逐行读取方法read()获取记录。

注意：

(1) DataSet对象是ADO.NET的核心对象，是实现离线访问技术的载体，它相当于内存中暂存的数据库，不仅可以包含多张表，还可以包含表间关系及约束。

(2) DataSet与DataTable是整体与部分的关系。

(3) 对于ASP.NET 3.5以上的版本，建议不使用DataSet，而采用EF框架，参见7.3节。

4.5.2 SQL Server数据库访问的通用类设计

采用单例模式设计的SQL Server数据库访问通用类的代码如下。

```
using System;
using System.Data;
using System.Configuration;   //程序集 System.Configuration.dll
using System.Data.SqlClient;   //程序集 System.Data.dll
namespace DAL
{
    public class MyDb      //
    {
        private string connstring = null;
        private SqlConnection conn = null;
        private SqlCommand comm;
        static private MyDb mydb = null;
        private MyDb()
        {
            //从网站配置里提取连接数据库的连接字符串，以便建立连接对象
            connstring = ConfigurationManager.ConnectionStrings["conStr"]
                                                            .ConnectionString;
```

```
        conn = new SqlConnection(connstring);
    }
    public static MyDb getMyDb() //获取MyDb对象的公用静态方法
    {
        if (mydb == null)       //单例模式
            mydb = new MyDb();
        return mydb;
    }
    public int cud(string sql, SqlParameter[] param) //c表示增，u表示改，d表示删
    {
        conn.Open();  //打开连接
        comm = new SqlCommand(sql, conn);
        if (param.Length > 0)
        {
            foreach (SqlParameter pa in param)
            {
                comm.Parameters.Add(pa);  //@占位符处参数替换
            }
        }
        int i = comm.ExecuteNonQuery();  //操作查询，不产生记录集
        conn.Close();  //关闭连接并不销毁连接对象
        return i; // 返回影响的行数(整型)
    }
    public int cud(string sql) //无参，方法重载
    {
        return cud(sql, new SqlParameter[] { });  //调用有参插入方法
    }
    public DataTable GetRecords(string sql, SqlParameter[] param)
    {
        conn.Open();
        SqlCommand comm = new SqlCommand(sql, conn);
        SqlDataAdapter da = new SqlDataAdapter(comm);
        //SqlDataAdapter da = new SqlDataAdapter(sql,conn);
        if (param.Length > 0)
        {
            foreach (SqlParameter pa in param)
            {
                da.SelectCommand.Parameters.Add(pa);
            }
```

```
        }
        DataTable dt = new DataTable();
        da.Fill(dt);   //将查询结果全部填充
        conn.Close();
        return dt; //返回内存中的数据表(虚拟表)
    }
    public DataTable GetRecords(string sql) //无参，重载
    {
        SqlParameter[] param = { };
        return GetRecords(sql, param);
    }
    public DataTable GetRecordsWithPage(string sql,
                                SqlParameter[] param,int pageSize,int page)
    {
        conn.Open();
        SqlCommand comm = new SqlCommand(sql, conn);
        SqlDataAdapter da = new SqlDataAdapter(comm);
        if (param.Length > 0)
        {
            foreach (SqlParameter pa in param)
            {
                da.SelectCommand.Parameters.Add(pa);
            }
        }
        DataTable dt = new DataTable();
        da.Fill((page-1)*pageSize,pageSize,dt);   //选择性填充
        conn.Close();
        return dt; //返回内存中的数据表(虚拟表)
    }
    public DataTable GetRecordsWithPage(string sql, int pageSize,
                                int page) //无参分页查询
    {
        SqlParameter[] param = { };
        return GetRecordsWithPage(sql,param,pageSize, page);
    }
  }
}
```

【例 4.5.1】一个访问 SQL Server 数据库的控制台示例项目。

使用 ADO.NET 访问 SQL Server 数据库的控制台项目文件系统，如图 4.5.5 所示。

图 4.5.5　对项目文件系统的访问

项目配置文件里，连接 SQL Server 数据库的字符串代码如下。

```
<connectionStrings>
    <add name="conStr" connectionString="data source=.\SQLEXPRESS;
        database=flower1;Integrated Security=true" providerName="System.Data.SqlClient" />
</connectionStrings>
```

测试程序 Program.cs 的代码如下。

```
using System;
using DAL;  //类MyDb所在的命名空间
using System.Data;
namespace TestADO_NET
{
    class Program
    {
        static void Main(string[] args)
        {
            DataTable rs= MyDb.getMyDb().GetRecords("select * from flower_detail
                                    where price>=200 and price<=210");
            //Console.WriteLine(rs.Rows.Count);
            //遍历DataTable
            for(int i=0;i<rs.Rows.Count;i++)
            {
                Console.WriteLine(rs.Rows[i]["bh"] + "---" + rs.Rows[i]["name"]
                                    + "---" + rs.Rows[i]["price"]);
            }
        }
    }
}
```

4.5.3 MySQL 数据库访问及其通用类设计

ADO.NET 允许访问不同的数据库。若要通过 ADO.NET 实现对 MySQL 数据库的访问，则需要下载相应的程序集 MySql.Data.dll(通过 NuGet 下载的方法，参见 1.2.5 小节)，并将访问 SQL Server 数据库时使用的命名空间 System.Data.SqlClient 替换成命名空间 MySql.Data.MySqlClient，如图 4.5.6 所示。

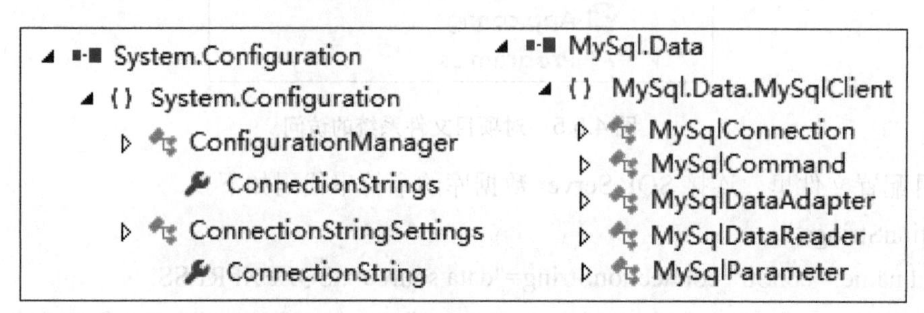

图 4.5.6　访问 MySQL 数据库的主要 API

访问 MySQL 的通用类的代码如下。

```
using System.Data;
using System.Configuration;
using MySql.Data.MySqlClient;
public class MyDb {
    private string connstring = null;
    private MySqlConnection conn = null;
    MySqlCommand comm=null;
    static private MyDb mydb = null;
    private MyDb() {
        //从网站配置里提取连接数据库的连接字符串，以便建立连接对象
        connstring = ConfigurationManager.ConnectionStrings["conStr"].ConnectionString;
        conn = new MySqlConnection(connstring);
    }
    public static MyDb getMyDb() //获取MyDb对象的公用静态方法
    {
        if (mydb == null)       //单例模式
            mydb = new MyDb();
        return mydb;
    }
    //通用不确定个数的参数式操作查询,c表示增加，u表示修改，d表示删除
    public int cud(string sql, MySqlParameter[] param) {
        conn.Open();   //打开连接
```

```
        comm = new MySqlCommand(sql, conn);
        if (param.Length > 0) {
            foreach (MySqlParameter pa in param)
                comm.Parameters.Add(pa);   //参数替换
        }
        int i = comm.ExecuteNonQuery();   //操作查询，不产生记录集
        conn.Close();
        return i; // 返回影响的行数(整型)
    }
    public int cud(string sql) { //无参，方法重载
        return cud(sql, new MySqlParameter[] { });   //调用有参插入方法
    }
    //-----通用不确定个数的参数式选择查询----
    public DataTable GetRecords(string sql, MySqlParameter[] param) {
        conn.Open();
        comm = new MySqlCommand(sql,conn);
        MySqlDataAdapter da = new MySqlDataAdapter(comm);
        if (param.Length > 0) {
            foreach (MySqlParameter pa in param)
                da.SelectCommand.Parameters.Add(pa);
        }
        DataTable dt = new DataTable();
        da.Fill(dt);   //填充
        conn.Close();
        return dt; //返回内存中的数据表(虚拟表)
    }
    public DataTable GetRecords(string sql) { //无参时方法重载
        MySqlParameter[] param = {};
        return GetRecords(sql, param);
    }
    //带分页的参数式查询
    public DataTable GetRecordsWithPage(string sql,
                                        MySqlParameter[] param, int pageSize, int page) {
            conn.Open();
            MySqlCommand comm = new MySqlCommand(sql, conn);
            MySqlDataAdapter da = new MySqlDataAdapter(comm);
            //SqlDataAdapter da = new SqlDataAdapter(sql,conn);   //适配器
            if (param.Length > 0) {
                foreach (MySqlParameter pa in param)
                    da.SelectCommand.Parameters.Add(pa);
            }
```

```
            DataTable dt = new DataTable();
            da.Fill((page - 1) * pageSize, pageSize, dt);   //填充
            conn.Close();
            return dt; //返回内存中的数据表(虚拟表)
        }
    public DataTable GetRecordsWithPage(string sql, int pageSize, int page) {
            MySqlParameter[] param = { };
            return GetRecordsWithPage(sql, param, pageSize, page);
    }
}
```

注意：对于 dt，如果不使用记录的选择填充，则需要在 SQL 命令里使用 limit 短语。

在窗体(详见 5.1 节)后台代码中的使用示例代码如下。

```
string sql = null;
try {  //查询数据库，可能存在异常
    sql = "insert into user (username,password, age) values(@un,@pw,@age)";
    MySqlParameter[] param1 = { new MySqlParameter("un", "wyg"),
                    new MySqlParameter("pw", "678"), new MySqlParameter("@age",75)};
    db.cud(sql,param1);    //操作查询
    sql ="select * from user where age>@p1";
    MySqlParameter[] param2 = { new MySqlParameter("p1", 40) };
                              DataTable dt = db.GetRecords(sql,param2); //选择查询
    //DataTable dt = db.GetRecords("select * from user");
    Response.Write("会员信息如下：<br/>");
    GridView1.DataSource = dt;  //控件对象GridView1：在窗体文件里定义
    GridView1.DataBind();  //数据绑定
} catch (Exception ee) {
    Response.Write("系统提示："+ee.Message);
    return;
}
```

使用 ADO.NET 访问 MySQL 时，为了防止写入的数据在数据库里出现中文乱码，则需要在 MySQL 数据库的连接字符里指定字符编码，其示例代码如下。

```
<connectionStrings>
  <add name="MyBookDbContext" connectionString="Data Source=127.0.0.1;
      port=3308;Initial Catalog=MyBook;user id=root;password=root;
      charset=utf8" providerName="MySql.Data.MySqlClient" />
</connectionStrings>
```

注意：指定字符集的属性为 charset，属性值为 utf8。

【例 4.5.2】一个访问 MySQL 数据库的控制台示例项目。

使用 ADO.NET 访问 MySQL 数据库的控制台项目文件系统，如图 4.5.7 所示。

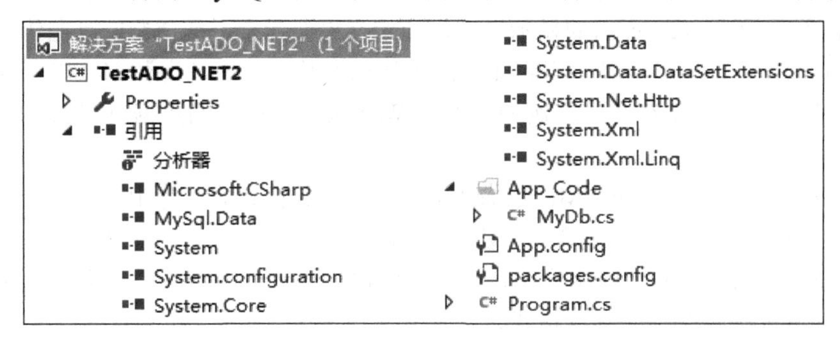

图 4.5.7　项目文件系统

测试程序 Program.cs 的代码如下。

```
using System;
using System.Data;
using DAL;
namespace TestADO_NET2 {
    class Program {
        static void Main(string[] args) {
            DataTable rs = MyDb.getMyDb().GetRecords("select * from flower_detail
                                            where price>=200 and price<=210");
            for (int i = 0;i< rs.Rows.Count; i++)
                Console.WriteLine(rs.Rows[i]["bh"] + "---" + rs.Rows[i]["name"]
                                            + "---" + rs.Rows[i]["price"]);
        }
    }
}
```

项目配置文件 App.config 里，连接 MySQL 数据库的字符串代码如下。

```
<connectionStrings>
  <add name="conStr" connectionString="server=localhost;
                    database=flower;uid=root;pwd=root;port=3308;charset=utf8"/>
</connectionStrings>
```

4.6　在 ASP.NET 中使用 XML

4.6.1　XML 简介

XML(eXtensible Markup Language)表示可扩展的标记语言，XML 文档以简单的文本格式存储具有层次结构的数据。事实上，Web 项目里的配置文件 Web.config 就是 XML 文件。

HTML 着重描述 Web 页面的显示格式，即定义界面元素，而 XML 旨在传输和存储数据。传统的 HTML 只能显示静态内容而无法表达动态数据，而动态数据在电子商务、智能搜索引擎等领域中是大量存在的。例如，调用 Web 服务后得到的数据就是 XML 格式(参见 5.6 节)。

HTML 标记是固定的，而 XML 是描述数据及其结构的语言，标记不是固定的，其优势在于创建适合自己需要的标记集合。XML 和 HTML 在功能上不同且互补。

XML 技术在网站开发中应用广泛，常用于解决跨平台交换数据的问题，这种格式实际上已成为 Internet 数据交换的标准格式之一。

注意：网站导航菜单是树状结构，面包屑导航控件的数据源就是 XML 格式的文件，参见 5.2.5 小节。

4.6.2　XML 基本语法

在 VS 2015 中创建一个 XML 文档的方法是：右击项目名称，在弹出的右键快捷菜单中选择“添加”→“新建项”→“Visual C#”→“XML 文件”。

一个.XML 文件的第一行是<?xml……?>，表示 XML 声明。其中：version 属性用于说明 XML 规范的版本；encoding 属性用于说明使用的编码字符集；使用<!-- …… -->注释。

一个.XML 文件中，必须包含且只能包含一个根元素，可以根据实际需要自定义语义标记。XML 元素是可以嵌套的，嵌套在其他元素中的元素称为子元素。

属性用于给元素提供更详细的说明信息(但不是必需的)，它必须出现在起始标记中。属性以“名="值"”的形式出现。

XML 文件的标记必须成对出现(单标记要自闭)，一个 XML 文档的示例如下。

```
<?xml version="1.0"?>
<books>
    <book Category="技术类" PageCount="435">
        <Title>ASP.NET动态网站开发教程</Title>
        <AuthorList>
            <Author>张平</Author>
            <Author>李楠</Author>
        </AuthorList>
    </book>
    <book Category="文学类" PageCount="500">
        <Title>青春赞歌</Title>
        <AuthorList>
            <Author>陈明</Author>
            <Author>王小虎</Author>
        </AuthorList>
    </book>
</books>
```

习　题　4

一、判断题

1. C#编程，要求具有面向对象的思想。

2. 项目解决方案资源管理器窗口和服务器资源管理器窗口都出现在“视图”菜单里。

3. VS 创建数据连接的数据源选项里，包含了 SQL Server、Oracle 及 MySQL 等。

4. C#类 ArrayList 和 List<T>处于同一命名空间里。

5. C#泛型容器存取数据时不需要进行装箱和拆箱操作。

6. C#编程时，一个类可以同时有多个父类(即 C#支持多继承)。

7. Web 项目的配置文件 Web.config 和控制台项目的配置文件 App.config 都是 XML 格式的文件。

8. ASP.NET Web 应用程序只能连接 SQL Server 数据库。

二、选择题

1. 结构 DateTime 所在的程序集是____。

A. System.Core.dll　　B. System.Configuration.dll
C. System.dll　　D. mscorelib.dll

2. 方法 MapPath()由 ASP.NET 内置对象____提供。

A. Session　　B. Server　　C. Response　　D. Request

3. 开发电子商务网站时，需要跟踪会员用户，应使用 ASP.NET 内置对象____。

A. Request　　B. Session　　C. Response　　D. Application

4. 下列 C#数据类型中，不是值类型的是____。

A. int　　B. string　　C. double　　D. enum

5. 在 ADO.NET 中，完成数据集填充的对象类型是____。

A. DataAdapter　　B. Connection　　C. DataReader　　D. Command

三、填空题

1. 在 VS 中查看 C#程序的某个类或方法所在程序集及命名空间，可按功能键____。

2. 在 VS 2015 中设计类时，删除不必引入的命名空间所使用的快捷键是____。

3. 在 VS 2015 中编程时，快速格式化 C#代码的快捷键是____。

4. 在调试.NET 项目时，设置/取消断点的功能键是____。

5. 在 C#中，可以使用关键字____定义弱类型变量。

6. ASP.NET Web 应用程序需要 IIS 服务器和____类库的支持。

7. 一旦分配了____对象的属性，它就会持久地存在，直到关闭或重启动 Web 服务器。

实验 4　ASP.NET Web 应用开发基础

一、实验目的

(1) 掌握 C#控制台程序的编程环境、运行及调试方法。

(2) 掌握 Win 7 计算机 IIS 服务器的使用。

(3) 掌握 Framework 类库主要程序集里主要类(结构体和接口)的使用。

(4) 常用 ASP.NET 常用内置对象 Application 和 Session 的使用。

(5) 掌握使用 ADO.NET 访问数据库的数据集方式。

(6) 掌握使用 ADO.NET 访问 SQL Server 及 MySQL 的通用类设计方法。

二、实验内容及步骤

【预备】访问本课程上机实验网站 http://www.wustwzx.com/asp_net/index.html，单击第 4 章实验的超链接，下载本章实验内容的源代码(含素材)并解压，得到文件夹 ch04。

1. 激活 Win 7 计算机的 IIS

(1) 选择“控件面板”→“程序与功能”→“打开或关闭 Windows 功能”。

(2) 勾选所有与 Internet 信息服务相关的选项。

(3) 右击“我的电脑”，选择“管理(G)”，在弹出的“计算机管理”对话框中选择“服务和应用程序”→“Internet 信息服务(IIS)管理器”→“网站”→“Default Web Site”(默认网站)。

(4) 右击“Default Web Site”，选择“管理网站”→“浏览”，访问 IIS 默认站点。当无法访问时，使用“编辑网站”的“绑定”功能，修改 HTTP 端口为 82，重新浏览。

(5) 复制 ch04 里文件 testiis.asp 到 IIS 默认网站目录 c:\inetpub\wwwroot(假定系统安装在 C:盘)后，访问 IIS 默认站点，进而访问站内动态页面 testiis.asp，显示服务器当前的日期、时间及问候语。

2. 掌握 ASP.NET 基础类库、C#数据类型及程序调试方法

(1) 打开控制台项目 TestCSharp1，查看程序里基本数据类型的使用。

(2) 打开项目 TestCSharp2，查看程序里普通数组与动态数组的使用区别。

(3) 打开项目 TestCSharp3，查看程序里处理日期与时间的相关类(结构体)的用法。

(4) 打开项目 TestCSharp6，查看程序里枚举类型和弱类型的定义与使用要点。

(5) 打开项目 TestCSharp7，查看程序里动态数组 ArrayList 与 List<T>泛型的使用特点。

(6) 打开项目 TestCSharp8，查看枚举接口 IEnumerable 及其实现类 Enumerable 的使用方法。

(7) 打开 WebForm 项目 TestVariableScope，测试变量的作用范围与生命周期。

(8) 分别使用 Ctrl+F5 快捷键做运行测试。

(9) 在项目 TestCSharp3 的主程序里设置某个断点后，按 F5 键以单步运行调试模式运行项目。

(10) 打开对象浏览器，查看程序集 mscorelib.dll 的命名空间 System 里结构体 DateTime 所定义的属性名。

3. 自定义 C#类、方法、字段与属性

(1) 打开控制台项目 TestClassProperty。

(2) 打开控制台程序文件 Program.cs，其中包含 User 和 Program 两个类的定义。

(3) 查看类 User 属性 Username 的定义方法。

(4) 查看类 Program 中对属性 Username 赋值与使用的代码。

(5) 使用 Ctrl+F5 快捷键做运行测试。

(6) 在解决方案资源管理器窗口里展开类文件，分别查看属性与方法前的图标。

4. 统计网站在线人数的 ASP.NET Web 项目

(1) 在 VS 2015 中打开 Web 项目 Example4.3_1。

(2) 查看项目根目录下 Global.asax 文件里关于 Application 与 Session 的事件过程。

(3) 查看窗体 Default 前台代码里对 Application 变量 VisitNumber 的使用。

(4) 使用 Ctrl+F5 快捷键运行项目，显示在线人数为 1。

(5) 复制浏览器里的 URL，再打开另一个不同内核的浏览器窗口并粘贴刚才复制的 URL，观察在线人数是否会增加。

(6) 打开窗体后台代码，查看通过 Response.Write()建立 HTTP 响应的另一种方式。

(7) 使用对象浏览器，查验 Response 是页 System.Web.Page 的一个属性。

(8) 在窗体后台代码里，通过对象导航方式，查验 Response 是页 System.Web.Page 的一个属性。

5. 获取访客 IP 并显示所在的城市

(1) 在 VS 2015 中，使用 Shift+Alt+O 快捷键打开网站 IPToCity(不同于打开 Web 项目)。

(2) 打开窗体 IPToCity 的后台代码文件，查看通过 Request 对象获取访客 IP 的代码。

(3) 查看窗体前台调用第三方提供的根据 IP 查询所在城市的脚本代码。

(4) 浏览页面 http://www.wustwzx.com/IPToCity.aspx，查看显示的客户端 IP 及对应的城市等信息。

6. 使用 ADO.NET 访问数据库的可视化方式——数据集

(1) 打开使用数据集的控制台项目 TestDataSet。

(2) 在 SQL Server Express 里创建名为 flower1 的数据库，并使用项目 TestDataSet 的文件夹 App_Data 里的 SQL 脚本创建表(也包含关系)。

(3) 打开项目里的数据集文件，在展开其内的表适配器文件后，查看访问数据库以及带有查询参数的方法 GetFlowers()。

(4) 查询数据表适配器 JoinQuery 是对订单表 ordersheet 和会员表 user_register 的连接查询，其方法名为 GetDataFromMultiTable。

(5) 双击项目里的.xsd 文件，在设计视图里添加一个新的查询方法。

(6) 使用 Ctrl+F5 快捷键运行项目，查验方法的正确性。

(7) 打开 Web 项目 TestDataSet2，进行类似的分析与测试。

7. 使用 ADO.NET 编程方式，访问数据库

(1) 打开访问 SQL Server 数据库的控制台项目 TestADO_NET。

(2) 打开 App.config 文件，查看数据库连接字符串(使用本机上 SQL Server Express 版、Windows 验证方式和 flower1 数据库)。

(3) 打开类文件 App_Code\MyDb.cs，查看它的命名空间、静态方法 getMyDb()和 GetRecords()。

(4) 打开类文件 Program.cs，查看引用的命名空间及对 DataTable 对象的输出代码。

(5) 使用 Ctrl+F5 快捷键做运行测试。

(6) 打开访问 MySQL 数据库的控制台项目 TestADO_NET2。

(7) 打开 App.config 文件，查看数据库连接字符串(数据库名为 flower，编码为 utf-8、用户名和密码均为 root)。

(8) 打开类文件 App_Code\MyDb.cs，查看连接对象、命名对象、数据适配器对象和参数对象所在的命令空间(均为 System.Data.MySqlClient)。

(9) 使用 Ctrl+F5 快捷键做运行测试。

三、实验小结及思考

(由学生填写，重点填写上机中遇到的问题。)

基于 WebForm 模式的 Web 项目

WebForm 是 ASP.NET Web 项目开发模式中的一种，ASP.NET 提供了大量的服务器控件供窗体开发时使用，也可以在 WebForm 项目里使用第三方提供的程序集。WebForm 项目的三层架构实现了表示层、业务逻辑层和数据访问层的分离，本章的学习要点如下。

- 掌握 WebForm 项目里窗体的创建与使用。
- 掌握 ASP.NET 常用控件的使用。
- 掌握第三方提供的分页控件 AspNetPager 的使用。
- 掌握母版、网站导航和 Web 用户控件的使用。
- 掌握项目配置文件 Web.config 与 Global.asax 的作用。
- 掌握三层架构在 WebForm 开发中的应用。

5.1 基于 WebForm 的网站文件系统、窗体模型及语法

5.1.1 基于 WebForm 的网站文件系统

一个以新建项目方式创建的简单 WebForm 项目的文件系统，如图 5.1.1 所示。

图 5.1.1 简单的 WebForm 项目文件系统

其中，主要文件夹和文件的含义如下。

- 引用文件夹用于存放项目另外引用的程序集，其扩展名名为.dll。
- 文件夹 App_Code 用于存放用户开发的 C#公用类，其扩展名为.cs。
- 文件夹 App_Data 用于存放数据库文件(如从 SQL Server 分离出的.mdf 文件)或建立数据库的 SQL 脚本文件。
- 扩展名为.aspx 文件是窗体前台文件，Default.aspx 是网站默认的主页。
- 文件 Web.config 用于存放项目的配置信息，如数据库连接字符串、是否验证 Form 请求等。
- 文件 Global.asax 用于存放提供全局可用代码，包括应用程序的事件处理程序以及会话、事件、方法和静态变量等。

注意：

(1) 使用“文件→新建→网站”方式时，取代引用文件夹的是 Bin 文件夹。

(2) 简单的 WebForm 项目是相对三层架构的 WebForm 项目(详见 5.4 节)而言的。

(3) 文件 Gloabal.asax 不是所有项目都必需的。如果没有 Global.asax 文件，应用程序将对所有事件应用由 HttpApplication 类提供的默认行为。

5.1.2 窗体模型与 PostBack 机制

1. 窗体及其后台代码文件

在 ASP.NET Web 项目里，每个 Web 窗体对应一个扩展名为.aspx 的文件，在 Web 窗体中可以增加各种控件，并设置该控件的属性和编写响应该控件某个事件的事件代码。

新建窗体时，系统自动生成一个文件名与窗体名相同、扩展名为.aspx.cs 的文件，称为窗体后台文件，用于写窗体事件代码。

注意：

(1) 窗体用于显示，其后台代码用于处理窗体事件，二者的关联表现在后台代码会访问窗体里的对象。

(2) 新建窗体时，在窗体后台文件里自动创建的过程 Page_Load()用于读取和更新控件属性。

2. 窗体的 PostBack 机制

窗体的 PostBack(回发)机制是指：每当请求 ASP.NET Web 窗体时，都会自动生成类似于 Page 类的实例对象，Page 属性 IsPostBack 表示第一次呈现还是为了响应回发而加载。如果是为响应客户端回发而加载该页，则返回值为 true；否则返回值为 false。

新建窗体页面时，在<body>内会产生<form id="form1" runat="server">标记。在<form>表示的窗体里，通常会包含许多会引起页面回发的控件对象，如 Button、DropDownList 等，这些对象可以设置是否回发的属性 AutoPostBack="True|False"。

当控件的事件被触发时，Page_Load 事件会在控件的事件之前被触发。因此，如果想在执行控件的事件代码时不执行 Page_Load 事件中的代码，只需判断属性 Page.IsPostBack 是否为 True，相关的 C#代码如下。

```
protected void Page_Load(Object sender, EventArgs e)
{
```

```
    if (!IsPostBack) {
        // 网页第一次加载时执行的操作
    }
    else {
        // 回发时执行的操作
    }
    // 网页每次加载时执行的操作
}
```

注意：

(1) ASP.NET 中，<form>代表窗体，而在 ASP 中称之为表单。

(2) 窗体内的<form>标记不可省略，因为当服务器回传时将产生窗体页面刷新。

(3) 在拆分模式下，双击设计窗口的空白处，则会打开窗体的后台代码窗口；双击设计窗口中的某个控件对象，则会打开该控件对象的事件过程(如果有的话)。

5.1.3　窗体页面语法

1. @Page 指令

新建一个名为 Default 的 Web 窗体页面时，自动在第一行产生的页面指令，包含有指令名称和若干属性名值对，其代码如下。

```
<%@ Page Language="C#" AutoEventWireup="true"    CodeFile="Default.aspx.cs"
                                             Inherits="命名空间.Default"%>
```

其中，属性 Inherits 表示类继承，其值为"命名空间.类名"，默认以项目名作为命名空间。

注意：

(1) 根据需要，项目开发者可在页面指令里增加若干属性。

(2) 窗体后台文件里的类使用关键字 partial 用于定义部分类，部分类必须位于同一个命名空间中，不能够跨越多个模块。

@Page 只能出现在.aspx 页面中，用于定义页面特性，其常用属性如下。

- 属性 Language 用于指定选用的.NET Framework 所支持的编程语言，通常值为 C#。
- 属性 AutoEventWireup 用于指定窗体页的事件是否自动绑定，默认值为 True。
- 属性 CodeFile 用于指定窗体页的后台代码文件。
- 属性 Inherits 与属性 CodeFile 一起使用，提供本页继承的代码隐藏类。

2. @Master 指令

@Master 指令只能出现在母版页(扩展名为.master 的文件)中，用于指定内容页所使用的 ASP.NET 母版页，其具体用法参见 5.3.1 小节。

3. @Control 指令和@Register 指令

@Control 指令用于定义 ASP.NET 页分析器和编译器使用的控件特定的特性，它只能用于 Web 用户控件文件(*.ascx)中。

当向窗体页面增加 Web 用户控件或第三方控件时，需要先使用@Register 指令注册。

@Control 和@Register 指令的具体用法，参见 5.3.2 小节。

注意：许多页面指令(少数除外)是在进行 Web 窗体设计时自动生成的，不需要记忆，但要理解指令是在什么情形下产生以及该指令的作用。

4. 代码块语法<%=%>

使用“<%”和“%>”标签来将 ASP.NET 执行代码封装起来，形成一个执行块，这个执行块一般用来呈现内容。在页面里内嵌代码的语法如下。

<%内嵌代码%>

通常，在页面中输出动态文本的语法如下。

```
<%=变量或有返回值的方法名()%>
```

5. 数据绑定语法<%#%>

在含有数据库访问的 Web 窗体前台的自由模板里，要输出数据源中的字段值，需要使用如下代码。

```
<%#Eval("字段名")%> 或
<%#Bind("字段名")%> 或
<%#DataBinder.Eval(Container.DataItem," 字段名")%>
```

其中，方法 Eval()和 DataBinder.Eval()表示单向的只读绑定，只能用于 Repeater 和 GridView 等控件，方法 Bind()用于可更新的双向绑定。

在示例项目 Example5.8_3 窗体 WebForm2 里，含有如下使用数据绑定的代码。

```
<td><%#Eval("id") %></td><td><%#Eval("title") %></td>
                <td><%#Eval("author") %></td><td><%#Eval("publish_dt") %></td>
<td><a href='WebForm2_display.aspx?
                id=<%#DataBinder.Eval(Container.DataItem,"id")%>'>浏览</a></td>
```

6. 表达式语法<%$:%>

表达式语法格式为<%$:%>，它是 ASP.NET 2.0 新增的一种声明性表达式语法，可在分析页之前将值替换到页中。ASP.NET 表达式的基本语法如下。

```
<%$expressionPrefix:expressionValue%>
```

ASP.NET 表达式是基于运行时计算的信息设置控件属性的一种声明性方式，主要应用在获取数据库的连接字符串、应用程序设置、资源文件等地方。

例如，使用数据源控件(如 SqlDataSource 等)时，将连接字符串保存到配置文件 Web.config 中，前台控件代码中通过<%$:%>用法从配置文件中的<connectionStrings>配置节中获取数据源控件的 ConnectionString 属性值，其格式如下。

```
ConnectionString="<%$connectionStrings:NorthwindCon.connectionString%>"
```

其中，NorthwindCon 是<connectionStrings>配置节中定义的连接字符串名，connectionString 是该名称包含的“名值对”里的第一个名称，最后是将对应于名为 connectionString 的值赋给控件的 ConnectionString 属性。

ASP.NET 表达式语法的另一个应用是从配置文件的<appSettings>配置节中获取值，例如：

```
<asp:Label ID="Label1" runat="server" Text="<%$appSettings:Txt%>"/>
```

其中，在<appSettings>配置节里通过<add>标记的 key 属性和 value 属性分别定义“名值对”，Txt 就是由 key 属性定义的名称，<%$appSettings:Txt%>获取的就是由 key 定义的值。

注意：首次编辑 Web.config 文件时，配置节<appSettings/>是自闭的标记形式。为了添加名值对，需要拆分为成对标记。在以后的学习中，还会涉及其他配置节。

5.2　ASP.NET 常用的服务器控件

5.2.1　ASP.NET 服务器控件概述

程序集 System.Web.dll 提供了 Web 开发所需要的命名空间及类，如图 5.2.1 所示。

```
◢ System.Web
    ◢ { } System.Web                    ◢ { } System.Web.UI.WebControls
        ▷ HttpApplication                   ▷ Button
        ▷ HttpRequest                       ▷ DropDownList
        ▷ HttpResponse                      ▷ GridView
    ◢ { } System.Web.UI                     ▷ SqlDataSource
        ▷ Control                           ▷ SiteMapPath
        ▷ Page                              ▷ SiteMapDataSource
```

图 5.2.1　ASP.NET Web 相关命名空间及类

在命名空间 System.Web 里，类 HttpRequest 和 HttpResponse 封装了 Http 请求及响应信息，HttpApplication 定义了 ASP.NET 应用程序对象共有的方法、属性和事件。

命名空间 System.Web.UI 里的类和接口，用于创建作为 ASP.NET Web 应用程序用户界面的窗体。其中，类 Control 为所有服务器控件提供一组通用功能。

命名空间 System.Web.UI.WebControls 里的类和接口，提供了大量的用于窗体设计的 Web 服务器控件以及辅助控件。例如，显示数据表的数据绑定控件 GridView 和提供数据源的控件 SqlDataSource。

为方便窗体设计，VS 提供了使用 Web 服务器控件的工具箱，并按用途分类，如图 5.2.2

所示。

工具箱

⊞ 标准
⊞ 数据
⊞ 验证
⊞ 导航
⊞ 登录
⊞ WebParts
⊞ AJAX Extensions
⊞ 报表
⊞ HTML
⊞ 常规

图 5.2.2　VS 工具箱内的控件按用途分类

注意：由于 Web 服务器控件运行在服务器上，因此可以以编程的方式控制这些元素。

服务器控件是用户可与之交互以输入或操作数据的对象，是 Web 窗体编程模型的重要元素，所有的服务器控件都使用 ID 属性和 runat="server"属性(值)。其中，ID 属性是服务器后台代码中访问该控件的唯一标识，runat="server"表示在服务器端运行。

Web 服务器控件大多具有事件处理能力，其事件在客户端浏览器产生。使用 VS 设计窗体时，双击某个 Web 服务器控件对象(如命令按钮等)，则会在后台代码窗口打开该对象的 Click 事件过程。例如，双击命令按钮后，后台代码中会产生的事件代码(粗体部分)如下。

```
<asp:Button ID="Button1" runat="server" onclick="Button1_Click" Text="登录" />
```

同时，在窗体后台里，定义如下事件过程代码。

```
protected void Button1_Click(object sender, EventArgs e)
{
        //按钮单击事件处理代码
}
```

5.2.2　ASP.NET 基本服务器控件

1. 文本标签控件 Label、图像控件 Image 和超链接控件 HyperLink

Label 控件用于在浏览器上显示文本，通过使用 Text 属性指定显示的内容。当双击工具箱的 Label 控件时，会在代码窗口中产生如下的控件代码。

```
<asp:Label ID="Label1" runat="server" Text="Label"></asp:Label>
```

注意：在后台代码中，通过访问 Text 属性可以动态地修改 Label 控件对象上显示的文本。

图像控件 Image，除了 ID 和 runat 属性外，另一个必填属性是 ImageUrl，用于指定图像来源。创建 Image 控件对象的代码如下。

```
<asp:Image ID="控件对象标识符" runat="server" ImageUrl="图像文件名"/>
```

注意：ImageMap 除了显示图像外，还可以实现热点链接，此时需要使用该控件的 HotSpots 集合。

HyperLink 控件用于在 Web 窗体中创建超链接，其功能与 HTML 标记<A>相同，但 HyperLink 的用法格式有多种形式。HyperLink 控件代码如下。

```
<asp:HyperLink ID="HyperLink1" runat="server">[文本或图像]</asp:HyperLink>
```

其主要属性如下。

- NavigateUrl：用于设置单击 HyperLink 时跳转到的超链接地址(URL)。
- Text：用于设置显示在控件中的文字(称为文本链接)。
- ImageUrl：用于设置在 HyperLink 中显示的图片文件的名称或 URL(称为图像链接)。
- Target：用于设置 NavigateUrl 属性对应的页面显示的目标框架(显示位置)。

注意：使用超链接 HyperLink 请求窗体页面时，也可以向它传递参数。

2. 文本框控件 TextBox

TextBox 控件的主要属性如下，其主要用于输入数据(当然也能显示数据)，其控件代码如下。

```
<asp:TextBox ID="TextBox1" runat="server" ></asp:TextBox>
```

- TextMode 属性：值 SingleLine 表示单行文本框；值 MultiLine 表示多行文本框。
- Password 表示密码框。
- TextChanged 事件：当改变文本框中内容且光标离开文本框时触发。在设计窗口中双击 TextBox 控件对象，即可打开此事件过程。
- Focus()方法：设置文本框焦点。

3. 下拉列表控件 DropDownList、单选按钮控件 Radio 和复选框控件 CheckBox

下拉列表控件 DropDownList 在实际设计中经常使用。在设计窗口中通过单击该控件对象的智能按钮然后单击“编辑项...”超链接，即可添加列表项，如图 5.2.3 所示。

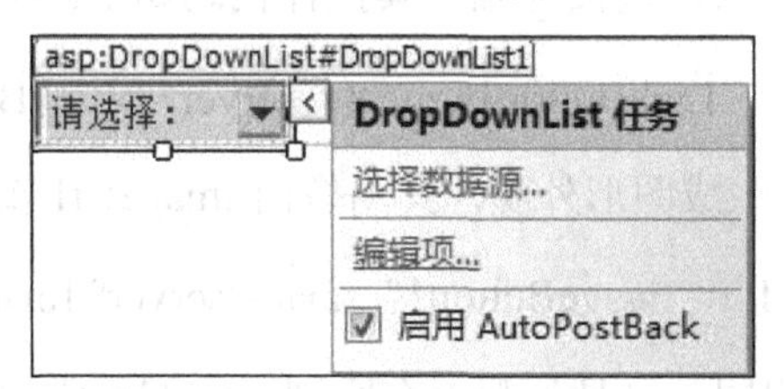

图 5.2.3　DropDownList 控件的设计视图

单击“编辑项...”超链接后，则弹出“ListItem 集合编辑器”对话框，如图 5.2.4 所示。

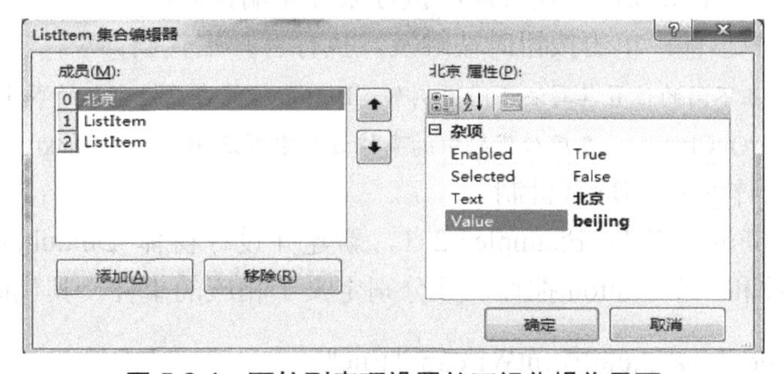

图 5.2.4　下拉列表项设置的可视化操作界面

添加列表项值的第二种方法是使用 DropDownList 控件的 Items.Add()方法添加项，用于后台代码中，其示例代码如下。

```
DropDownList1.Items.Add(new ListItem("广州", "021"));
```

添加列表项值的第三种方法是通过 DataSourceID 设置数据源，通过 DataValueField 属性设定字段。

注意：

(1) Items 是类 DropDownList 继承类 ListControl 而来的属性，且为 ListItemCollection 对象类型，具有 Add()方法。

(2) 包含于命名空间 System.Web.UI.WebControls 里的类 ListItem 表示数据绑定列表控件中的数据项。

下拉列表控件的常用事件与属性如下。

- SelectedIndexChanged 事件：当选择下拉列表中的一项后被触发。为了得到回传效果，需要设置控件对象的属性 AutoPostBack="True"。
- SelectedValue 属性：当前选定项的属性 Value 值。
- DataSourceID 属性：设置要使用的数据源。

4. 按钮控件 Button、LinkButton 和 ImageButton

按钮控件 Button 用于生成传统的文本按钮外观，其控件代码如下。

```
<asp:Button ID="Button1" runat="server" Text="Button"/>
```

其中，单击事件分为服务器事件(用 OnClick 表示)和客户端事件(用 OnClientClick 表示)。在设计窗口中通过双击按钮即可在后台代码窗口中打开 OnClick 事件的事件过程，也可以使用客户端脚本来响应 OnClientClick 事件。

控件 LinkButton 用于生成超链接外观，其控件代码如下。

```
<asp:LinkButton ID="LinkButton1" runat="server" >LinkButton</asp:LinkButton>
```

控件 ImageButton 用于生成图形外观，其图像由 ImageUrl 属性设置，其控件代码如下。

```
<asp:ImageButton ID="ImageButton1" runat="server" ImageUrl="图像文件名"/>
```

三种形式的按钮功能相同，只是外观上有区别，它们的常用属性和事件如下。

- PostBackUrl 属性：单击按钮时发送的 URL，若未指定，则表示对本页面回发。
- Click 事件：单击按钮时被触发，执行服务器端代码。
- ClientClick 事件：单击按钮时被触发，执行客户端代码。

注意：单击事件在不同的位置其写法不同。例如，Button 控件在属性窗口的事件选项里是“Click”，在前台控件代码中是“OnClick”，在后台代码中的事件过程中则是 Button1_Click()。

【例 5.2.1】窗体的 PostBack 机制。

新建一个 WebForm 项目 Example5.2_1，新建并设计窗体 Default.aspx，它包含一个 DropDownList 控件和一个 Button 控件，并分别定义了相应的事件，其代码如下。

```
<%@ Page Language="C#" AutoEventWireup="true"
 CodeBehind="Default.aspx.cs" Inherits="Example5._2_1.Default" %>
```

```
<!DOCTYPE html>
<html xmlns="http://www.w3.org/1999/xhtml">
<head runat="server">
<meta http-equiv="Content-Type" content="text/html; charset=utf-8"/>
    <title>演示窗体的回发机制</title>
</head>
<body>
    <form id="form1" runat="server">
        <asp:DropDownList ID="DropDownList1" runat="server"
                    AutoPostBack="true"
                    OnSelectedIndexChanged="DropDownList1_SelectedIndexChanged">
            <asp:ListItem>请选择</asp:ListItem>
            <asp:ListItem Value="01">北京</asp:ListItem>
            <asp:ListItem Value="021">上海</asp:ListItem>
            <asp:ListItem Value="027">武汉</asp:ListItem>
        </asp:DropDownList><br /><br />
        <asp:Button ID="Button1" runat="server" Text=
                                "单击本按钮后导致页面刷新" OnClick="Button1_Click"/>
    </form>
</body>
</html>
```

窗体的后台代码如下。

```
using System;
using System.Web.UI.WebControls;
namespace Example5._2_1
{
    public partial class Default : System.Web.UI.Page
    {
        protected void Page_Load(object sender, EventArgs e)
        {
            if (!IsPostBack)
            {
                DropDownList1.Items.Add("广州");    //Items是继承而来的属性
                DropDownList1.Items.Add(new ListItem("广州", "020"));
            }
            if (!Page.IsPostBack) //屏蔽本条件，本页面浏览效果有变化
                Response.Write("A");
        }
```

```
        protected void Button1_Click(object sender, EventArgs e)
        {
            Response.Write("B");
        }
        protected void DropDownList1_SelectedIndexChanged(object sender, EventArgs e)
        {
            //输出选择项名称与值
            Response.Write(DropDownList1.SelectedItem +
                                ":" + DropDownList1.SelectedValue);
        }
    }
}
```

注意：

(1) 在窗体前台代码里，通过事件名称引用后台的相应事件过程。

(2) 设置 DropDownList 控件对象的属性 AutoPostBack="true"是页面回发的前提。

(3) 在后台代码里，Page.IsPostBack 前的“Page.”可以省略。

5.2.3 ASP.NET 验证控件

VS 工具箱提供了判定用户输入是否为空的 RequiredFieldValidator 控件、范围验证控件 RangeValidator 和比较控件 CompareValidator 等多个验证控件，对于表单中的验证控件，只有验证通过后才会执行 Button 控件的 Click 事件过程。

VS 工具箱里的验证控件，如图 5.2.5 所示。

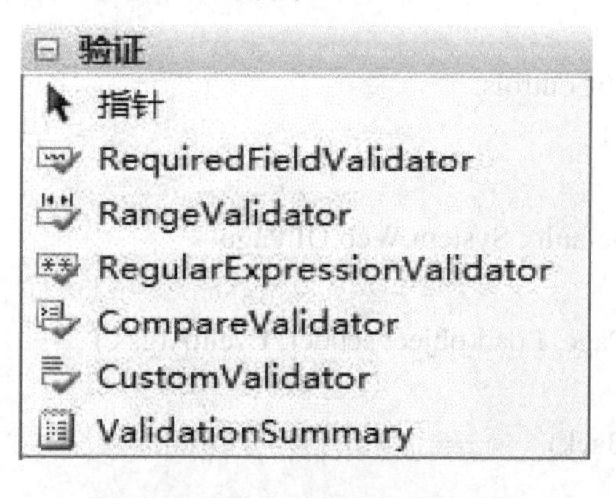

图 5.2.5 VS 工具箱里的验证控件

使用验证控件 RequiredFieldValidator 时，通常要配合 TextBox 控件使用，其主要属性如下。

- ErrorMessage 属性：当提交未通过验证时，验证控件对象给出的提示文本。
- ControlToValidate 属性：用于获取或设置要验证的控件对象。

控件 RangeValidator 也是配合 TextBox 控件，还要设置 MininumValue、MaxinumValue

和 Type 等属性。

在申请新用户时，通常需要设定密码。为了让用户牢记，通常需要输入两次密码，只有当两次输入一致时才通过。使用 CompareValidator 控件可以方便地完成这个工作。

对于 CompareValidator 控件，除了上面介绍的 ControlToValidate 属性外，还有一个 ControlCompare 属性，它用于获取或设置要比较的控件对象的 ID，而 ControlToValidate 用于获取或设置要验证的控件对象的属性。

注意：验证控件的使用示例，参见 5.5.5 小节的 Web 项目 Flower1 中的用户注册。

5.2.4 ASP.NET 数据源控件与数据绑定控件

数据源控件是管理连接到数据源以及读取和写入数据等任务的 ASP.NET 控件。数据源控件不出现任何用户界面，而是充当特定数据源(如数据库、业务对象或 XML 文件等)与 ASP.NET 网页上的其他控件之间的中间方。VS 工具箱提供的数据源控件与数据绑定控件如图 5.2.6 所示。

图 5.2.6 VS 工具箱中的数据源控件与数据绑定控件

注意：

(1) 在 VS 设计窗口中选择某个数据绑定控件时，在控件的右上方会出现智能按钮[>]。单击此按钮，会出现进一步的操作向导(如新建数据源等)。

(2) 从工具箱向 Web 窗体拖曳数据源控件和数据绑定控件时，应在 VS 中选择“拆分”模式，以便实现可视化的操作。因为在“源”模式下，不会出现进一步的操作向导。

因为登录 SQL Server 数据库有两种方式，一种是“使用 Windows 身份验证(W)”，另一种是“使用 SQL Server 身份验证(Q)”，所以连接字符串与 SQL Server 软件的安装模式有关。

为了方便练习，本书中访问 SQL Server 数据库的连接字符串对应于 Windows 身份验证，如图 5.2.7 所示。

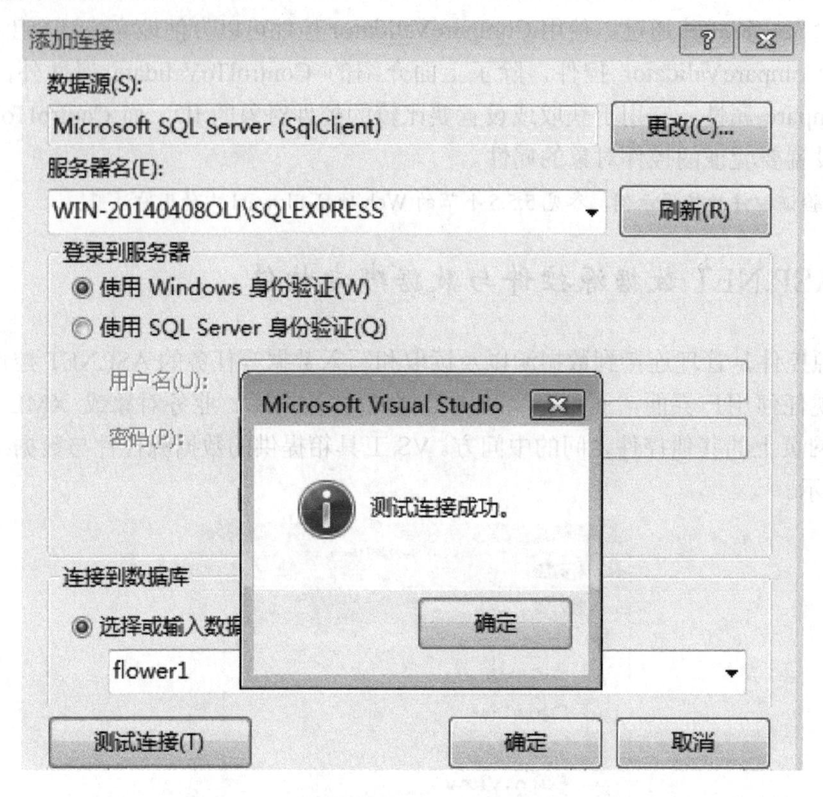

图 5.2.7　使用 Windows 身份验证方式测试对 SQL Server 精简版的连接

配置数据源的最后一项工作是询问是否将连接字符串保存在网站配置文件里，如图 5.2.8 所示。

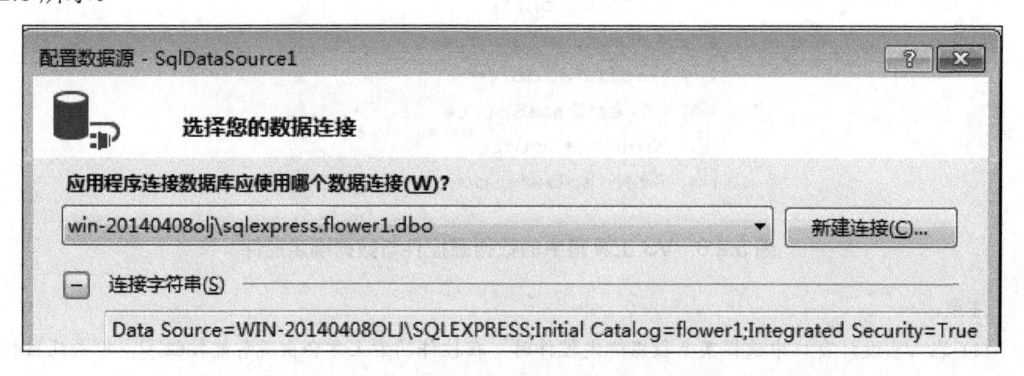

图 5.2.8　将数据库的连接信息写入网站配置文件 Web.Config 里

本书主要介绍数据绑定控件 GridView 和 Repeater，它们都具有属性 DataSource 和 DataBind()方法。其中，控件 GridView 的属性 DataSource 是继承而来的。

数组绑定控件的属性 DataSource 用于在窗体后台指定该控件的数据源，而方法 DataBind()则是将数据在窗体里显示出来。

当设置数据绑定控件 GridView 的属性 AutoGenerateColumns="False"时，将使用自动模板输出数据源的所有字段。

当 GridView 控件的数据源定义了主键时，使用属性 DataKeys 可获取某行的主键值。再定义 GridView 控件的选择项改变事件 OnSelectedIndexChanged，就可以实现数据源存在一对多关系的两个 GridView 控件的联动，其用法参见 5.8.1 小节的案例。

数据绑定控件 Repeater 至少要定义项模板 ItemTemplate，此外，还有头模板 HeaderTemplate 和底部模板 FooterTemplate 可供选择。

【例 5.2.2】数据绑定控件 GridView 与 Repeater 的使用。

在 WebForm 项目 Example5.2_2 里，包含访问 SQL Server 数据库 flower1 的窗体 WebForm1，以及访问 MySQL 数据库 flower 的窗体 WebForm2 和 WebForm2p。

为了使用访问 MySQL 数据库的通用类 MyDb，在解决方案 Example5.2_2 里创建了类库项目 DAL，且被 WebForm 项目调用。

窗体 WebForm2p 相对于 WebForm2 而言，增加了对 bootstrap 的使用，使得表格线条不再是默认的双线，但它需要引入两个 js 文件和一个样式文件。

完成后项目文件系统，如图 5.2.9 所示。

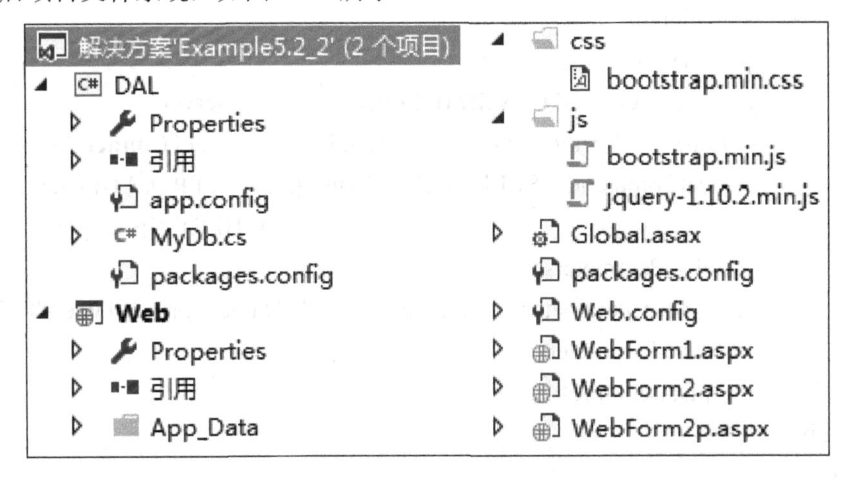

图 5.2.9　解决方案 Example5.2_2

窗体 WebForm1 使用 GridView 控件显示数据库 flower1 里的数据表 flower_detail 里价格在 500 元之上的商品，使用 GridView 控件的智能按钮完成，自动创建了数据源控件对象 SqlDataSource1 和数据库的连接字符串 flower1ConnectionString，选择了分页功能并设定每页记录数为 5，其前台代码如下。

```
<%@ Page Language="C#" AutoEventWireup="true" CodeBehind="WebForm1.aspx.cs"
                                        Inherits="Example5._2_2.WebForm1" %>
<!DOCTYPE html>
<html xmlns="http://www.w3.org/1999/xhtml">
<head runat="server">
<meta http-equiv="Content-Type" content="text/html; charset=utf-8"/>
    <title>访问SQL Server数据库</title>
```

```
</head>
<body>
    <form id="form1" runat="server">
        <div>价格>=500元的商品</div>
        <div>
            <asp:GridView ID="GridView1" runat="server" AllowPaging="True"
                                    AutoGenerateColumns="False" DataKeyNames="bh"
                                        DataSourceID="SqlDataSource1" PageSize="5">
                <Columns>
                    <asp:BoundField DataField="bh" HeaderText="bh"
                                        ReadOnly="True" SortExpression="bh" />
                    <asp:BoundField DataField="name" HeaderText="name"
                                                    SortExpression="name" />
                    <asp:BoundField DataField="price" HeaderText="price"
                                                    SortExpression="price" />
                </Columns>
            </asp:GridView>
            <asp:SqlDataSource ID="SqlDataSource1" runat="server"
                ConnectionString="<%$ ConnectionStrings:flower1ConnectionString %>"
                SelectCommand="SELECT [bh], [name], [price] FROM [flower_detail]
                                            WHERE ([price] &gt;= @price)">
                <SelectParameters>
                    <asp:Parameter DefaultValue="500" Name="price" Type="Int32" />
                </SelectParameters>
            </asp:SqlDataSource>
        </div>
    </form>
</body>
</html>
```

窗体 WebForm1 的浏览效果，如图 5.2.10 所示。

价格>=500元的商品

bh	name	price
10002	99爱恋	608
10008	嫁给我吧	649
10018	永恒的美	551
10019	单纯的想你	531
10025	柏拉图之恋	565
1 2 3 4 5 6 7 8 9 10 ...		

图 5.2.10　窗体 WebForm1 的浏览效果

窗体 WebForm2 使用 Repeater 控件，需要自定义显示模板，其前台代码如下。

```
<%@ Page Language="C#" AutoEventWireup="true" CodeBehind="WebForm2.aspx.cs"
                                        Inherits="Example5._2_2.WebForm2" %>
<!DOCTYPE html>
<html xmlns="http://www.w3.org/1999/xhtml">
<head runat="server">
<meta http-equiv="Content-Type" content="text/html; charset=utf-8"/>
    <title>访问MySQL数据库</title>
    <style type="text/css">
        th{ text-align:center;  }
    </style>
</head>
<body>
    <form id="form1" runat="server">
        <div>请给定价格范围:
            <asp:TextBox ID="TextBox1" runat="server" Text="500" Width="40"/>,
            <asp:TextBox ID="TextBox2" runat="server" Text="530" Width="40"/>
            <asp:Button ID="Button1" runat="server" Text="查询"
                                              OnClick="Button1_Click" /></div>
        <div>
            <asp:Repeater ID="Repeater1" runat="server">
                <HeaderTemplate>
                    <table border="1">
                        <tr> <th>鲜花编号</th><th>名称</th><th>价格</th></tr>
                </HeaderTemplate>
                <ItemTemplate>
                    <tr><td><%#Eval("bh") %></td>
                        <td><%#Eval("name") %></td>
                        <td><%#Eval("price") %></td></tr>
                </ItemTemplate>
                <FooterTemplate>
                    </table>
                </FooterTemplate>
            </asp:Repeater>
        </div>
    </form>
</body>
</html>
```

窗体 WebForm2 的浏览效果，如图 5.2.11 所示。

请给定价格范围：500 ，530 查询

鲜花编号	名称	价格
10071	金玉满堂	522
10135	一路有你	522
10215	清雅袭人	522
10222	绽放的季节	500
10226	爱情来临	504
10241	香吻	529
10269	甜蜜蜜	514
10278	清纯物语	516
10282	滴水观音	516
10315	祝福伴着你	520

图 5.2.11　窗体 WebForm2 的浏览效果

在设计窗体 WebForm2 之前，需要在 WebForm 项目里引用本解决方案中的类库项目 DAL，同时，在 Web.config 里建立名为 conStr、访问 MySQL 数据库 flower 的连接字符，其代码如下。

```
<add name="conStr" connectionString="server=localhost;database=flower;uid=root;pwd=root;
                                                        port=3308;charset=utf8" />
```

窗体 WebForm2 的数据源在输入价格范围并单击按钮的事件过程里定义，其后台代码如下。

```
using System;
using DAL;   //Web项目引用类库项目DAL
using System.Data;
//需要对Web项目用NuGet下载并引用程序集MySql.Data.dll
using MySql.Data.MySqlClient;
namespace Example5._2_2
{
    public partial class WebForm2 : System.Web.UI.Page
    {
        protected void Page_Load(object sender, EventArgs e)
        {
            //初始化
        }
        protected void Button1_Click(object sender, EventArgs e)
        {
            int p1 = Int32.Parse(TextBox1.Text);
            int p2 = Int32.Parse(TextBox2.Text);
```

```
            string sql = "select * from flower_detail where price>=@p1 and price<=@p2";
                                    MySqlParameter[] param = { new MySqlParameter("p1", p1),
                                                       new MySqlParameter("p2", p2) };
            DataTable dt = MyDb.getMyDb().GetRecords(sql, param);
            Repeater1.DataSource = dt;
            Repeater1.DataBind();
        }
    }
}
```

在窗体 WebForm2p 前台的<head>标签里，增加了使用 bootstrap 的如下代码。

```
<script src="js/jquery-1.10.2.min.js"></script>
<script src="js/bootstrap.min.js"></script>
<link href="css/bootstrap.min.css" rel="stylesheet" />
```

窗体 WebForm2p 浏览效果，如图 5.2.12 所示。

请给定价格范围：500 ，530 查询

鲜花编号	名称	价格
10071	金玉满堂	522
10135	一路有你	522
10215	清雅袭人	522
10222	绽放的季节	500
10226	爱情来临	504
10241	香吻	529
10269	甜蜜蜜	514
10278	清纯物语	516
10282	滴水观音	516
10315	祝福伴着你	520

图 5.2.12　窗体 WebForm2p 的浏览效果

注意：

(1) 窗体 WebForm1 里控件对象 GridView1 的属性可通过右击打开属性窗口来设置。

(2) 本解决方案包含了一个 WebForm 项目和一个类库项目，且类库项目被 WebForm 项目引用，参见 5.5 节中 WebForm 项目的三层架构。

(3) 由于设计方式的不同，窗体 WebForm1 的前台代码比 WebForm 的前台代码复杂得多。

(4) bootstrap 是目前最受欢迎的前端框架之一，可用来美化表格、按钮和增加交互效果等。

(5) 本项目中连接 SQL Server 数据库 flower1 的字符串 flower1ConnectionString 是通过创建连接向导完成的，并自动写入项目配置文件 Web.config 里。

(6) 使用 VS 菜单“工具”→“连接到数据库”，输入安装的 SQL Server 服务器名称，可进行连接测试。

(7) 使用 VS 菜单“视图”→“服务器资源管理器”，根据已经创建的数据连接名称可以操作相应的数据库。

5.3 母版、Web 用户控件和第三方分页控件

5.3.1 母版页的创建与使用

1. 工作原理

母版页也称模板页，其中定义了多个页面中相同的内容，如网站的 LOGO、显示系统日期/时间的 JS 代码以及用于网站导航的 Web 服务器控件代码等。使用母版页创建内容页，可以简化维护并能提供统一的外观。

母版页为网页定义了所需的外观和标准行为，可在母版页的基础上再来创建包含显示内容的各个内容页。母版页可以包含一个或多个可替换内容的占位符控件 ContentPlaceHolder；内容页在页面头部的 Page 指令中通过使用 MasterPageFile 属性来引用母版页，主体部分包含有若干 Content 控件，并通过使用 ContentPlaceHolderID 属性与母版页中的 ContentPlaceHolder 控件联系起来。当用户请求某个内容页时，这个内容页将与母版页合并(即将 Content 控件的内容合并到母版页中相应的 ContentPlaceHolder 控件中)输出。

注意：

(1) 母版页提供了统一布局页面的模板。

(2) 在母版页中通过使用 ContentPlaceHolder 控件，使其出现在引用母版的内容页中，其内容才是可编辑的。

(3) 母版页里的内容在引用母版的内容页里是不可编辑的。

2. 母版页的创建

创建母版页与创建一般的窗体页是类似的。在 VS 2015 的“添加新项”对话框中，选择“Web 窗体母版页”即可，如图 5.3.1 所示。

图 5.3.1 新建 Web 窗体的母版页

注意：

(1) 创建母版页前，需要考虑哪些内容是不同页面共同拥有的，并将其放到母版页里。

(2) 母版页(前台)文件的扩展名是.master。

3. 创建内容页时引用母版

使用母版创建的 Web 窗体页称为内容页。为了引用母版，在 VS 2015 的“选择母版页”对话框中，选择包含母版页的 Web 窗体，其操作如图 5.3.2 所示。

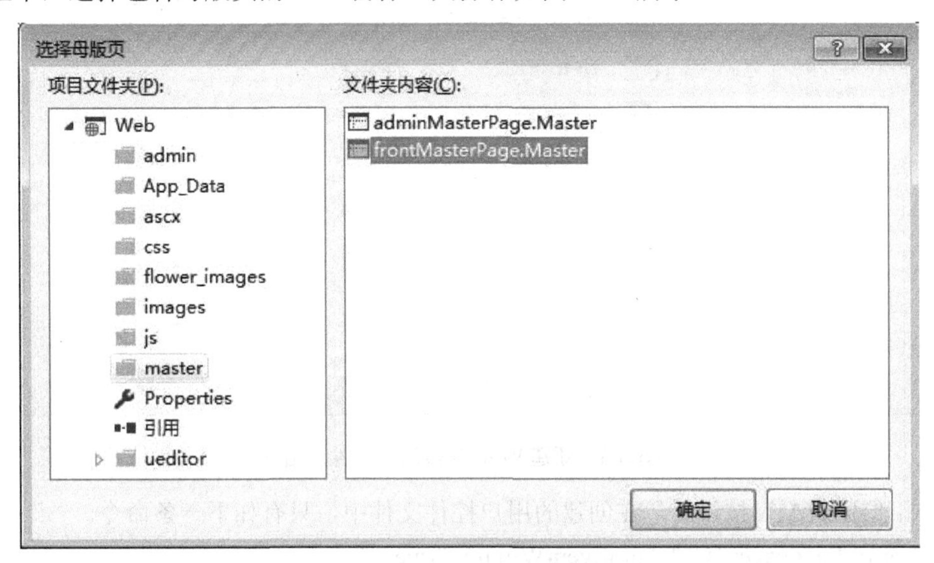

图 5.3.2　新建包含母版页的 Web 窗体

单击“确定”按钮后，在内容页中可以看到母版页中定义的信息，这些信息呈现灰色，不可更改，母版页占位符控件 ContentPlaceHolder 被替换成内容控件(Content 控件)，并且只能在这些 Content 控件区域才可以编辑。

注意：

(1) 内容页中没有任何<html>、<head>、<title>、<body>和<form>等基本标记，这是因为它们在母版页中已经存在，浏览时母版页会与内容页合并。

(2) 内容页会自动产生与母版页中 ContentPlaceHolder 控件对象相适应的 Content 控件对象，而且数目相等。

(3) 内容页开头的<%@ Page %>中会多出一个 title 属性，用于在内容页中指定页面标题。

(4) 母版页的创建与使用，参见 5.5.5 小节中的项目 Flower1。

5.3.2　Web 用户控件的创建与使用

1. Web 用户控件概述

在 ASP.NET 网页中，除了使用 Web 服务器控件外，还可以根据需要来创建重复使用的自定义控件，这些控件称为 Web 用户控件。向 Web 用户控件添加现有的 Web 服务器控件和标记，并定义控件的属性和方法。用户控件在实际工程中常用于统一网页显示风格和代码的复用。

2. 创建 Web 用户控件

在 VS 2015 的“添加新项”对话框中，选择“Web 窗体用户控件”，如图 5.3.3 所示。

图 5.3.3　新建 Web 窗体用户控件对话框

单击“添加(A)”按钮后，在创建的用户控件文件中，只有如下一条命令。

```
<%@ Control Language="C#" AutoEventWireup="true"
  CodeBehind="WebUserControl1.ascx.cs" Inherits="Flower1.master.WebUserControl1" %>
```

Web 用户控件具有如下特点。

- Web 用户控件文件的扩展名是.ascx。
- 传统的 Web 窗体页面中@Page 指令被@Control 指令取代。
- Web 用户控件是其他窗体设计的一部分，其本身没有<html>、<body>或<form>等元素，但可以使用<style>及<script>标签。
- Web 用户控件文件如同窗体一样，也可以有后台代码文件。

注意：

(1) Web 用户控件也可包含于母版页里。

(2) Web 用户控件本来是 Web 窗体或母版的一部分，被封装在一个单独的文件中，用于实现网站中的多个页面能够对其重复调用。

(3) 在 VS 中编辑 Web 用户控件文件时，不能使用 Ctrl+F5 快捷键单独进行浏览。

3. 使用 Web 用户控件

如前所述，Web 用户控件只能包含在某个 Web 窗体中。在窗体中使用 Web 用户控件的方法是：在 VS“拆分”模式下，通过“解决方案资源管理器”窗口将 Web 用户控件 header 文件拖曳到 Web 窗体的设计窗口的某个位置。此时，将在代码窗口产生如下两条代码。

- 在文档头部创建一个@ Register 指令，如：

```
<%@ Register src="header.ascx" tagname=" header " tagprefix="uc1"%>
```

- 在窗体内声明创建的 Web 用户控件对象，如：

```
<uc1: header ID=" header1" runat="server"/>
```

注意：

(1) 在引用了 Web 用户控件的窗体页面中的@ Register 指令中，src 属性用于指定 Web 用户控件的来源，tagprefix 属性用于指定创建 Web 用户控件对象时所产生的控件代码的前缀。

(2) 在一个创建了 Web 用户控件的窗体中，选择 Web 控件对象并单击其右边的智能按钮，选择“编辑 UserControl”，即可编辑该 Web 用户控件。

(3) Web 用户的创建与使用，参见 5.5.5 小节中项目 Flower1 里的母版页。

5.3.3 第三方分页控件 AspNetPager 的使用

AspNetPager 是由第三方提供的分页控件，是对 ASP.NET 标准控件的再封装，其命名空间、主要属性和事件，如图 5.3.4 所示。

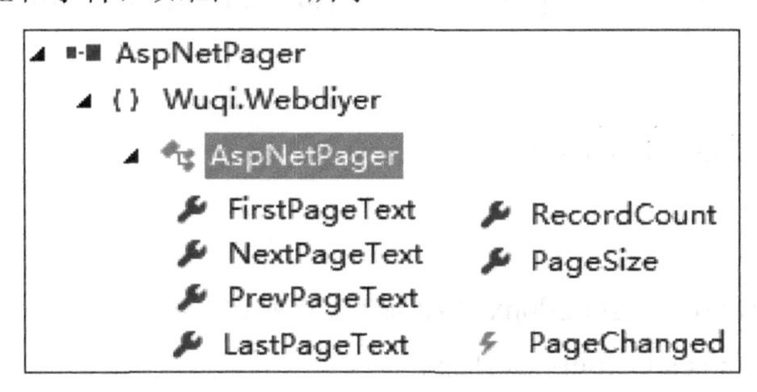

图 5.3.4 分页控件 AspNetPager 的属性与事件

使用 AspNetPager 时，需要在窗体前台头部添加如下的控件注册指令。

```
<%@ Register Assembly="AspNetPager"
                                    Namespace="Wuqi.Webdiyer" tagprefix="webdiyer"%>
```

在窗体前台主体产生分页导航条的控件代码如下。

```
webdiyer:AspNetPager ID="AspNetPager1" runat="server"
                    NumericButtonCount="20" onpagechanged="AspNetPager1_PageChanged"/
```

注意：可以认为第三方控件是带有界面的程序集。

【例 5.3.1】第三方分页控件 AspNetPager 的使用。

在 WebForm 项目 TestAspNetPager 里，引用了第三方分页程序集 AspNetPager.dll，访问 MySQL 数据库 flower，通过 NuGet 下载引用，其项目文件系统如图 5.3.5 所示。

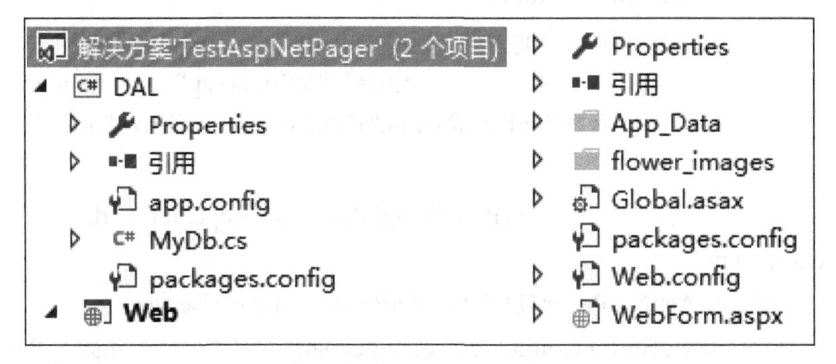

图 5.3.5 项目文件系统

使用了 AspNetPager 的窗体 WebForm 的前台代码如下。

```
<%@ Page Language="C#" AutoEventWireup="true" CodeBehind="WebForm.aspx.cs"
                                        Inherits="TestAspNetPager.WebForm" %>
<%@ Register Assembly="AspNetPager" Namespace="Wuqi.Webdiyer"
                                                    tagprefix="webdiyer"%>

<!DOCTYPE html>
<html xmlns="http://www.w3.org/1999/xhtml">
<head runat="server">
<meta http-equiv="Content-Type" content="text/html; charset=utf-8"/>
    <title>使用第三方分页控件AspNetPager(访问MySQL数据库)</title>
    <style type="text/css">
        .big{
            width:940px;height:340px;
        }
        .item{
            width:185px;height:200px;float:left;    /*并排*/
            text-align:center;font-size:12px;
        }
        .nav{
            width:940px;height:20px; text-align:center; line-height:20px;
        }
    </style>
</head>
<body>
    <form id="form1" runat="server">
        <div class="big" >
            <asp:Repeater ID="Repeater1" runat="server">
                <ItemTemplate>
                    <div class="item">
                        <div><img src='<%#Eval("zp") %>' width="180"
                                    title='<%#Eval("zp") %>' height="160"/></div>
                        <div><%#Eval("name")%> <%#Eval("price")%>元
                                                                </div></div>
                </ItemTemplate></asp:Repeater></div>
        <div class="nav">
            <webdiyer:AspNetPager ID="AspNetPager1" runat="server"
                NumericButtonCount="20" onpagechanged="AspNetPager1_PageChanged"/>
        </div>
```

```
    </form>
</body>
</html>
```

窗体 WebForm 的后台代码如下。

```
using MySql.Data.MySqlClient;
using System;
using System.Data;
using DAL;
namespace TestAspNetPager
{
    public partial class WebForm : System.Web.UI.Page
    {
        string sql;
        protected void Page_Load(object sender, EventArgs e)
        {
            if (!IsPostBack)
            {
                sql = "select * from flower_detail";
                DataTable dt = MyDb.getMyDb().GetRecords(sql);
                AspNetPager1.RecordCount = dt.Rows.Count;   //控件属性赋值
                BindData();
            }
        }
        void BindData()
        {
          /*
            //MySQL查询可使用limit短语，而SQL Server不能使用limit短语
            sql = "select * from flower_detail limit @p1,@p2";
            MySqlParameter[] param = { new MySqlParameter("p1",
                        AspNetPager1.PageSize*(AspNetPager1.CurrentPageIndex-1)),
                            new MySqlParameter("p2",AspNetPager1.PageSize)};
            Repeater1.DataSource = MyDb.getMyDb().GetRecords(sql, param);*/
            sql = "select * from flower_detail";
            Repeater1.DataSource = MyDb.getMyDb().GetRecordsWithPage(sql,
                            AspNetPager1.PageSize, AspNetPager1.CurrentPageIndex);
            Repeater1.DataBind();
        }
        protected void AspNetPager1_PageChanged(object sender, EventArgs e)
```

```
        {
            BindData();   //显示指定页
        }
    }
}
```

项目的运行效果，如图 5.3.6 所示。

图 5.3.6　项目运行效果

注意：

(1) 使用第三方控件，通常会有版权问题或者要遵循某个开发协议。第三方控件很少提供技术文档，它是靠提供技术支持来收取一定的费用。

(2) 访问 SQL Server 数据库 flowerl 并使用 AspNetPager 分页的项目 TestAspNetPager2，参见本章实验。

(3) 本项目的解决方案里，除了 Web 项目外，还新建了访问数据库的类库项目 DAL。在 Web 项目里编写窗体后台代码之前，需要对 Web 项目添加对 DAL 类库项目的引用，参见 5.5.2 小节。

5.4　站点地图与导航控件

5.4.1　网站导航概述、地图文件与站点数据源控件

在含有大量网页的网站中，要实现用户随意在网页之间进行切换的导航工作，传统的方式是通过在页面中添加超链接，其工作量是很大的，而且不易维护。VS 工具箱的“导航”选项卡里，提供了若干用于网站导航的数据源控件及网站导航控件。

网站的导航功能是给浏览该网站的用户起一个指示的作用，让用户能清楚了解自己当

前处于网站的哪一层，并能快速在各层的不同模块间进行切换。过去，做网站时需要手动地为每一个页面实现导航功能，这样做起来工作量太大，可维护性差，而且很容易出错。

VS 为我们提供了三个常用的导航控件，具体如下。

- 面包屑导航控件 SiteMapPath。
- 树型导航控件 TreeView。
- 菜单导航控件 Menu。

在实际应用中，经常在每个网页上有一个固定位置用于显示当前页面在整个网站中的级别，如图 5.4.1 所示.

图 5.4.1　面包屑导航示例网站

其中，当前的“研究生培养”页面是三级页面，可以通过导航链接至二级页面“教育教学”，也可以链接至首页。

网站地图用来描述网站中网页文件的层次结构，通常使用一个反映网站层次结构的 XML 格式文件。如果要使用 ASP.NET 的导航功能，就必须建立网站地图文件。

在“添加新项”对话框中，选择“站点地图”，如图 5.4.2 所示。

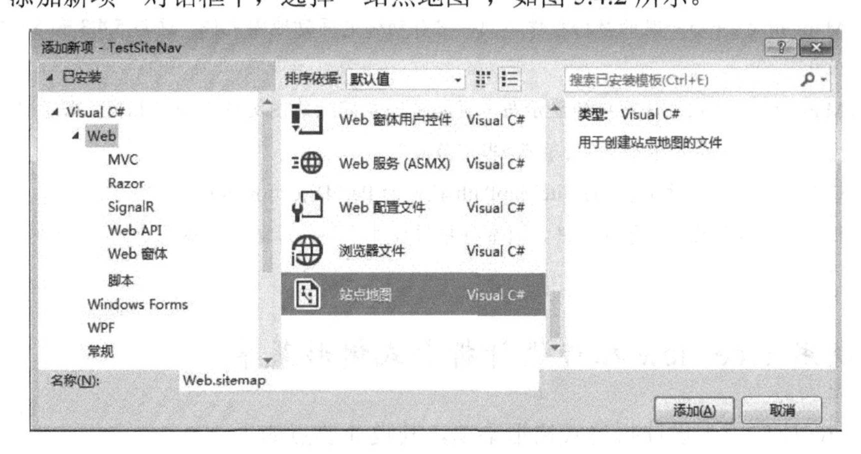

图 5.4.2　新建站点地图

网站地图文件使用一对<siteMap>标记和若干对<siteMapNode>标记，并以.sitemap作为扩展名。其中，<siteMap>和</siteMap>称为根元素，它包含若干由<siteMapNode>和</siteMapNode>表示的节点，并且节点是嵌套的。

注意： 网站地图文件Web.sitemap应存放在站点根文件夹下。

<siteMapNode>元素(节点)的常用属性如下。

- title：表示超链接的显示文本(需要填写)。
- description：描述超链接作用的提示文本(不是必需的)。
- url：超链接本网站中的目标页地址(需要填写)。

SiteMapDataSource控件，在VS工具箱里的“数据”选项卡里，将它拖曳至窗体中，将产生如下的代码。

```
<asp:SiteMapDataSource ID="SiteMapDataSource1" runat="server" />
```

该控件自动读取网站根文件夹下的Web.sitemap文件中的XML数据，该数据源将被其他的导航控件调用。

5.4.2 使用SiteMapPath控件实现面包屑导航

面包屑导航控件SiteMapPath是常用的导航控件，位于工具箱的“导航”选项里，其常用属性如下。

- PathDirection：获取或设置导航路径节点的呈现顺序，取值除了CurrentToRoot外，还可以是RootToCurrent，在非主页中都必须使用。
- PathSeparator：获取或设置一个符号，用于站点导航路径的路径分隔符。
- ParentLevelsDisplayed：获取或设置相对于当前显示节点的父节点级别数。默认值为－1，此时节点的深度没有限制，这种设置可能导致节点列表非常长。
- PathSeparatorTemplate：获取或设置一个控件模板，用于站点导航路径的路径分隔符。

注意：

(1) SiteMapPath控件与一般的数据控件不同，它自动绑定网站地图文件，这与5.4.3和5.4.4小节介绍的两个控件不同。

(2) SiteMapPath控件在设计窗口的显示与本页面是否在网站地图文件中登记相关。若已经登记，则显示真实的位置；否则，显示“根节点>父节点>当前节点”。

(3) 所有的次级页面(非主页)中的SiteMapPath控件的PathDirection属性值应一致。

(4) 为了使不同的页面共享导航控件，通常将导航控件添加到母版中，参见5.5.5小节中项目Flower1的前台母版。

5.4.3 使用TreeView控件设计折叠式树形菜单

TreeView控件用于设计折叠式树形菜单，其设计要点如下。

- 从工具箱的“数据”选项里，拖曳SiteMapDataSource控件至窗体前台，它将自动绑定网站地图文件。

- 将 SiteMapDataSource 控件对象的 ID 属性赋值给 TreeView 控件对象的 DataSourceID 属性。

5.4.4 使用 Menu 控件设计水平弹出式菜单

导航控件 Menu 用于设计水平弹出式菜单，其设计要点如下。

- 从工具箱的“数据”选项里，拖曳 SiteMapDataSource 控件至窗体前台，它将自动绑定网站地图文件。
- 将 SiteMapDataSource 控件对象的 ID 属性赋值给 Menu 控件对象的 DataSourceID 属性。

注意：使用 TreeView 与 Menu 的方法是类似的。

【例 5.4.1】三种站点导航控件的使用。

演示三种导航控件使用的案例项目 TestSiteNav 的文件系统，如图 5.4.3 所示。

图 5.4.3　项目文件系统

编辑网站地图文件 Web.sitemap 的代码如下。

```
<?xml version="1.0" encoding="utf-8" ?>
<siteMap>
  <siteMapNode title="Home" description="Home" url="~/Default.aspx">
    <siteMapNode title="Products" url="~/Products.aspx">
        <siteMapNode title="Hardware"    url="~/Hardware.aspx" />
        <siteMapNode title="Software" url="~/Software.aspx" />
    </siteMapNode>
    <siteMapNode title="Services"   url="~/Services.aspx">
        <siteMapNode title="Training" url="~/Training.aspx" />
        <siteMapNode title="Consulting" url="~/Consulting.aspx" />
        <siteMapNode title="Support" url="~/Support.aspx" />
    </siteMapNode>
  </siteMapNode>
```

```
</siteMap>
```

项目主窗体 Default.aspx 包含三个导航控件(SiteMapPath、TreeView 和 Menu)和一个 SiteMapDataSource 控件，其设计视图如图 5.4.4 所示。

图 5.4.4　项目主页设计视图

其中，TreeView 和 Menu 两个控件共用站点地图数据源控件对象 SiteMapDataSource1。使用 Ctrl+F5 快捷键浏览主页，单击水平弹出式菜单项 Service/Support 时，页面效果如图 5.4.5 所示。

图 5.4.5　从主页选择 Support 时的运行效果

5.5　WebForm 项目三层架构

5.5.1　三层架构概述

在 WebForm 项目中，将负责业务逻辑处理的代码全部写在窗体后台文件里，则会给系统的维护和升级带来很大的不便。

代码分层架构是根据代码功能的不同对其进行一定的逻辑划分。目前，广泛使用通过类库分离的三层架构，将窗体后台代码中对数据访问的代码分离出来并以类的形式存放在类库文件里，这些访问数据库的类库文件构成了数据访问层(data access layer，简称 DAL)。同样，将具有特定功能的代码以类的形式存放在类库文件里，这些完成特定功能的类库文件构成了业务逻辑层(business logic layer，简称 BLL)。这样，所有窗体的集合就构成了用户界面层(user interface，简称 UI)，它只负责数据的接收和展示。

BLL 层是 UI 层和 DAL 层之间通信的桥梁，主要负责数据的传递和处理，如数据有效性检验、业务逻辑描述等相关功能。ASP.NET 应用的三层架构，如图 5.5.1 所示。

图 5.5.1　ASP.NET 应用的三层架构

在上述三层之间，通常存在着对应于数据表的数据的传递，将这些数据表抽象为模型类(也称为实体类)，并将这些模型类存放在一个称之为 Model 层的类库项目里，以方便模型数据的传递和使用。

Model 层里面的一个类对应数据库里面的一张表，类里面的每一个属性对应表里面的一个字段。Model 层里的类可以方便模型参数的传递。包含两个属性的一个实体类的示例代码如下。

```
public class User
 {
        private string username;   //类成员：字段
        private string password;
        public string Username   //类成员：属性，字段username的set/get访问器
        {
            get { return username; }
            set { username = value; }
        }
        public string Password
        {
            get { return password; }
            set { password = value; }
        }
}
```

实体类 User.cs 在解决方案窗口中显示信息，如图 5.5.2 所示。

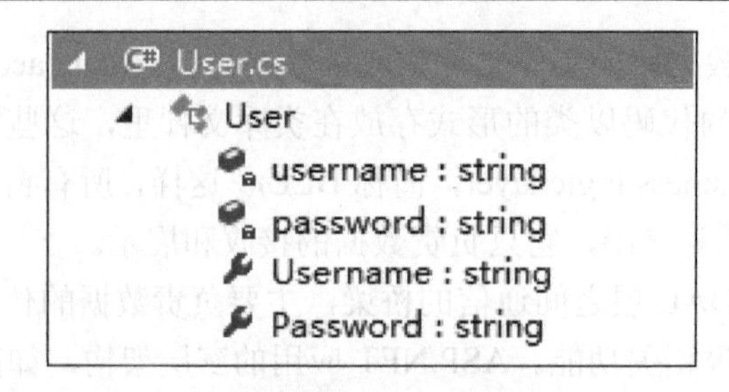

图 5.5.2　实体类在解决方案窗口中的显示

注意：

(1) 如果有太多的业务逻辑需要处理，则完全可以在 UI 层直接调用 DAL 层而不必创建 BLL 层，参见 5.2.4 小节中的案例项目 Example5.2_2。

(2) Model、DAL 和 BLL 分别是对应层里若干类文件的命名空间。

(3) 由于许多窗体会涉及数据库访问，因此，不创建 DAL 层将会导致数据库访问代码的大量重复。

(4) 在 ASP.NET WebForm 项目里，所有类库里的类文件是以源码形式出现的。

在三层结构中，各层之间相互依赖，各层之间的数据传递方向分为请求和响应两个方向，具体如下。

- UI 层接受用户的请求，根据用户的请求去通知 BLL 层。
- BLL 层收到请求，首先对请求进行阅读审核，然后将处理结果返回给 UI 层。如果请求中包含有数据访问，则通知 DAL 层。
- DAL 层通过对数据库的访问得到请求结果，并将请求结果通知 BLL 层。BLL 层收到请求结果后先进行阅读审核后再将请求结果通知 UI 层，UI 层收到请求结果，并把结果展示给用户。

注意：通常情况下，UI 层调用 BLL 层及 Model 层，而 BLL 层调用 DAL 层。

5.5.2　搭建 Web 表示层并添加对其他层的引用

如前所述，UI 层是 Web 项目里窗体的集合，也称 Web 表示层。新建 ASP.NET Web 应用程序时，也就创建了一个 Web 表示层。右击 Web 项目名，在弹出的右键快捷菜单中选择“添加”→“引用”命令，在弹出的“引用管理器-Web”对话框里，选择所需要引用的类库项目即可，如图 5.5.3 所示。

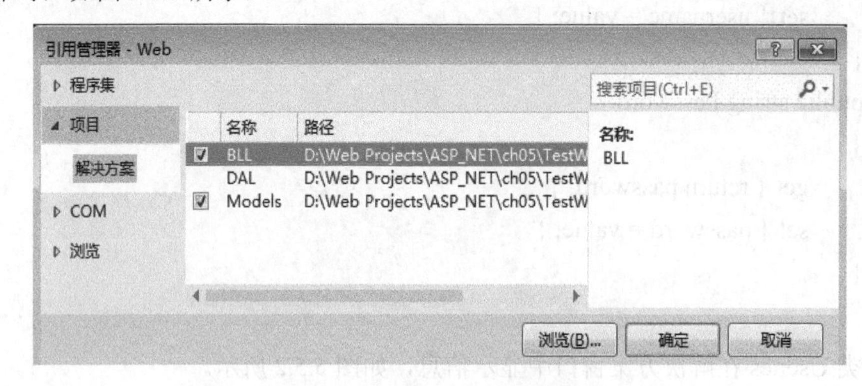

图 5.5.3　ASP.NET Web 项目引用其他类库项目

注意：

(1) 窗体后台代码里，不添加对本解决方案里其他项目的引用，就无法使用其他项目里的类。

(2) DAL 层和 BLL 层，分别以类库项目的形式来创建。

5.5.3　搭建数据访问层 DAL

数据访问层 DAL 由访问数据库的类文件组成，创建 DAL 层的方法为：右击 Web 项目的解决方案名，在弹出的右键快捷菜单中选择“添加”→“新建项目”→“类库”，如图 5.5.4 所示。

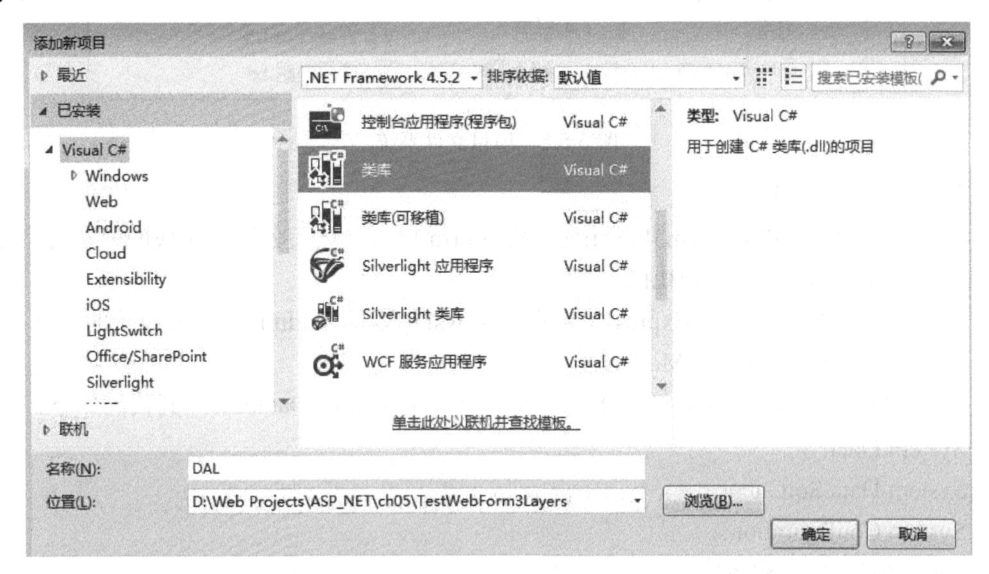

图 5.5.4　在解决方案里添加类库项目

DAL 层搭建后，就可以在该层内编写访问数据库的类文件了。

5.5.4　搭建业务逻辑层 BLL 并添加对 DAL 层的引用

搭建业务逻辑层 BLL 的方法，与搭建 DAL 层的方法相同。

业务逻辑层 BLL 就是放置业务逻辑的地方，它处于数据访问层与表示层中间，在数据交换中起到承上启下的作用。

层是一种弱耦合结构，层与层之间的依赖是向下的，底层对于上层而言是“未知”的，改变上层的设计对于其调用的底层而言没有任何影响。如果在分层设计时，遵循了面向接口设计的思想，那么这种向下的依赖也应该是一种弱依赖关系。因而在不改变接口定义的前提下，理想的分层式架构，应该是一个支持可抽取、可替换的“抽屉”式架构。正因为如此，BLL 层的设计对于一个支持可扩展的架构尤为关键，因为它扮演了两个不同的角色。

对于数据访问层而言，BLL 层是调用者；对于 UI 层而言，BLL 层却是被调用者。依赖与被依赖的关系都发生于 BLL 层上，如何实现依赖关系的解耦，是除了实现业务逻辑之外留给设计师的任务。

【例 5.5.1】WebForm 三层架构的一个简明示例。

使用三层架构的 WebForm 示例项目 TestWebForm3Layers 的文件系统，如图 5.5.5 所示。

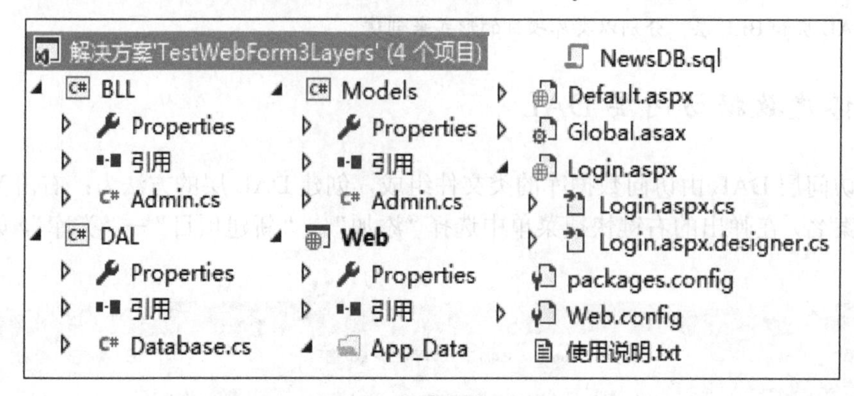

图 5.5.5　项目文件系统

【主要设计步骤】

(1) 新建名为 TestWebForm3Layers 的 WebForm 项目，然后分别在生成的解决方案里创建类库项目 Models、DAL 和 BLL。

(2) 为了访问SQL Server Express中数据库NewsDB里的表admin，需要相关的实体类文件Admin.cs并存放在类库项目Models里。

(3) 在 DAL 层里，编写访问 SQL Server 数据库的类文件 Database，其代码如下。

```
using System.Data;
using System.Data.SqlClient;
using System.Configuration;
namespace DAL //设置命名空间
{
    public class Database   //在类库(数据访问层)DAL中定义类
    {
        private string connstring; // 定义类字段
        private SqlConnection conn;

        public string ConnString   //定义类属性
        {
            get { return this.connstring; }
            set { this.connstring = value;}
        }
        public SqlConnection Conn
        {
            get  {  return this.conn; }
            set  {  this.conn = value; }
        }
```

```
        public Database() //类的构造方法
        {
            this.ConnString = ConfigurationManager.
                                    ConnectionStrings["conStr"].ConnectionString;
        }
        public void Open() {
            if (Conn == null)
                Conn = new SqlConnection(ConnString);
            if (Conn.State.Equals(ConnectionState.Closed))
            {
                Conn.ConnectionString = this.ConnString;
                Conn.Open();
            }
        }
        public void Close(){
            if (Conn != null)
            {
                Conn.Close();
            }
        }
        public DataSet GetDataSet(string sqlString){
            this.Open();
            SqlDataAdapter sda = new SqlDataAdapter(sqlString, Conn);
            DataSet ds = new DataSet();
            sda.Fill(ds);
            this.Close();
            return ds;
        }
        //根据指定的SQL语句select获取记录集合中的第一行数据
        public DataRow GetDataRow(string sqlString){
            DataSet ds = GetDataSet(sqlString);
            ds.CaseSensitive = false; //字符串比较，不区分大小写
            if (ds.Tables[0].Rows.Count > 0)
                return ds.Tables[0].Rows[0];
            else
                return null;
        }
    }
}
```

(4) 在 BLL 层里，编写相应于实体类 Admin 的业务逻辑类 Admin，其代码如下。

```
using System;
using DAL;   //调用数据访问层
namespace BLL
{
    public class   Admin {
        private Database db = new Database();
        public bool AdminCheck(string sqlString) //定义是否存在方法
        {
            if (db.GetDataRow(sqlString) != null)
                return true;
            else
                return false;
        }
    }
}
```

注意：在编写业务逻辑类之前，需要对类库项目 BLL 添加对类库项目 DAL 的引用。否则，无法使用 using DAL 指令。

(5) 在 UI 层里，编写用于登录的窗体 Login，其前台设计视图如图 5.5.6 所示。

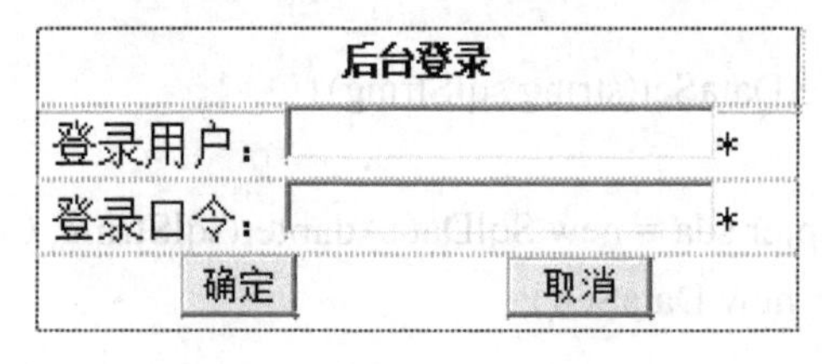

图 5.5.6　登录窗体前台设计视图

登录窗体 Login 的后台代码如下。

```
using System;
namespace TestWebForm3Layers
{
    public partial class Login : System.Web.UI.Page
    {
        private static BLL.Admin bll = new BLL.Admin(); //调用业务逻辑层
        private static Models.Admin admin = new Models.Admin(); //层调用
        protected void Page_Load(object sender, EventArgs e)
        {       //通常做初始化工作          }
        protected void btnConfirm_Click(object sender, EventArgs e)
        {
            admin.Adminuser = txtAdminuser.Text.Trim();   //属性赋值
```

```
            admin.Password = txtPassword.Text.Trim();   //属性赋值
            if (bll.AdminCheck("select * from Admin where Adminuser='" +
                                                    admin.Adminuser + "'"))
            {
                if (bll.AdminCheck("select * from Admin where Adminuser=
                              '" + admin.Adminuser + "' and Password='" +
                                                     admin.Password + "'"))
                {
                    Session.Add("adminuser_s", admin.Adminuser);
                    Response.Redirect("Default.aspx");
                }
                else
                    Response.Write("<script>alert('密码错误！');
                                              history.back();</script>");
            }
            else
                Response.Write("<script>alert('用户名不存在！');
                                              history.back();</script>");
        }
    }
}
```

注意：在编写 UI 层窗体 Login 后台代码之前，需要对 Web 项目添加对类库项目 BLL 及 Models 的引用。否则，无法使用 BLL.Admin 和 Models.Admin 指令。

5.5.5　使用三层架构的鲜花网站 Flower1

1. 通过需求分析，确定系统功能

鲜花网站的主要功能是为浏览者提供鲜花信息，为会员用户提供网络购物的平台，包括鲜花(分类)信息、会员注册、订单提交、订单查询等。此外，鲜花网站还提供站内新闻，以及用于收集用户反馈信息的留言簿功能等。

鲜花网站的用户分为一般游客、会员用户和管理员三种。一般游客不能直接购买鲜花，会员用户在购买鲜花前需要登录，一般游客经过会员注册后可以成为会员用户。

鲜花网站，与其他大多数网站一样，其功能可分为前台和后台两个部分。会员注册、会员登录、鲜花信息查询、购物车、订单查询、留言簿、网站新闻等属于前台；鲜花信息管理、网站新闻文件上传、订单状态管理和查看用户留言等属于后台。

当会员用户选择鲜花商品放入购物车并提交订单后，公司管理员会根据订单及付款情况进行配送、设置订单状态，用户签收后由公司管理员再次设置订单状态。由于下订单到最后签收需要一定的时间，因此订单状态可以分为未处理、已备货、已发货、已签收共 4 种。

2. 数据库及表间关系设计

一个成功的管理系统，是由50%的业务+50%的软件所组成，而50%的成功软件又是由25%的数据库+25%的程序所组成，数据库的设计是应用程序设计的基础环节。

注意：在数据库应用程序完成后再修改数据库的结构，会导致大量后台代码的修改。因此，应在数据库应用程序编写前，使用 E-R 图分析法仔细确定数据库中的各表结构、表的主键及表间关系。

本鲜花网站采用名为 Flower1 的 SQL Server 数据库，它包含 11 张数据表，各表的定义及其主从关系，如图 5.5.7 所示。

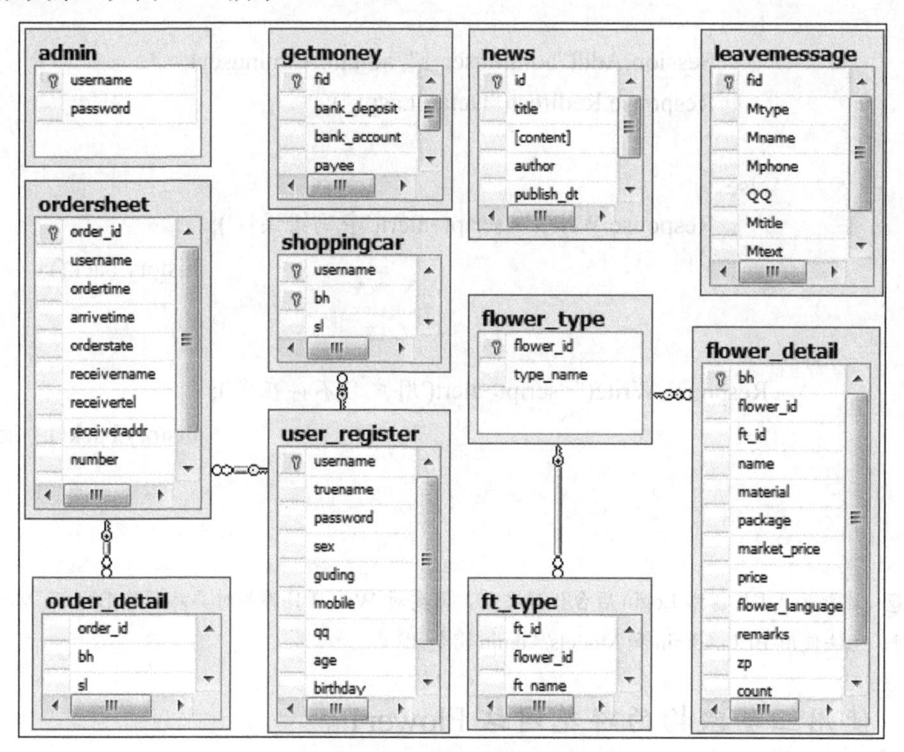

图 5.5.7　项目数据结构及表间关系

注意：本项目使用 WebForm 方式，不要求每张表定义主键，而 MVC 项目 Flower2(参见 8.5 节)则需要对每张表定义主键(因为 MVC 项目一般使用实体框架 EF)。

在上面的这些表中，除了网站新闻表 news、留言簿表 leavemessage、银行汇款表 getmoney 和管理员表 admin 外，其他表间均存在关系。

定义两个表的一对多关系时，还可以定义级联更新和级联删除，这就要求先建立主表后建立从表。例如，订单表与订单明细表存在一对多关系，一旦删除已经签收的订单，则订单明细也应删除。

建立主表(user_register)与从表(ordersheet)的 SQL 示例代码如下。

```
CREATE TABLE    user_register   (
    username    varchar(50) NOT NULL DEFAULT '',
    truename    varchar(20) DEFAULT NULL,
    password    varchar(50) DEFAULT NULL,
```

```
    sex    varchar(2) DEFAULT NULL,
    guding    varchar(50) DEFAULT NULL,
    mobile    varchar(50) DEFAULT NULL,
    qq    varchar(50) DEFAULT NULL,
    age    int DEFAULT NULL,
    birthday datetime
  PRIMARY KEY ( username ));
CREATE TABLE    ordersheet    (
    order_id    varchar(50) NOT NULL DEFAULT '',
    username    varchar(50) DEFAULT NULL    references user_register
                                   ON UPDATE CASCADE ON DELETE CASCADE,
    ordertime    datetime DEFAULT NULL,
    arrivetime    datetime DEFAULT NULL,
    orderstate    varchar(10) DEFAULT NULL,
    receivername    varchar(50) DEFAULT NULL,
    receivertel    varchar(20) DEFAULT NULL,
    receiveraddr    varchar(50) DEFAULT NULL,
    number int DEFAULT 0,
    paymoney int DEFAULT 0,
  PRIMARY KEY ( order_id )) ;
```

表 shoppingcar 定义由 2 个字段组成联合主键，以防止会员将同一种商品多次放入购物车中，其 SQL 代码如下。

```
CREATE TABLE    shoppingcar    (
    username    varchar(50) DEFAULT NULL    references user_register
                                   ON UPDATE CASCADE ON DELETE CASCADE,
    bh varchar(5) DEFAULT NULL,
    sl int DEFAULT NULL,
    PRIMARY KEY (username,bh ));
```

注意：

(1) 上面的 SQL 脚本里，通过关键字 ON UPDATE CASCADE ON DELETE CASCADE 设置了主表与从表的级联更新和级联删除。

(2) 本项目使用 WebForm 方式，不要求每个表定义主键，而 MVC 项目 Flower2(参见 8.5 节)则需要对每个表定义主键(因为 MVC 项目一般使用实体框架 EF)。

(3) 购物车具有公共特性，即所有会员添加拟购的商品都放在一个大的购物车里，这与通常在超市的购物车不同。通过使用会员登录时会员名称的 Session 值对该表中 UserName 字段过滤，可以显示登录会员的购物车(即会员拟购商品)。

3. 站点地图与导航设计

站点地图文件 Web.sitemap 的代码如下。

```
<?xml version="1.0" encoding="utf-8" ?>
<siteMap>
    <siteMapNode url="Default.aspx" title="网站首页"  description="主页">
        <siteMapNode url="Flowers.aspx" title="鲜花"
                                        description="鲜花种类、特性、价格等">
            <siteMapNode url="Flowers_Details.aspx" title="鲜花详情" />
            <siteMapNode url="Flowers_Class.aspx" title="鲜花分类" />
        </siteMapNode>
        <siteMapNode url="Search.aspx" title="商品搜索"  description="" />
        <siteMapNode url="News.aspx" title="站内新闻"  description="" />
        <siteMapNode url="LeaveMessage.aspx" title="留言簿"
                                        description="发表、查看留言" />
        <siteMapNode url="mRegister.aspx"
                                        title="会员注册"  description=""/>
        <siteMapNode url="MemLogin.aspx" title="会员注册"/>
        <siteMapNode url="MyCar.aspx" title="我的购物车">
          <siteMapNode url="OrderOK.aspx" title="订单生成"/>
          <siteMapNode url="MyOrder.aspx" title="订单查询"/>
        </siteMapNode>
        <siteMapNode url="AdminLogin.aspx" title="管理员登录"/>
        <siteMapNode url="AboutUs.aspx" title="关于我们"/>
    </siteMapNode>
</siteMap>
```

4. Web 用户控件与母版设计

位于 Web 项目的文件夹 ascx 里的 Web 用户控件 header 的设计视图，如图 5.5.8 所示。

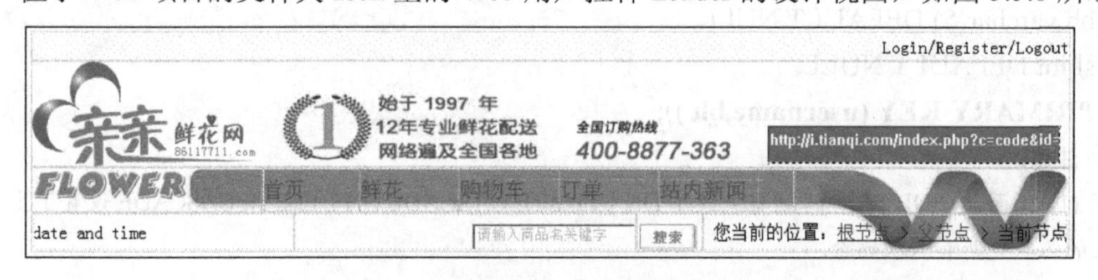

图 5.5.8　Web 用户控件 Header 的设计视图

其中，控件顶部用于显示会员的登录、注册和登出超链接，它根据会员是否已经登录而动态产生。

控件 header 的主体分为两行，第一行除了显示 Logo 等信息外，还使用了第三方提供的城市天气的插件，其代码如下。

```
http://i.tianqi.com/index.php?c=code&id=34&icon=1&num=3
```

注意：城市天气的获取，本质上是调用 Web 服务器，参见 5.6.2 小节中案例 Example5.6_2。

在头部控件 header 第二行左侧，实时显示了客户端计算机的日期与时间，它是使用客户端脚本 JavaScript 实现的。

注意：使用 ASP.NET 提供的 AJAX 控件，就能显示 Web 服务器端的日期与时间，参见 5.7.2 小节中的案例 Example5.7_1。

头部控件 header 第二行，除了使用了背景图片以及显示了导航菜单外，还有鲜花商品搜索和面包屑导航控件。

位于 Web 项目的文件夹 master 里的前台母版 frontMasterPage 的设计视图，如图 5.5.9 所示。

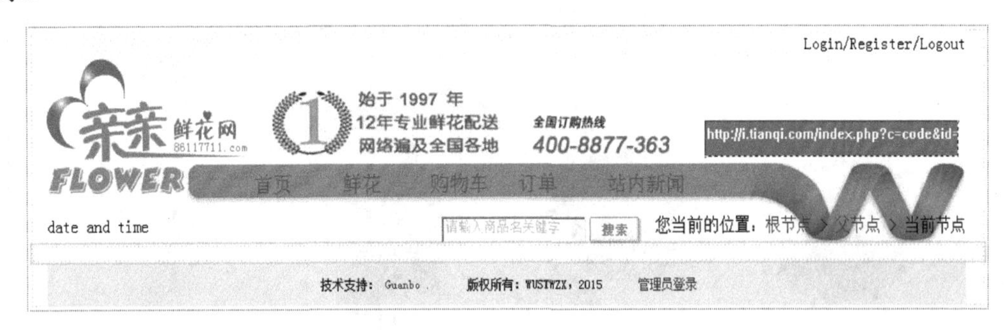

图 5.5.9　前台母版 frontMasterPage 的设计视图

其中，母版页使用了两个 Web 用户控件 header 和 footer，其头部和主体部分分别包含一个占位控件。

注意：在底部控件里，通常还增加网站在线人数的统计，参见 4.3 节中的案例 Example4.3_1。

5. 项目文件系统

使用 WebForm 三层架构的鲜花网站 Flower1，由一个 Web 项目和三个类库项目(Model、DAL 和 BLL)组成，其文件系统如图 5.5.10 所示。

解决方案'Flower1' (4 个项目)
- BLL
  - Properties
  - 引用
  - BLLCheck.cs
- DAL
  - Properties
  - 引用
  - MyDb.cs
- Model
- Web
  - Properties
  - 引用
  - admin
  - App_Data
  - ascx
  - css
  - flower_images
  - images
  - js
  - master
  - ueditor
  - AdminLogin.aspx
  - Default.aspx
  - Flowers.aspx
  - Global.asax
  - Logout.aspx
  - mRegister.aspx
  - MyCar.aspx
  - MyOrder.aspx
  - News.aspx
  - News_detail.aspx
  - OrderOK.aspx
  - packages.config
  - PutCar.aspx
  - Search.aspx
  - Web.config
  - Web.sitemap

图 5.5.10　项目文件系统

6. 项目主要功能页面

项目 Flower1 的主页，应用了前台母版页 frontMasterPage，其主体部分显示了 8 种推荐商品，其相关信息通过查询数据库表 flower_detail 而得到。项目主页的浏览效果，如图 5.5.11 所示。

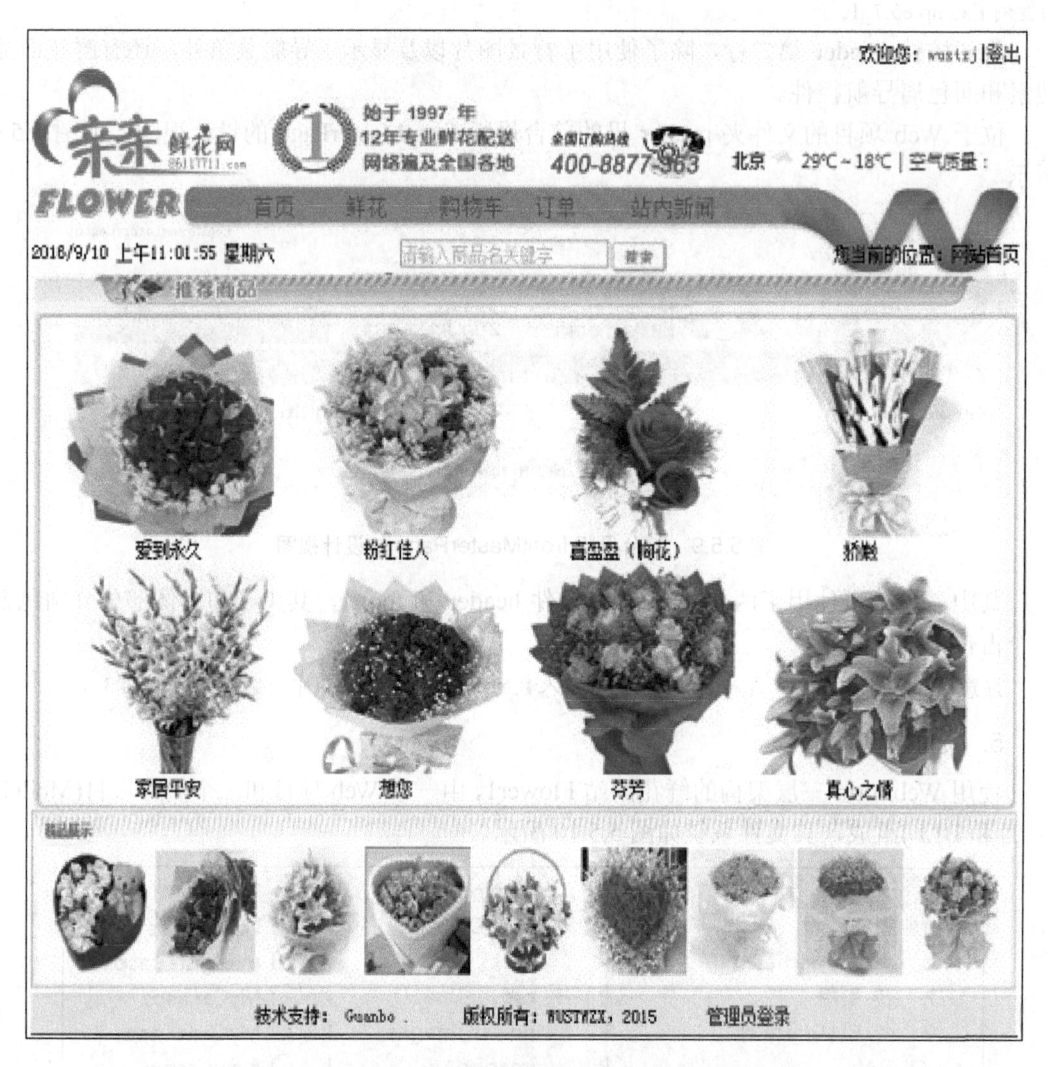

图 5.5.11 项目 Flower1 的主页浏览效果(会员登录后)

因为在 Web 用户控件 header 的后台代码里，定义了如下事件过程。

```
protected void ImageButton1_Click(object sender, ImageClickEventArgs e)
{
    Session["spKey"] = TextBox_sou.Text.Trim();   //供前台功能页面使用
    Response.Redirect("Search.aspx");
}
```

所以，在任何使用了母版的前台功能页面里，能够调用窗体 Search 进行鲜花商品搜索，Search.aspx.cs 文件的相关代码如下。

```
//因为商品搜索文本框在Web用户控件header里，所以使用Session传值
if (Session["spKey"] != null) {
        temp = (string)Session["spKey"];   //类型转换
        temp = "%" + temp.Trim() + "%";
        sql = "select * from flower_detail where name like @p";
        SqlParameter[] param = { new SqlParameter("p", temp) };
        DataTable dt = MyDb.getMyDb().GetRecords(sql, param);
        if (dt.Rows.Count > 0){
                AspNetPager1.RecordCount = dt.Rows.Count;
                BindData();
        }
        else
          Response.Write("<script>alert('没有搜索到匹配的商品！);
                                        location.href='Default.aspx'</script>");
}
```

在搜索文本框内输入关键字“生”后的搜索结果，如图 5.5.12 所示。

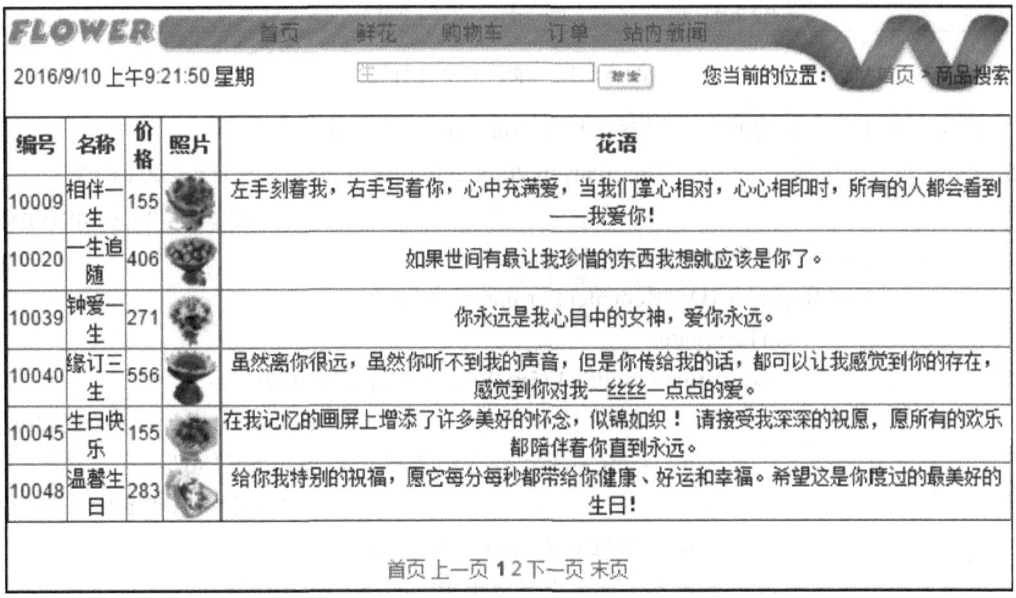

FLOWER　首页　鲜花　购物车　订单　站内新闻

2016/9/10 上午9:21:50 星期　生　搜索　您当前的位置：首页 > 商品搜索

编号	名称	价格	照片	花语
10009	相伴一生	155		左手刻着我，右手写着你，心中充满爱，当我们掌心相对，心心相印时，所有的人都会看到——我爱你！
10020	一生追随	406		如果世间有最让我珍惜的东西我想就应该是你了。
10039	钟爱一生	271		你永远是我心目中的女神，爱你永远。
10040	缘订三生	556		虽然离你很远，虽然你听不到我的声音，但是你传给我的话，都可以让我感觉到你的存在，感觉到你对我一丝丝一点点的爱。
10045	生日快乐	155		在我记忆的画屏上增添了许多美好的怀念，似锦如织！ 请接受我深深的祝愿，愿所有的欢乐都陪伴着你直到永远。
10048	温馨生日	283		给你我特别的祝福，愿它每分每秒都带给你健康、好运和幸福。希望这是你度过的最美好的生日！

首页 上一页 1 2 下一页 末页

图 5.5.12　输入关键字“生”后的搜索结果

项目的鲜花页面 Flowers，也是应用了前台母版页 frontMasterPage，其主体部分应用第三方分页控件 AspNetPager 分页显示了所有鲜花商品，浏览效果如图 5.5.13 所示。

图 5.5.13 项目的鲜花页面

鲜花页面 Flowers 的前台使用容器控件 Repeater，其主体代码如下。

```
<div style="width:940px;height:520px;margin:20px auto 0px auto;border:1px #CCCCCC
                                                        solid;padding-top:20px;">
    <div style="width:938px;height:440px;">
        <asp:Repeater ID="Repeater1" runat="server">
            <ItemTemplate>
                <div style="width:185px;height:240px;float:left;
                                              text-align:center;font-size:12px;">
                    <div><img src='<%#Eval("zp") %>' width="180"
                                                   height="160" alt=""/></div>
                    <div><%#Eval("name")%></div>
                    <div>价格：<%#Eval("price")%>元</div>
                    <div>
                        <a href='PutCar.aspx?bh=<%#Eval("bh")%>'><img src=
                              "images/putCar.jpg" width="85" height="30" /> 
                        <a href='Flowers_Details.aspx?bh=<%#Eval("bh")%>'>
```

```
                                    <img src="images/flowerDetails.jpg" height="20"
                                                            width="40" /></a></div>
                              </div></ItemTemplate></asp:Repeater><br /></div>
    <div style="width:938px;height:30px;text-align:center;float:none;">
        <webdiyer:AspNetPager ID="AspNetPager1" runat="server"
             NumericButtonCount="20" onpagechanged="AspNetPager1_PageChanged"
            FirstPageText="首页" LastPageText="末页" NextPageText="下一页"
                                          PrevPageText="上一页"/>   </div>
  </div>
```

鲜花页面 Flowers 的后台文件代码如下。

```
using System;
using System.Data;
using System.Data.SqlClient;
using DAL;
namespace Flower1
{
    public partial class Flower : System.Web.UI.Page
    {
        string sql;
        protected void Page_Load(object sender, EventArgs e)
        {
            if (!IsPostBack)
            {
                sql = "select * from flower_detail";
                DataTable dt = MyDb.getMyDb().GetRecords(sql);
                AspNetPager1.RecordCount = dt.Rows.Count;   //分页控件属性赋值
                BindData();
            }
        }
        void BindData()
        {
            sql = "select * from flower_detail";
            //查询指定页记录后由容器控件显示
            Repeater1.DataSource = MyDb.getMyDb().GetRecordsWithPage(
                          sql,AspNetPager1.PageSize, AspNetPager1.CurrentPageIndex);
            Repeater1.DataBind();
        }
        protected void AspNetPager1_PageChanged(object sender, EventArgs e)
```

```
            {
                BindData();     //当重新选择页时执行
            }
        }
}
```

会员登录后，可以添加商品至购物车，并可随时查看购物车和修改购物车，窗体页面 MyCar 的浏览效果，如图 5.5.14 所示。

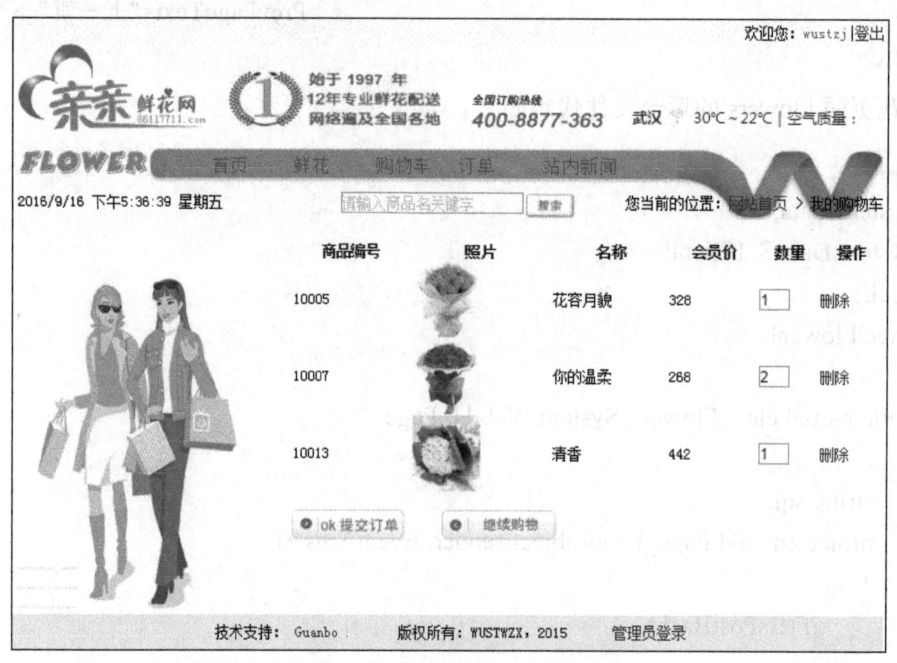

图 5.5.14　我的购物车页面

会员提交订单时，在窗体 MyCar 的后台中将完成如下工作。

- 生成订单记录，以当前时间戳为订单 ID。此外，包含下单人、接收人、订单状态、下单时间等信息。
- 将当前会员的订单明细写入订单明细表，计算本订单的商品总件数和总金额，同时建立商品总件数和总金额的 Session 信息，以供订单生成页面 OrderOK 使用。
- 删除当前会员在购物车里的相关记录。

窗体页面 MyCar 的后台代码如下。

```
using System;
using System.Data;
using System.Web.UI;
using System.Web.UI.WebControls;
using System.Data.SqlClient;
using DAL;
namespace Flower1
```

```
{
    public partial class MyCar : System.Web.UI.Page
    {
        //定义如下几个类的成员属性，数组不能重复定义
        SqlParameter[] param1 = new SqlParameter[1]; //包含1个元素的空数组
        SqlParameter[] param2=new SqlParameter[3];//包含3个元素的空数组
        string sql;
        string who;  // 会员
        static DataTable dt;  //必须定义为static存储方式
        protected void Page_Load(object sender, EventArgs e)
        {
            if (Session["UserName"] != null)
            {
                if (!IsPostBack){ //初始化工作只做一次,给Repeater控件绑定数据源
                    who = (string)Session["UserName"];
                    sql = "select shoppingcar.username,flower_detail.bh,name,price,zp,sl
                                        from shoppingcar,flower_detail ";
                    sql += "where shoppingcar.username=@p and
                                    shoppingcar.bh=flower_detail.bh";  //连接查询
                    param1[0] = new SqlParameter("p", who);  //参数数组元素赋值
                    dt = MyDb.getMyDb().GetRecords(sql, param1);
                    Repeater1.DataSource =dt;  //数据源
                    Repeater1.DataBind();
                }
            }
            else
                Response.Write("<script>alert('登录后才能查看购物车！');
                                        location.href='Default.aspx';</script>");
        }
        protected void ImageButton1_Click(object sender, ImageClickEventArgs e)
        {
             // 将相关数据先后写入表ordersheet和order_detail
             // 需要遍历Repeater控件的数据源记录
             string temp1, temp2;  //order_detail表包含3个字段
            //以时间戳作为订单ID
            temp1 = Convert.ToInt64((DateTime.UtcNow - new DateTime(1970,
                                1, 1, 0, 0, 0, 0)).TotalSeconds).ToString();
            int totalNum = 0, totalRMB = 0; //件数及总金额
            for (int i = 0; i < dt.Rows.Count; i++) {    //遍历所有记录
```

```
            //找文本框控件
            TextBox tb = (TextBox)Repeater1.Items[i].FindControl("TextBox1");
            totalNum += int.Parse(tb.Text);
            totalRMB += int.Parse(tb.Text) * (int)dt.Rows[i]["price"];
        }
        //写入订单表ordersheet
        sql = "insert into ordersheet (order_id,username,ordertime,orderstate,
                        number,paymoney) values(@p1,@p2,@p3,@p4,@p5,@p6)";
        SqlParameter[] param3= { new SqlParameter("p1", temp1),
                new SqlParameter("p2", who), new SqlParameter("p3", DateTime.Now),
                  new SqlParameter("p4","未签收"),new SqlParameter("p5", totalNum),
                                        new SqlParameter("p6",totalRMB)};
        MyDb.getMyDb().cud(sql, param3);
        for (int i = 0; i < dt.Rows.Count; i++) //写入订单明细表
        {
            sql = "insert into order_detail   (order_id,bh,sl) values(@p1,@p2,@p3)";
            param2[0] = new SqlParameter("p1", temp1);   //订单ID
            temp2 = dt.Rows[i]["bh"].ToString();   //获取商品编号
            param2[1] = new SqlParameter("p2", temp2);
            //商品编号，找容器控件Repeater内嵌的文本框控件
            TextBox tb = (TextBox)Repeater1.Items[i].FindControl("TextBox1");
            param2[2] = new SqlParameter("p3", tb.Text);  //商品数量
            MyDb.getMyDb().cud(sql, param2);
        }
        //建立Session信息，调用传值
        Session["ddh"] = temp1;   //建立订单号Session信息
        Session["TotalNum"] = totalNum.ToString(); //建立总数量Session信息
        Session["TotalRMB"] = totalRMB.ToString();   //建立总金额Session信息
        //删除购物车中的相关记录
        sql = "delete from shoppingcar where username=@p";
        SqlParameter[] temp4 = { new SqlParameter("p", Session["UserName"]) };
        MyDb.getMyDb().cud(sql,temp4);  //执行删除查询
        Response.Redirect("/OrderOK.aspx");   //转至订单生成页面
    }
  }
}
```

进入订单生成页面 OrderOK 后，显示订单的相关信息和开户行信息。同时，要求输入商品接收人的相关信息。订单生成页面的浏览效果，如图 5.5.15 所示。

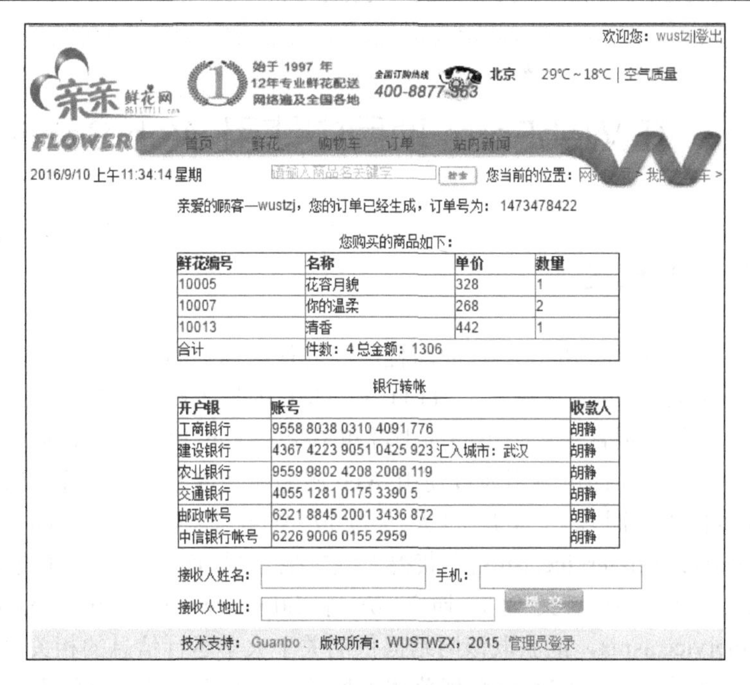

图 5.5.15　Flower1 项目订单生成页面

管理员在后台设置订单状态，会员在前台随时可查询订单状态。此外，管理员还可以查看所有订单、删除已经签收的订单等。

管理员还可以对商品、会员进行管理。例如，增加鲜花商品的窗体页面效果，如图 5.5.16 所示。

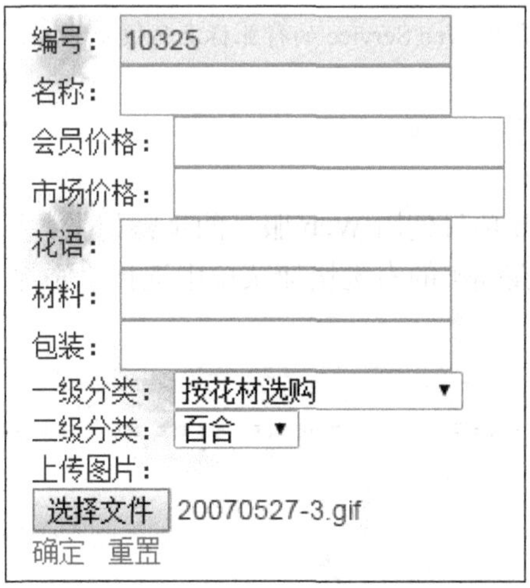

编号：10325
名称：
会员价格：
市场价格：
花语：
材料：
包装：
一级分类：按花材选购
二级分类：百合
上传图片：
选择文件 20070527-3.gif
确定　重置

图 5.5.16　增加鲜花商品的窗体页面

注意：

(1) 编号字段值是自动产生的，可通过设置 TextBox 的属性 Enabled="false"实现不可输入。

(2) 两个下拉列表是联动的，需要设置第一个下拉列表在选择改变后引起的页面回发。

(3) 鲜花图片文件的上传，参见 5.8.2 小节中的案例 Example5.8_2。

5.6 在 WebForm 项目中使用 Web Service

5.6.1 Web 服务概述

Web 服务(Web Service)也是一种应用程序，它使用标准的互联网协议，将功能体现在互联网或企业内网上。目前，这种基于 HTTP 和 XML 的技术已经成为分布式应用的主要方式。在大型企业，数据通常来源于不同的平台和系统，Web 服务为这种情况下的数据集成提供了一种便捷的方式，即可调用通过使用 Web 服务而获取的其他系统中的数据。

例如，通过调用国家气象局的天气预报 Web 服务(http://www.webxml.com.cn/WebServices/WeatherWebService.asmx)来获得天气预报数据，而不用管天气预报程序的实现，也不用对其进行维护。又如，通过访问 http://www.webxml.com.cn/WebServices/TrainTimeWebService.asmx，能获取该网站提供的关于火车运行信息的相关 Web 服务。

Web 服务是行业标准，它有一套规范体系标准，而且在持续不断的更新完善中，也即 Web Service 规范，它使用基于 XML 的简单对象访问协议 Soap 来实现分布式环境里应用程序之间的数据交互，使用 WSDL 文档来描述 Web 服务接口。

注意：

(1) SOAP 建立在 HTTP 的基础之上，具备把复杂对象序列化并捆绑到 XML 中的能力。

(2) WCF(Windows communication foundation)是一个分布式应用的开发框架，在一定程度上就是 ASP.NET Web Service，因为它支持 Web Service 的行业标准和核心协议。

5.6.2 使用 Web 服务

在 VS 2015 中，对 Web 项目使用 Web 服务的步骤如下。

(1) 右击 Web 项目，在弹出的右键快捷菜单中选择“添加”→“服务引用”，弹出如图 5.6.1 所示的对话框。

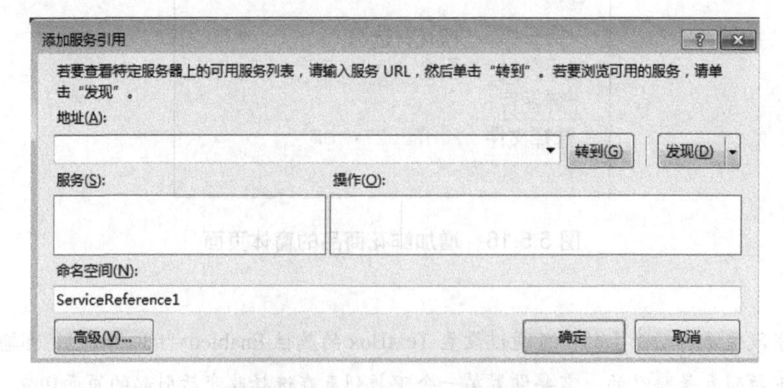

图 5.6.1　添加服务引用对话框

注意：对项目添加服务引用，不同于以前使用 NuGet 添加引用程序集或 WebForm 三层架构中项目间的引用。

(2) 单击“高级(V)...”按钮，弹出“服务引用设置”对话框，如图 5.6.2 所示。

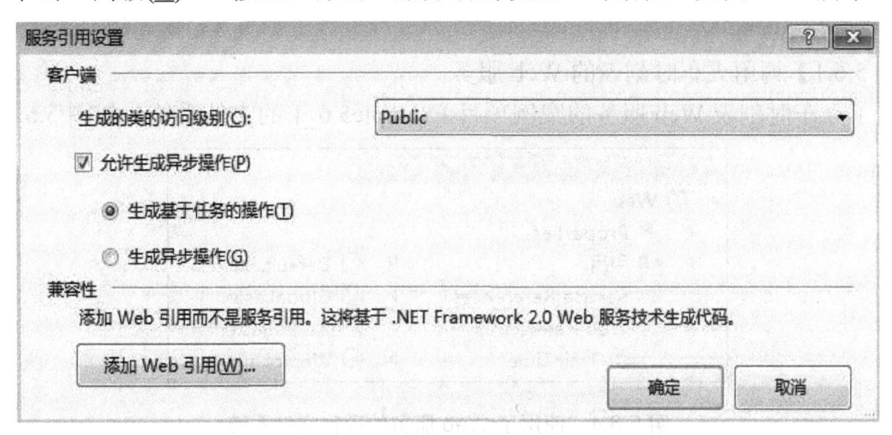

图 5.6.2　“服务引用设置”对话框

(3) 单击“添加 Web 引用(W)...”按钮后，弹出如图 5.6.3 所示的对话框。在 URL 文本框中正确输入 Web 服务地址并单击按钮 后，即可出现 Web 服务所提供的方法，如图 5.6.3 所示。

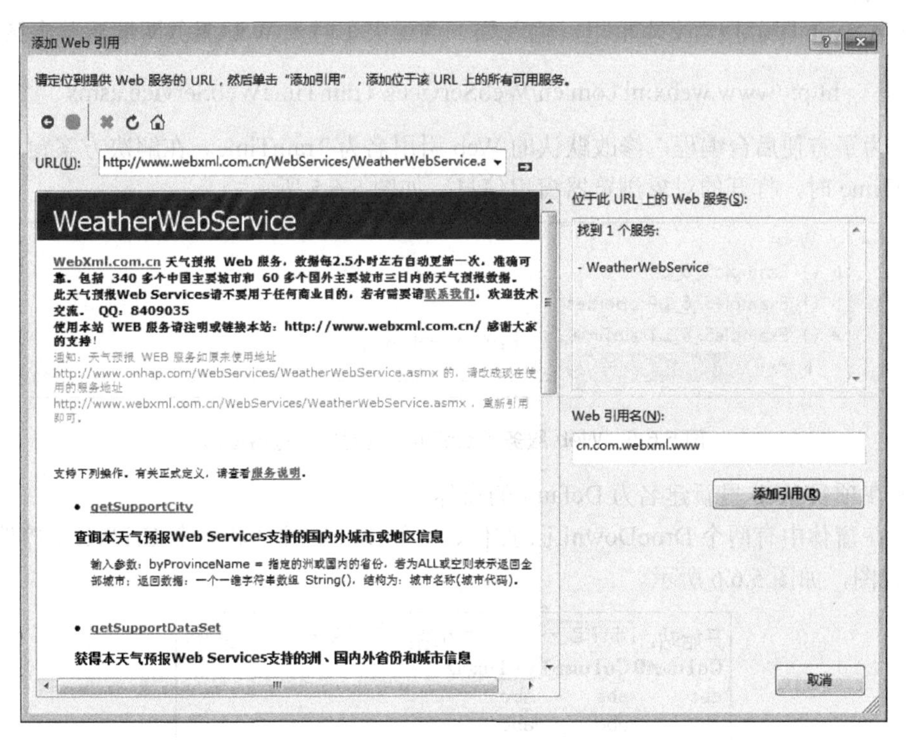

图 5.6.3　“添加 Web 引用”对话框

(4) 修改默认的 Web 引用名(也可以不修改)，最后在窗体后台代码里，先创建 Web 服务类的实例进而调用其服务方法。

注意：

(1) 调用 Web 服务，就是使用远程服务类。使用时，服务类名要加上前缀“Web 引用名.”。

(2) 在“添加 Web 引用”对话框里，也提供了对本解决方案里 Web 服务的调用(如果有的话)，参见 5.6.3 小节。

【例 5.6.1】调用火车时刻表的 Web 服务。

使用了火车时刻表 Web 服务的案例项目 Example5.6_1 的文件系统，如图 5.6.4 所示。

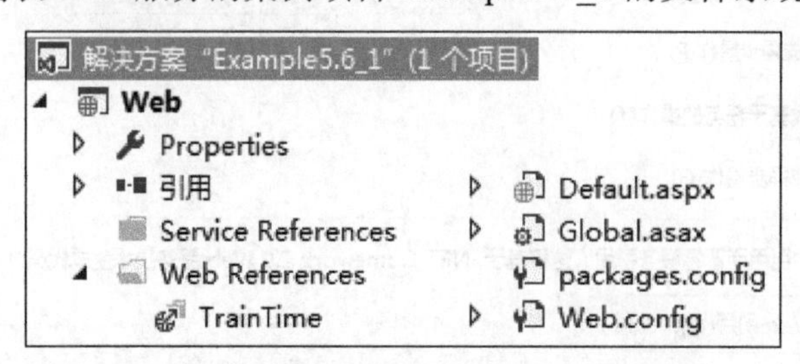

图 5.6.4　使用了 Web 服务的项目文件系统

【操作步骤】

(1) 新建名为 Example5.6_1 的 WebForm 项目，修改解决方案管理器的项目名为 Web。

(2) 右击项目 Web，在弹出的右键快捷菜单中选择“添加”→“服务引用”→“高级”→“Web 引用”。

(3) 在 Web 服务搜索文本框里，输入如下调用火车时刻 Web 服务网址后单击按钮 ➡。

```
http://www.webxml.com.cn/WebServices/TrainTimeWebService.asmx
```

(4) 为了方便后台编程，修改默认的 Web 引用名为 TrainTime。在解决方案窗口里，双击 TrainTime 时，打开的对象浏览器窗口信息，如图 5.6.5 所示。

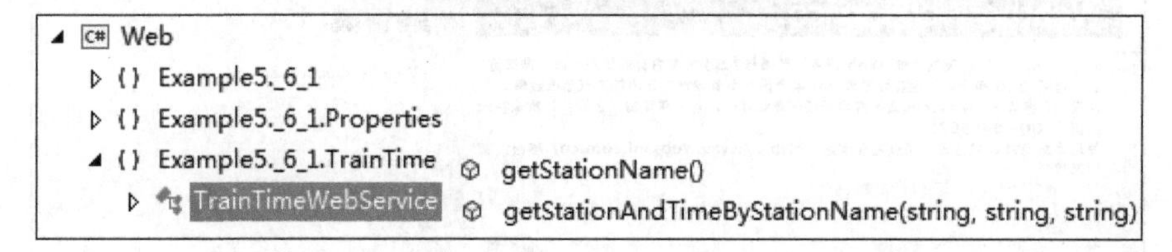

图 5.6.5　Web 服务 TrainTime 的对象浏览器窗口

(5) 在项目 Web 里新建名为 Default 的窗体。

(6) 在窗体中有两个 DropDownList 控件、一个 Button 控件和一个 GridView 控件，窗体的设计视图，如图 5.6.6 所示。

开始站：未绑定　　终点站：未绑定　　查询

Column0	Column1	Column2
abc	abc	abc
abc	abc	abc
abc	abc	abc
abc	abc	abc
abc	abc	abc

图 5.6.6　窗体设计视图

(7) 双击 Button 控件，打开窗体后台代码窗口，窗体后台的完整代码如下。

```
using System;
using System.Data;
namespace Example5.6_1
{
    public partial class Default : System.Web.UI.Page
    {
        string StartStation, ArriveStation;
        DataSet ds;
        TrainTime.TrainTimeWebService ttService =
                                    new TrainTime.TrainTimeWebService();
        protected void Page_Load(object sender, EventArgs e)
        {
            string[] str = ttService.getStationName();
            for(int i = 0; i < str.Length; i++)
            {
                DropDownList1.Items.Add(str[i]);
                DropDownList2.Items.Add(str[i]); //对开列车
            }
        }
        protected void Button1_Click(object sender, EventArgs e)
        {
            StartStation = DropDownList1.Text;
            ArriveStation = DropDownList2.Text;
            ds = ttService.getStationAndTimeByStationName(StartStation, ArriveStation, "");
            GridView1.DataSource = ds.Tables[0].DefaultView;
            GridView1.DataBind();
        }
    }
}
```

注意：

(1) 双击解决方案窗口里的 Web 引用名 TrainTime，则可以查看它包含的命名空间。

(2) 创建 TrainTimeWebService 实例时，若省略前缀的 Web 引用名“TrainTime”，则需要引用相应的命名空间。

此时，项目文件系统如图 5.6.7 所示。

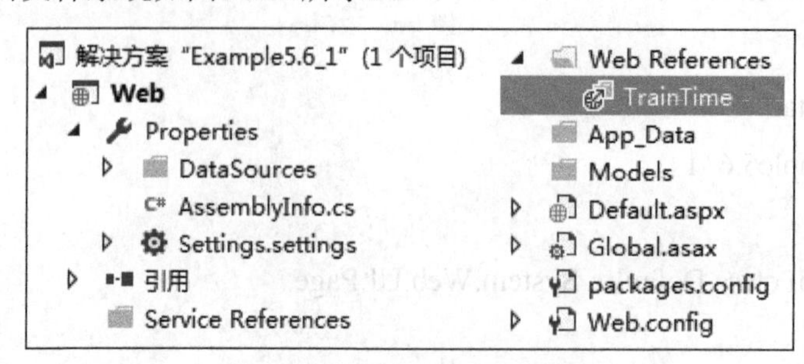

图 5.6.7　项目文件系统

【运行效果】使用 Ctrl+F5 快捷键，得到页面浏览效果如图 5.6.8 所示。

开始站：武昌　　终点站：北京西　　查询

TrainCode	FirstStation	LastStation	StartStation	StartTime	ArriveStation	ArriveTime	KM	UseDate
K158	湛江	北京西	武昌	15:32:00	北京西	05:50:00	1225	38:18
K22	桂林北	北京西	武昌	07:12:00	北京西	22:45:00	1225	39:33
K472	昆明	北京西	武昌	00:40:00	北京西	16:38:00	1225	15:58
K600\K597	广州	包头	武昌	04:10:00	北京西	21:00:00	1225	40:50
T168	南昌	北京西	武昌	23:59:00	北京西	13:09:00	1225	13:10
T290\T287	南宁	北京西	武昌	05:32:00	北京西	17:43:00	1225	36:11
Z150	贵阳	北京西	武昌	10:28:00	北京西	21:36:00	1225	35:08
Z162	昆明	北京西	武昌	20:22:00	北京西	06:48:00	1225	34:26
Z202	三亚	北京西	武昌	20:16:00	北京西	06:42:00	1225	10:26
Z286	南宁	北京西	武昌	03:32:00	北京西	13:49:00	1225	10:17
Z36	广州	北京西	武昌	03:26:00	北京西	13:43:00	1225	10:17
Z38	武昌	北京西	武昌	20:28:00	北京西	06:54:00	1225	10:26
Z4178	武昌	北京西	武昌	12:12:00	北京西	22:47:00	1225	10:35
Z54	昆明	北京西	武昌	10:36:00	北京西	21:42:00	1225	35:06
Z6	南宁	北京西	武昌	23:29:00	北京西	09:55:00	1225	10:26
Z78	贵阳	北京西	武昌	01:33:00	北京西	12:10:00	1225	34:37
Z98	广州东	北京西	武昌	04:54:00	北京西	15:13:00	1225	10:19

图 5.6.8　项目运行效果

【例 5.6.2】调用天气 Web 服务。

【操作步骤】

(1) 新建名为 Example5.6_2 的 WebForm 项目，修改解决方案管理器的项目名为 Web。

(2) 右击项目 Web，在弹出的右键快捷菜单中选择“添加”→“服务引用”→“高级”→“Web 引用”。

(3) 在地址栏输入调用天气 Web 服务的网址如下。

```
http://www.webxml.com.cn/WebServices/WeatherWebService.asmx
```

(4) 为方便后台编程，修改默认的 Web 服务引用名为 WeatherService。

(5) 在项目 Web 里新建名为 Default 的窗体，其后台代码如下。

```
using System;
namespace Example5._6_2
{
    public partial class Default : System.Web.UI.Page
```

```
    {
        protected void Page_Load(object sender, EventArgs e)
        {
            WeatherService.WeatherWebService wws =
                                    new WeatherService.WeatherWebService();
            //WeatherWebService是Web服务类(名)
            //WeatherService是Web服务的引用名
            string[] weather = wws.getWeatherbyCityName("武汉");
            Response.Write("武汉今日：  " + weather[6].ToString()
                                    .Substring(7) + " " + weather[5].ToString());
        }
    }
}
```

(6) 使用 Ctrl+F5 快捷键，得到的页面浏览效果如图 5.6.9 所示。

武汉今日：云转晴 27℃/36℃

图 5.6.9　项目运行效果

注意：连续按 F5 键刷新页面，会出现警告信息“请勿高速访问。联系我们：http://www.webxml.com.cn/”。

(7) 在项目 Web 里新建名为 DefaultPro 的窗体，在其后台代码里，使用数据缓存技术，以解决按 F5 键刷新页面时出现警告的问题，其完整代码如下。

```
using System;
using System.Web;
using System.Web.Caching;
namespace Example5._6_2
{
    public partial class DefaultPro : System.Web.UI.Page
    {
        protected void Page_Load(object sender, EventArgs e)
        {
            WeatherService.WeatherWebService wws =
                                    new WeatherService.WeatherWebService();
            string cacheName = "cache_weather"; //Cache名，数据缓存
            string[] weather = (string[])
                            HttpContext.Current.Cache[cacheName];  //读取缓存信息
            if (weather == null) //不存在该缓存项(或者已经移除)或者过期
            {
                weather = (string[])wws.getWeatherbyCityName("武汉");
                lock (cacheName)
```

```
            {
                //建立缓存信息
                HttpContext.Current.Cache.Insert(cacheName, weather,
                                null, DateTime.MaxValue, TimeSpan.FromMinutes(10),
                                        CacheItemPriority.NotRemovable, null);
                //缓存10分钟数据
            }
        }
        Response.Write("武汉今日： " + weather[6].ToString()
                                .Substring(7) + " " + weather[5].ToString());
    }
  }
}
```

(8) 使用 Ctrl+F5 快捷键，出现天气信息，按 F5 键刷新页面，不会出现警告信息。

5.6.3　自定义 Web 服务及其使用

在 Web 项目里，创建 Web 服务的方法如图 5.6.10 所示。

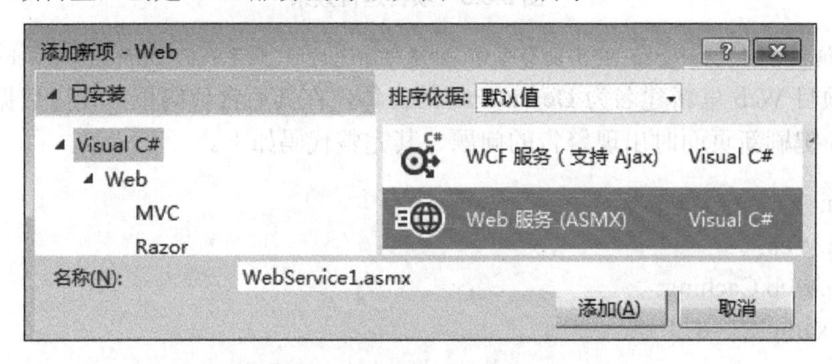

图 5.6.10　创建 Web 服务对话框

注意：在 VS 中，使用 Ctrl+F5 快捷键可浏览 Web 服务，进而测试其方法(尽管返回的是 XML 数据)。

【例 5.6.3】自定义 Web 服务及其使用示例。

自定义 Web 服务及其使用示例项目 Example5.6_3，其文件系统如图 5.6.11 所示。

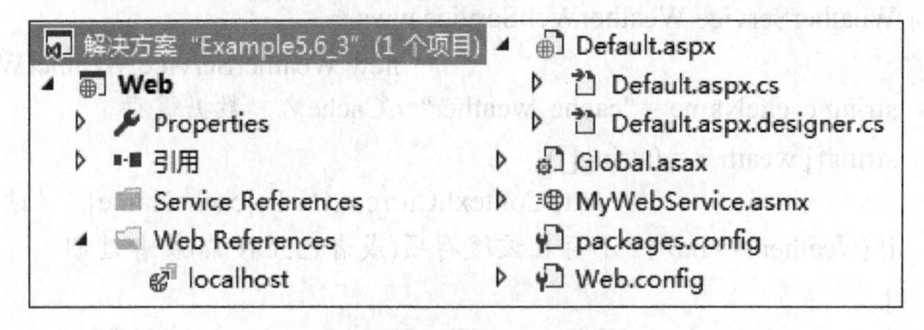

图 5.6.11　项目文件系统

【操作步骤】

(1) 新建名为 Example5.6_3 的 WebForm 项目，修改解决方案管理器中的项目名为 Web。

(2) 右击 Web 项目名，在“添加新项”对话框里，选择 Web 服务(ASMX)，输入名称 MyWebService。

(3) 在 MyWebService.asmx 里添加两个整数做四则运算的服务方法 GetTotal()，见下面代码的粗体部分，其具体代码如下。

```
using System.Web.Services;
namespace Example5.6_3
{
    [WebService(Namespace = "http://tempuri.org/")]
    [WebServiceBinding(ConformsTo = WsiProfiles.BasicProfile1_1)]
    [System.ComponentModel.ToolboxItem(false)]
    // 若要允许使用 ASP.NET AJAX 从脚本中调用此 Web 服务，请取消以下行的注释
    // [System.Web.Script.Services.ScriptService]
    public class MyWebService : System.Web.Services.WebService
    {
        [WebMethod]
        public string HelloWorld()
        {
            return "Hello World";
        }
        [WebMethod]
        public int GetTotal(string s, int x, int y)
        {
            if (s == "+")
                return x + y;
            else if (s == "-")
                return x - y;
            else if (s == "*")
                return x * y;
            else if (s == "/")
                return x / y;
            else
                return 0;
        }
    }
}
```

(4) 右击 Web 项目，在弹出的右键快捷菜单中选择“添加”→“服务引用”→“高级”→“Web 引用”→“此解决方案中的 Web 服务”。

(5) 选择对 MyWebService 的引用，并采用默认的 Web 服务引用名称 localhost。

(6) 新建窗体 Default，在其后台代码的 Page_Load()事件过程里编写如下代码。

```
protected void Page_Load(object sender, EventArgs e)
{
    localhost.MyWebService mws = new localhost.MyWebService();
    //因为是本项目Web服务，所以上面的"localhost."可省略
    Response.Write(mws.GetTotal("*", 5, 6));   //输出30
}
```

5.7 AJAX 控件的使用

5.7.1 ASP.NET AJAX 控件及其作用

1. AJAX 技术概述

AJAX 是 Asynchronous JavaScript and XML 的英文缩写。传统的 Web 应用程序开发模式是：对于客户端的 HTTP 请求，Web 服务器将响应的 HTML 数据直接发送至客户端浏览器；使用 AJAX 技术后，服务器页面不直接向 HTML 页面传输信息，而是通过 JS 脚本作为中间者，这样不会刷新客户端的整个页面(而是局部刷新)。

AJAX 也称为异步(asynchronous)传输，其最大好处是改善了用户体验(尤其是用于实时股票系统中)。原始的 AJAX 使用，其过程较为烦琐，一般使用 AJAX 核心对象 XMLHttpRequest，它出现在 JS 脚本程序里，并通过创建其 open()方法来与 Web 服务器通信。

AJAX 与传统的 Web 应用程序比较，如图 5.7.1 所示。

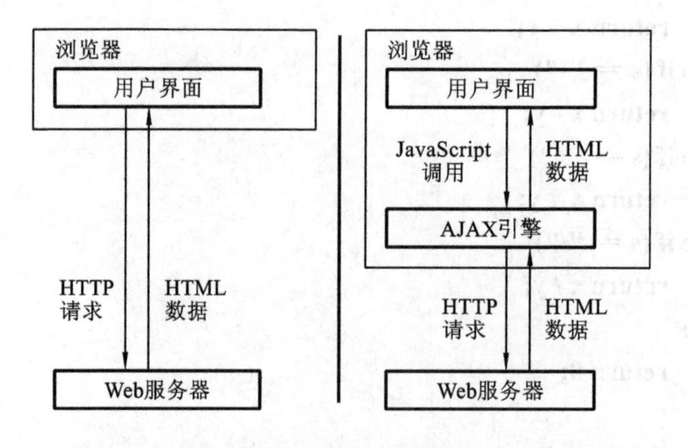

图 5.7.1　使用 AJAX 技术的 Web 应用程序与传统的 Web 应用程序比较

注意：表 3.2.1 最后的四个 jQuery 方法，均可实现 AJAX 异步传输功能。

在 VS 工具箱“AJAX 扩展”选项里，有一组相关控件(不只是一个控件！)，用于开发

实现服务器端与客户端的异步传输功能的页面，如图 5.7.2 所示。

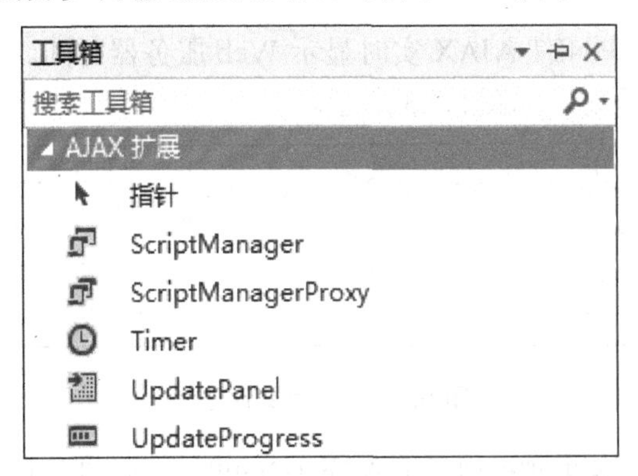

图 5.7.2 VS 2015 工具箱内的 AJAX 扩展控件

2. 脚本管理器控件 ScriptManager

ScriptManager 控件是 ASP.NET AJAX 核心控件，管理窗体页面的所有 ASP.NET AJAX 资源，用来处理页面上的所有 ASP.NET AJAX 组件以及局部的页面更新，生成相关的客户端脚本。所有需要支持 ASP.NET AJAX 的 ASP.NET 页面上有且只能有一个 ScriptManager 控件，ScriptManager 控件的 EnablePartialRendering 属性的默认值为 True。页面上使用 ScriptManager 控件，以启用下列 ASP.NET 的 AJAX 功能。

注意：原生的 AJAX 技术是通过 XMLHttpRequest 对象来实现的，本节介绍的方法则是通过 ASP.NET 的 ScriptManager 控件实现，后者是对前者的再封装，以方便使用。

3. UpdatePanel 控件

UpdatePanel 控件用于刷新 Web 窗体页中的选定部分，而不是使用同步回发来刷新整个页面。UpdatePanel 控件控制页面的局部更新功能依赖于 ScriptManager 控件的 EnablePartialRendering 属性，如果这个属性设置为 false，则局部更新会失去作用。

UpdatePanel 控件的<ContentTemplate>部分通常包含有更新的控件(如 Label 等)和定时器控件。

UpdatePanel 控件的<Triggers>部分可以包含 AsyncPostBackTrigger 和 PostBackTrigger。PostBackTrigger 控件会回发完整的页面，而 AsyncPostBackTrigger 控件只执行异步页面回发。

4. Timer 控件

Timer 控件按定义的时间间隔(使用 Interval 属性)执行回发，使用 Timer 控件来发送整个页，或将其与 UpdatePanel 控件一起使用以按定义的时间间隔执行部分页的更新。

5. UpdateProgress 控件

UpdateProgress 控件提供有关 UpdatePanel 控件中的部分页更新的状态信息。

注意：若要使用 UpdatePanel、UpdateProgress 和 Timer 控件，则需要 ScriptManager 控件。

5.7.2 AJAX 应用示例

页面的局部刷新是 ASP.NET AJAX 技术的最基本的用法，下面介绍两个使用 ASP.NET

AJAX 的示例。

【例 5.7.1】使用 ASP.NET AJAX 实时显示 Web 服务器时间。

完成后的项目文件系统，如图 5.7.3 所示。

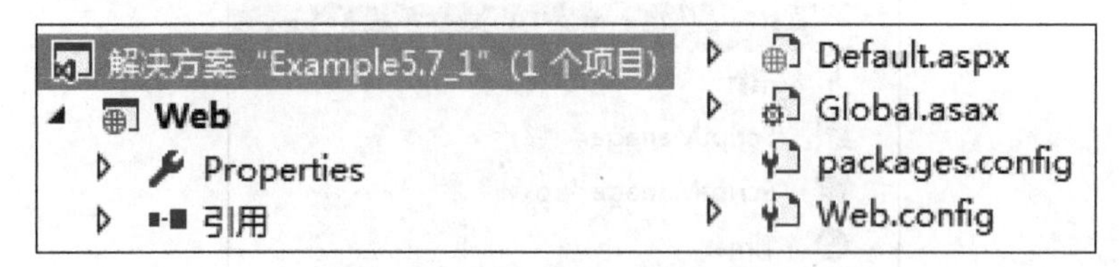

图 5.7.3　项目文件系统

【设计方法】新建 WebForm 项目的窗体 Default，选择拆分模式，添加 ScriptManager 控件、UpdatePanel 控件、Timer 控件和 Label 控件各一个，窗体页面的设计效果如图 5.7.4 所示。

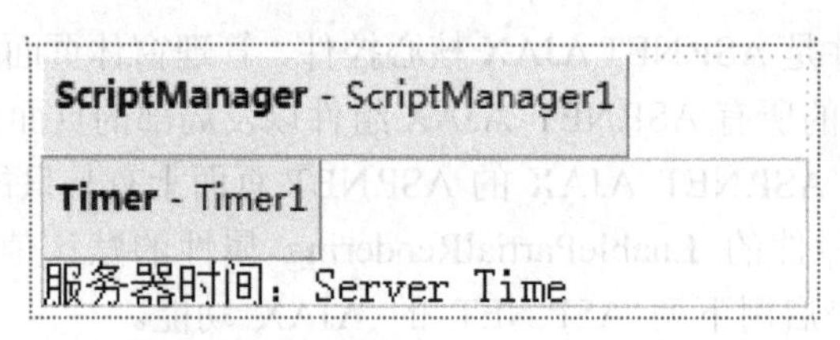

图 5.7.4　窗体前台设计效果

窗体前台的完整代码如下。

```
using System;
<%@ Page Language="C#" AutoEventWireup="true"
                    CodeBehind="Default.aspx.cs" Inherits="Example5._7_1.Default" %>
<!DOCTYPE html>
<html xmlns="http://www.w3.org/1999/xhtml">
<head runat="server">
<meta http-equiv="Content-Type" content="text/html; charset=utf-8"/>
    <title>使用ASP.NET AJAX控件，实时显示Web服务器端时间</title>
</head>
<body>
    <form id="form1" runat="server">
        <asp:ScriptManager ID="ScriptManager1" runat="server"
                                        EnablePartialRendering="true"/>
        <asp:UpdatePanel ID="UpdatePanel1" runat="server">
            <ContentTemplate>
                <asp:Timer ID="Timer1" runat="server" Interval="1000"/>
                服务器时间: <asp:Label ID="Label1" runat="server"
                                                Text="Server Time" />
```

```
        </ContentTemplate>
      </asp:UpdatePanel>
    </form>
</body>
</html>
```

注意：Label 控件和 Timer 控件需要放在<ContentTemplate>标记内，否则，创建时会报错。

窗体后台的完整代码如下。

```
using System;
namespace Example5._7_1
{
    public partial class Default : System.Web.UI.Page
    {
        protected void Page_Load(object sender, EventArgs e)
        {
            Label1.Text = "<font color='red' size='5'>" +
                                        DateTime.Now.ToLongTimeString() + "</font>";
        }
    }
}
```

【例 5.7.2】使用 ASP.NET AJAX 创建一个简易聊天室。

完成后的项目文件系统，如图 5.7.5 所示。

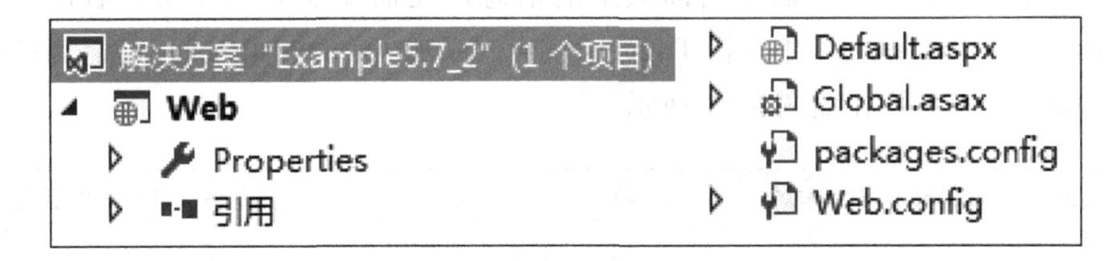

图 5.7.5　窗体前台设计效果

【设计方法】新建 WebForm 项目的窗体 Default，选择拆分模式，依次向页面添加 ScriptManager 控件、UpdatePanel 控件、用于输入聊天信息的 TextBox 控件、用于选择颜色的 DropDownList 控件和 Button 控件各一个，其设计效果如图 5.7.6 所示。

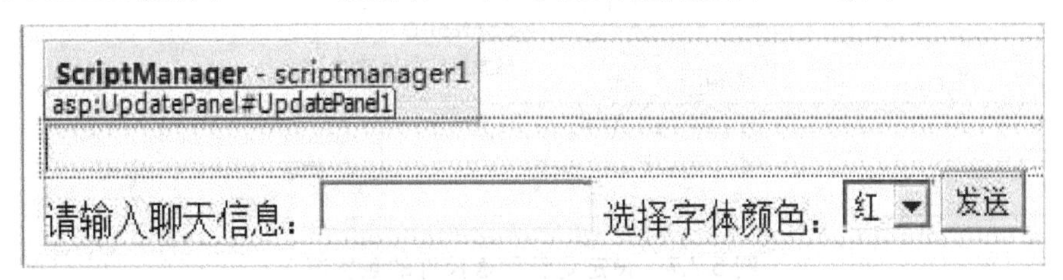

图 5.7.6　初步页面设计视图

在控件对象 UpdatePanel1 的代码内输入<ContentTemplate>标记，并在<ContentTemplate>标记内分别增加一个用于显示消息的 Label 控件和一个定时器控件 Timer，设置 Timer1 的 Interval 属性值为 100(毫秒)。

注意：Label 控件和 Timer 控件如果不放在<ContentTemplate>标记内，则创建时会报错。即更新面板控件、<ContentTemplate>标记、Label 控件和 Timer 控件三者之间形成包含关系。

当有新用户进入聊天室(或者某个用户退出后再次进入)时，所有前台页面中会显示该用户 IP 和进入的时刻，相应的后台代码如下。

```
protected void Page_Load(object sender, EventArgs e) {
    if (!IsPostBack) //新人加入
    {
        string temp = "";
        temp += Application["Msg"] + "<br><font color=red size=4>" +
                                                      Request.UserHostAddress;
        temp += "进入聊天室</font>[<font size=2>" +
                                           DateTime.Now.ToString() + "</font>]";
        Application.Set("Msg", temp);     //更新Application变量Msg
    }
}
```

其中，Msg 是 Application 全局变量。

为了实现单击命令按钮后更新面板里的信息，还需要建立触发器。右击控件对象 UpdatePanel1，在其属性窗口中选择 Triggers 集合，添加 AsyncPostBack，设定其 ControlID 属性值为 Button1，其操作如图 5.7.7 所示。

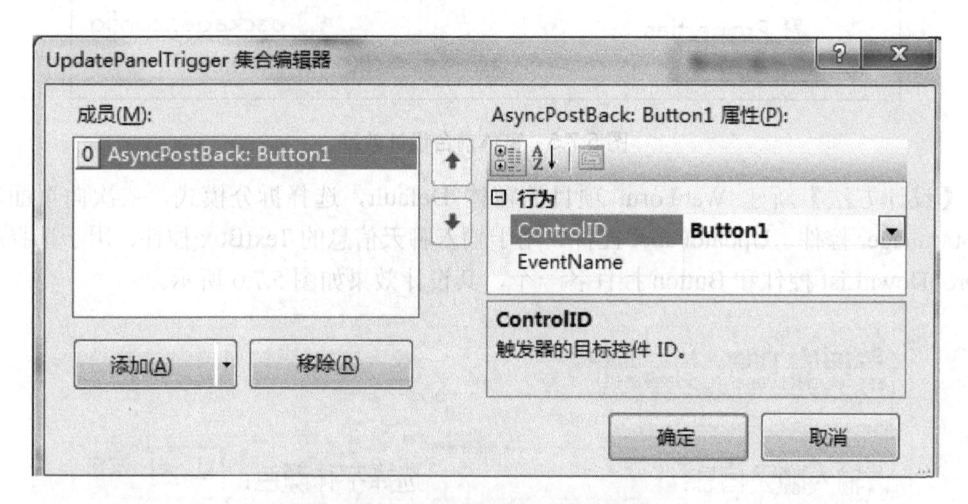

图 5.7.7　设定更新面板控件的触发器

这样，便完成了前台的界面设计，页面的设计视图如图 5.7.8 所示。

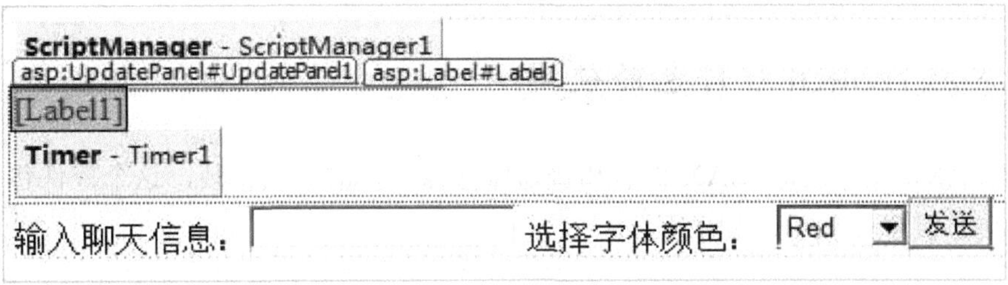

ScriptManager - ScriptManager1
asp:UpdatePanel#UpdatePanel1 asp:Label#Label1
[Label1]
Timer - Timer1
输入聊天信息：　　选择字体颜色：Red　发送

图 5.7.8　页面前台设计视图

聊天室里有人发言时也会导致所有页面的局部刷新，其后台处理代码下。

```
protected void Button1_Click(object sender, EventArgs e) {
        //有人发言
        string temp = Application["Msg"] + "<br><font color=" +
                                        DropDownList1.Text + " size=4>";
        temp += Request.UserHostName + "说：  " + TextBox1.Text;
        temp += "</font> [<font size=2>" + DateTime.Now.ToString() + "</font>]";
        Application.Set("Msg", temp);
}
```

面板定时刷新的后台处理代码下。

```
protected void Timer1_Tick(object sender, EventArgs e) {
        try{

                Label1.Text = Application["Msg"].ToString();
            }
            catch (Exception ex) {
                Response.Write(ex.Message);
            }
}
```

多人进入聊天室时，页面的浏览效果如图 5.7.9 所示。

183.94.25.133进入聊天室[2012-9-18 9:04:40]
180.153.206.15进入聊天室[2012-9-18 9:20:11]
183.94.25.133说：常用asp.net做开发 [2012-9-18 10:09:09]
221.235.52.230进入聊天室[2012-9-18 10:28:01]

图 5.7.9　多人进入聊天室时的页面浏览效果

注意：本例对于分布于不同 IP 地址的人群有意义，因为对于共享上网的人群来说其 IP 地址是相同的。实际上，聊天室一般使用昵称，进入前需要先注册。

5.7.3 AjaxToolKit 控件包的使用

AjaxToolKit 控件包是 AJAX 扩展和普通服务器控件的二次封装，这个控件包可以使用 NuGet 引用，其操作如图 5.7.10 所示。

图 5.7.10 对 Web 项目添加对 AjaxToolKit 控件包的引用

与使用 AspNetPager 控件相同，使用 AjaxControlToolkit 控件前，只需要在窗体页面的开头加上 Register 指令即可，其指令格式如下。

```
<%@ Register Assembly="ajaxControlToolkit" Namespace="ajaxControlToolkit"
                                                    TagPrefix="ajaxToolkit" %>
```

AjaxToolkit 控件包里面包含了几十个效果相当漂亮的控件，可以划分为文本框特效、菜单特效、面板特效、图像与动画等多种类型。

位于 AjaxToolkit 控件包里的 AutoCompleteExtender 控件，常用于前方一致时的模糊输入，其主要属性与方法如下。

- TargetControlID 属性：为必填属性，指出对哪个控件上使用扩展控件。
- ServicePath：指出要使用的服务的路径，这里指的是 Web 服务 asmx 文件的路径，而不是相应的后台代码 cs 文件。
- ServiceMethod：返回数据的函数，填入目标函数名即可。
- MinimumPrefixLength：最少需要录入的长度，指定为 1，则只要输入一个字符，就会立即弹出下拉列表。
- CompletionInterval：表示需要多长时间程序来调用 Web 服务来获取数据，单位是毫秒。

【例 5.7.3】AJAX 控件包中的 AutoCompleteExtender 控件的使用。

【浏览效果】当用户在文本框里输入某个字母后，则在文本框下面自动产生一个列表框并显示所有该字母打头的国名，以供作为文本框输入的选择，如图 5.7.11 所示。

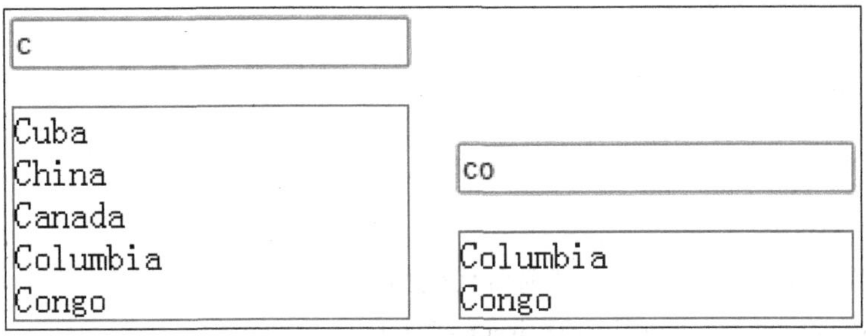

c

Cuba
China
Canada
Columbia
Congo

co

Columbia
Congo

图 5.7.11　项目浏览效果

【设计方法】

(1) 新建命名为 WebService1、访问 SQL Server 数据库 NewsDB 的 Web 服务，其代码如下。

```
using System.Web.Services;
using System.Data;
using DAL;
using System.Data.SqlClient;
namespace Example5._7_3
{
    [WebService(Namespace = "http://tempuri.org/")]
    [WebServiceBinding(ConformsTo = WsiProfiles.BasicProfile1_1)]
    [System.ComponentModel.ToolboxItem(false)]
    [System.Web.Script.Services.ScriptService]
    public class WebService1 : System.Web.Services.WebService
    {
        [WebMethod]
        public string[] GetCountryNames(string prefixText)
        {
            string[] names =null;
            string sql = "select countryname from country
                                              where countryname like @prefixText";
            //在字符串prefixText后添加一个%，以实现前方一致的模糊查询
            SqlParameter[] param = { new SqlParameter("@prefixText",prefixText+"%")};
            DataTable dt = MyDb.getMyDb().GetRecords(sql, param);
            names = new string[dt.Rows.Count];   //指定数组大小
            int i = 0;
            foreach(DataRow row in dt.Rows)
            {
                names[i] = row["countryname"].ToString().Trim();   //获取字段值
                ++i;
```

```
            }
            return names;
        }
    }
}
```

(2) 新建名为 Default 的窗体，其前台代码如下。

```
<%@ Page Language="C#" AutoEventWireup="true"
                    CodeBehind="Default.aspx.cs" Inherits="Example5._7_3.Default" %>
<%@ Register Assembly="AjaxControlToolkit"
Namespace="AjaxControlToolkit" TagPrefix="ajaxToolkit" %>
<html xmlns="http://www.w3.org/1999/xhtml">
<head runat="server">
<meta http-equiv="Content-Type" content="text/html; charset=utf-8"/>
    <title>使用自动完成控件示例</title>
</head>
<body>
    <form id="form1" runat="server">
        <asp:TextBox ID="TextBox1" runat="server"/>
        <asp:ScriptManager ID="ScriptManager1" runat="server"/>
        <ajaxToolkit:AutoCompleteExtender runat="server"
ID="AutoCompleteExtender1"
            CompletionInterval="100"
            TargetControlID="TextBox1"
            ServicePath="WebService1.asmx"
            ServiceMethod=" GetCountryNames"
            MinimumPrefixLength="1"/>
    </form>
</body>
</html>
```

5.8 Web 环境下的文件与目录操作

5.8.1 浏览文件与目录

在命名空间 System.IO 里，与目录和文件相关的类，有路径类 Path、目录信息类 Directory、文件信息类 FileInfo，其定义如图 5.8.1 所示。

```
程序集 mscorlib
namespace System.IO
{
    [...]public static class Path
    {
        [...]public static string Combine(string path1, string path2);
        [...]public static string GetFullPath(string path);
    }
    [...]public sealed class DirectoryInfo : FileSystemInfo
    {
        [...]public DirectoryInfo(string path);
        [...]public DirectoryInfo[] GetDirectories();
        [...]public FileInfo[] GetFiles();
    }
    [...]public sealed class FileInfo : FileSystemInfo
    {
        [...]public FileInfo(string fileName);
        [...]public long Length { get; }
        [...]public override string Name { get; }
        [...]public FileInfo CopyTo(string destFileName);
    }
}
```

图 5.8.1　文件与目录的相关类

类 DirectoryInfo 提供了一组方法，用于实现对文件夹的创建、删除、复制、移动、重命名、遍历以及文件夹信息的设置或获取等操作。

使用类 DirectoryInfo 前，必须先建立该类的实例，然后才能调用它的方法。下面是创建 DirectoryInfo 实例的两种用法。

```
DirectoryInfo dtInfo1=new DirectoryInfo(@"c:\temp\sub1");   //方式一：绝对路径
DirectoryInfo dtInfo2=new DirectoryInfo(Server.MapPath("相对路径"));   //方式二
```

DirectoryInfo 类提供的两个主要方法如下。

- GetFiles()：返回指定文件夹中所有文件的集合。
- GetDirectories()：获取指定文件夹中所有子文件夹名称的集合。

注意：ASP.NET 提供的类 Directory 也具有 DirectoryInfo 类的相关方法，但 Directory 的方法都是静态的，也就是说，这些方法可直接调用，不需要创建其实例。

【例 5.8.1】浏览文件与目录。

本案例的项目文件系统，如图 5.8.2 所示。

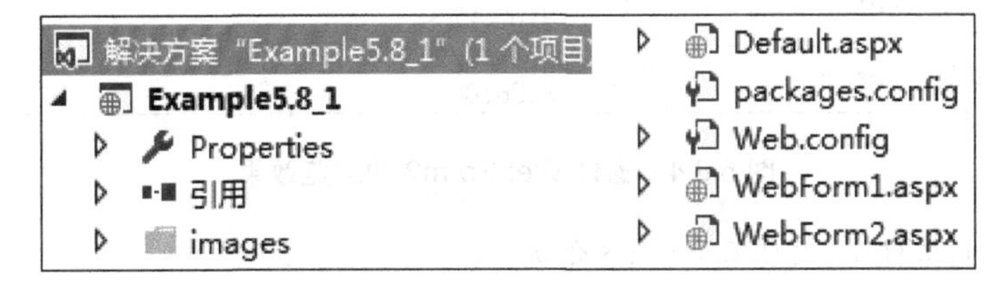

图 5.8.2　项目文件系统

窗体 WebForm1 用于显示当前目录及父目录的完整路径，其浏览效果如图 5.8.3 所示。

- 当前目录的完整路径：D:\Web Projects\ASP_NET\VS_WebForm\Example5.8_1\Example5.8_1
- 其父目录的完整路径：D:\Web Projects\ASP_NET\VS_WebForm\Example5.8_1

图 5.8.3　窗体 WebForm1 的浏览效果

窗体 WebForm1 对应的后台文件代码如下。

```
using System;
using System.IO;
namespace Example5._8_1
{
    public partial class WebForm1 : System.Web.UI.Page
    {
        protected void Page_Load(object sender, EventArgs e)
        {
            // 使用ASP.NET内置对象Server，显示当前目录的完整路径
            string path = Server.MapPath(".").ToString();
            Label1.Text = path;
            path = Path.Combine(path, "..");   //显示父目录
            Label2.Text = Path.GetFullPath(path);
            //Label2.Text =path;   //另一种表示
            //Label2.Text =Server.MapPath(path); //错误
        }
    }
}
```

窗体 WebForm2 用于显示当前目录下的文件与目录信息，并包含展开子目录和向上目录的超链接，以浏览整个服务器的文件与目录，其浏览效果如图 5.8.4 所示。

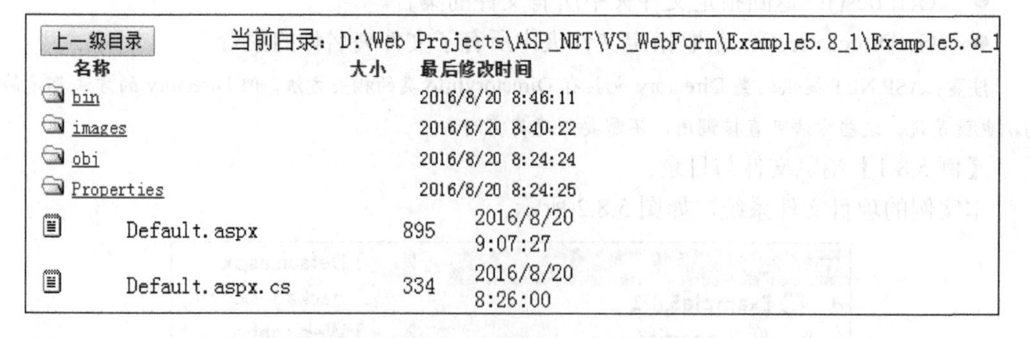

图 5.8.4　窗体 WebForm2 的浏览效果

注意： 网站实际运行时，有些文件夹要求有访问权限。

窗体 WebForm2 前台代码如下。

```
<%@ Page Language="C#" AutoEventWireup="true"
                CodeBehind="WebForm2.aspx.cs" Inherits="Example5._8_1.WebForm2" %>
<html xmlns="http://www.w3.org/1999/xhtml">
<head runat="server">
<meta http-equiv="Content-Type" content="text/html; charset=utf-8"/>
    <title>浏览服务器的文件与目录</title>
</head>
<body>
    <form id="form1" runat="server">
        <asp:Button ID="Button1" runat="server" OnClick="Button1_Click"
                                        Text="上一级目录" />    
          当前目录: <asp:Label ID="Label1" runat="server"/>
          <asp:GridView ID="GridView1" runat="server" AutoGenerateColumns="False"
                    DataKeyNames="FullName" Font-Size="10pt" GridLines="None"
                    OnSelectedIndexChanged="GridView1_SelectedIndexChanged">
              <Columns>
                  <asp:TemplateField>
                                              <HeaderStyle Width="20px" />
                      <ItemTemplate><img src="images/folder.gif" /></ItemTemplate>
                  </asp:TemplateField>
                  <asp:ButtonField CommandName="Select" DataTextField="Name"
                                                  HeaderText="名称">
                      <HeaderStyle HorizontalAlign="Left" Width="200px" />
                   </asp:ButtonField>
                   <asp:BoundField HeaderText="大小">
                          <HeaderStyle HorizontalAlign="Left" Width="50px" />
                   </asp:BoundField>
                   <asp:BoundField DataField="LastWriteTime"
                                              HeaderText="最后修改时间">
              <HeaderStyle HorizontalAlign="Left" />
                   </asp:BoundField>
              </Columns>
          </asp:GridView>
          <asp:GridView ID="GridView2" runat="server"
```

```
                                    AutoGenerateColumns="False" GridLines="None">
            <Columns>
                <asp:TemplateField>
                        <ItemTemplate><img src="images/file.gif" /></ItemTemplate>
                </asp:TemplateField>
                <asp:BoundField dataField="Name">
                    <HeaderStyle Width="200px" />
                </asp:BoundField>
                <asp:BoundField DataField="Length">
                    <HeaderStyle Width="50px" />
                </asp:BoundField>
                <asp:BoundField DataField="LastWriteTime" >
                    <HeaderStyle Width="100px" />
                </asp:BoundField>
            </Columns>
        </asp:GridView>
    </form>
</body>
</html>
```

窗体 WebForm2 对应的后台文件代码如下。

```
using System;
using System.IO;
namespace Example5._8_1
{
    public partial class WebForm2 : System.Web.UI.Page
    {
        protected void Page_Load(object sender, EventArgs e)
        {
            if (!Page.IsPostBack)
                ShowDirContents(Server.MapPath("."));   //"."表示当前目录
        }
        private void ShowDirContents(string path) //显示文件夹内容，path是实参
        {
            Label1.Text = path;    //显示当前路径
```

```
            DirectoryInfo dir = new DirectoryInfo(path);
            FileInfo[] files = dir.GetFiles();
            DirectoryInfo[] dirs = dir.GetDirectories();
            GridView1.DataSource = dirs;
            GridView2.DataSource = files;
            Page.DataBind();    //绑定数据源
            GridView2.SelectedIndex = -1;
            ViewState["CurrentPath"] = path;    //状态设置
        }
        protected void Button1_Click(object sender, EventArgs e) //返回上一次目录
        {
            string path = ViewState["CurrentPath"].ToString();
            path = Path.Combine(path, "..");   //Path类，“..”表示父目录
            path = Path.GetFullPath(path);   //获取完整路径
            ShowDirContents(path);
        }
        protected void GridView1_SelectedIndexChanged(object sender, EventArgs e)
        {
            //获取所选目录
            string dir = GridView1.DataKeys[GridView1.SelectedIndex].Value.ToString();
            ShowDirContents(dir);
        }
    }
}
```

5.8.2　使用 FileUpload 控件实现文件上传

VS 工具箱标准选项里的 FileUpload 控件为用户提供了一种将文件上传到 Web 服务器的简便方法。控件 FileUpload 在 Web 页面上显示为一个不能直接输入的文本框和一个按钮，其控件代码如下。

```
<asp: FileUpload ID="FileUpload1" runat="server" />
```

【例 5.8.2】使用 FileUpload 组件上传文件。

要完成文件上传，必须在窗体中添加一个与 FileUpload 控件配合的 Button 命令按钮，并编写命令按钮的事件代码。后台代码必须包含对控件对象主要属性 PostedFile 属性的访问，以获取使用 FileUpload 控件上传的文件。

FileUpload 控件具有属性 HasFile，表示是否浏览并选择了文件并置于控件的文件框内。

完成后的项目文件系统，如图 5.8.5 所示。

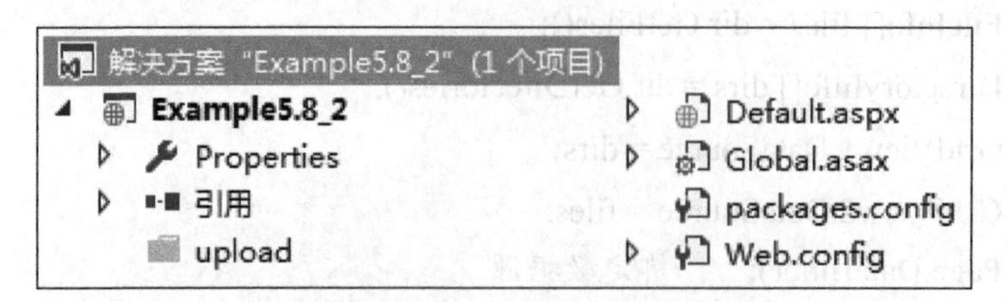

图 5.8.5　文件上传项目运行效果

项目的运行效果，如图 5.8.6 所示。

图 5.8.6　文件上传项目运行效果

窗体 Default 对应的后台文件代码如下。

```
using System;
using System.IO;
using System.Windows.Forms; //
namespace Example5._8_2
{
    public partial class Default : System.Web.UI.Page
    {
        protected void Page_Load(object sender, EventArgs e)
        { }
        protected void Button1_Click(object sender, EventArgs e)
        {
            if (!FileUpload1.HasFile) //如果以浏览方式选定了文件
            {
                Response.Write("<Script>
                                    window.alert('请先选择要上传的文件！');</Script>");
                return;
            }
          if (File.Exists(MapPath(@".\upload\" + FileUpload1.FileName))) // 转义符@
```

```
            {
              if (MessageBox.Show("目标文件已存在,是否覆盖?", "确认",
                                  MessageBoxButtons.YesNo, MessageBoxIcon.Question,
                    MessageBoxDefaultButton.Button1, MessageBoxOptions.ServiceNotification)
              {
                    FileUpload1.SaveAs(Server.MapPath(@".\upload\"+FileUpload1.FileName));
                    Response.Write("<Script>window.alert('上传成功，谢谢！');</Script>");
              }
            }
            else
            {
                    FileUpload1.SaveAs(Server.MapPath(@".\upload\"+FileUpload1.FileName));
                    Response.Write("<Script>window.alert('上传成功，谢谢！');</Script>");
             }
        }
    }
}
```

注意:

(1) 如果要实现网站文件和文件夹的批量上传，应使用专业的上传软件，如 CuteFTP 等。

(2) 实际项目中，在上传文件时还可以限制文件的大小及类型等。

(3) 目标位置存在要上传的文件时，将会出现“是否覆盖”确认消息框，这不同于客户端脚本里使用方法 window.alert()所产生的消息框，项目引用了 Framework 的程序集 System.Windows.Forms.dll。

5.8.3　文件读写操作

在.NET Framework 中，采用基于 Stream 类和 Reader/Writer 类的读/写 I/O 数据的通用模型，使得文件读/写操作非常简单。流(Stream)是字节序列的抽象概念，如文件、输入/输出设备、内部进程通信管道或者 TCP/IP 套接字等。Stream 是所有流的抽象基类，通过 Stream 的派生类来完成不同数据流的操作，如图 5.8.7 所示。

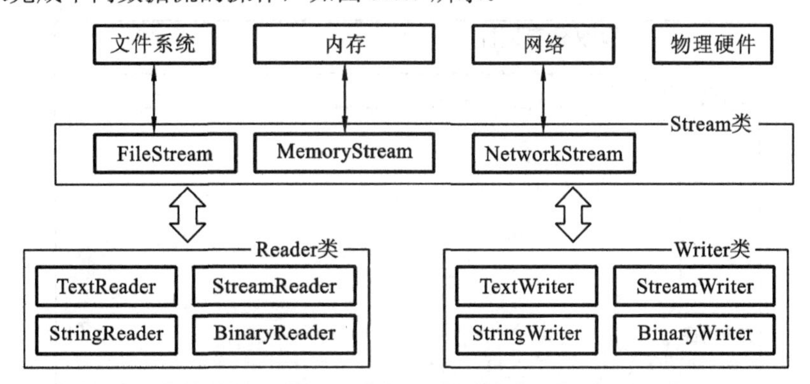

图 5.8.7　读/写 I/O 数据的通用模型

图 5.8.6 的中间部分表示有多种形式的流。流是 0/1 序列，不论是磁盘文件、内存数据，还是网络数据，在高层都分为文本流和二进制流等。

TextReader 为 StreamReader 和 StringReader 的抽象基类，它们分别从流和字符串中读取字符。使用这些派生类可打开一个文本文件以读取指定范围的字符，或基于现有的流创建一个读取器。TextReader 既然是抽象类，就不能创建它们的实例对象，而要使用高一级的非抽象类创建对象。

使用 StreamReader 类实现一个 TextReader，其主要方法如下。

- Read()方法：以一种特定的编码从字节流中读取一个字符。
- ReadLine()方法：以一种特定的编码从字节流中读取一行字符。
- Peek()方法：返回下一个字符。如果没有可用的，则返回-1(或 null)。
- Close()方法：关闭与 StreamReader 实例相关的文件。

除非另外指定，StreamReader 的默认编码为 UTF-8，如果指定为其他的编码方式，显示中文信息时就会出现乱码。

同样地，TextWriter，StreamWriter 及 StringWriter 之间有类似的关系。

注意：System.IO 命名空间包含允许对数据流和文件进行同步和异步读取及写入的类型。

【例 5.8.3】文本文件读/写示例——在线审稿。

本小节三个案例都包含在 Web 项目 Example5.8_3 里，其项目文件系统，如图 5.8.8 所示。

解决方案'Example5.8_3' (2 个项目)
DAL
Web
Properties
引用
App_Data
images
js
style
ueditor
upload
Default.aspx
Global.asax
packages.config
Web.config
WebForm1.aspx
WebForm2.aspx
WebForm2_delete.aspx
WebForm2_display.aspx
WebForm2_insert.aspx
WebForm2_update.aspx
WebForm3.aspx

图 5.8.8　本小节三个案例的项目文件系统

用于读/写文本文件的窗体 WebForm1 的设计视图，如图 5.8.9 所示。

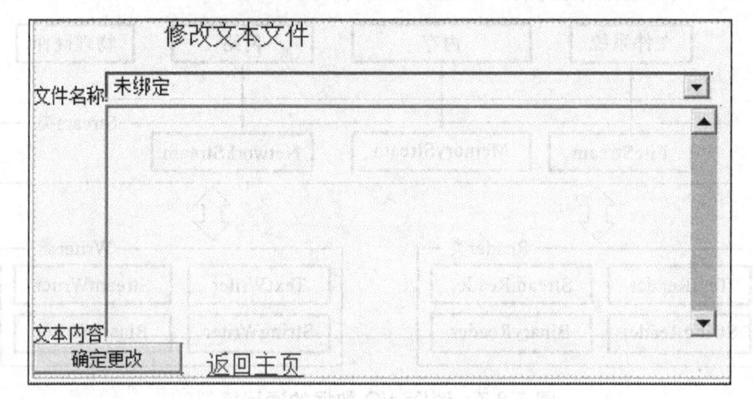

图 5.8.9　窗体 WebForm1 的设计视图

窗体 WebForm1 读/写存放在 upload 文件夹里的文本文件，并通过下拉列表选择，其后台代码如下。

```
using System;
using System.IO;
namespace Example5._8_3
{
    public partial class WebForm1 : System.Web.UI.Page
    {
        protected void Page_Load(object sender, EventArgs e)
        {
            if (!IsPostBack)
            {
                DirectoryInfo dir = new DirectoryInfo(Server.MapPath("upload"));
                FileInfo[] files = dir.GetFiles();
                foreach (FileInfo fn in files) //文件信息的第一项是文件名(含扩展名)
                    DropDownList1.Items.Add(fn.ToString());  //增加列表项
                StreamReader sr = new StreamReader(Server.MapPath("upload/") +
                                                DropDownList1.SelectedValue.ToString());
                while (sr.Peek() != -1) {
                    string str = sr.ReadLine() + "\n";
                    TextBox1.Text += str;  //刷新多行文本框
                }
                sr.Close();
            }
        }
        protected void DropDownList1_SelectedIndexChanged(object sender, EventArgs e)
        {
            TextBox1.Text = "";
            //创建类StreamReader的实例，文本文件编码
            StreamReader sr =new StreamReader(Server.MapPath("upload/") +
                DropDownList1.SelectedValue.ToString(),System.Text.Encoding.UTF8);
            while (sr.Peek() != -1) {
                string str = sr.ReadLine() + "\n";  //读取一行字符
                TextBox1.Text += str;  //刷新多行文本框
            }
            sr.Close();
        }
        protected void Button1_Click(object sender, EventArgs e)
        {
```

```
            StreamWriter fw = new StreamWriter(Server.MapPath("upload/") +
                                    DropDownList1.SelectedValue.ToString());
            fw.Write(TextBox1.Text);    //写文件
            fw.Close();
            Response.Write("<script>alert('修改成功！')</script>");
        }
    }
}
```

注意：读取文件内容可以使用不同的类与方法。例如，可以使用静态方法 File.OpenText()。

窗体 WebForm1 的页面浏览效果，如图 5.8.10 所示。

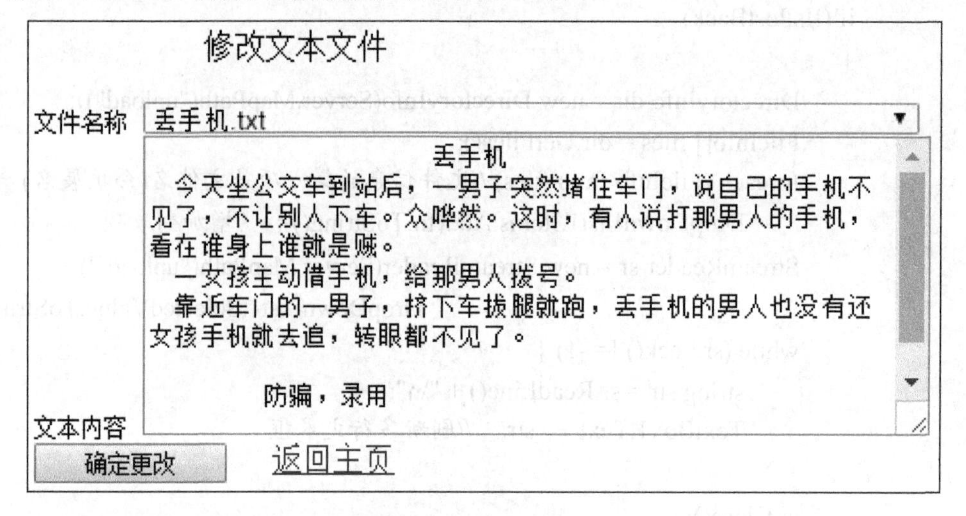

图 5.8.10　页面浏览效果

在 Web 开发中，网站新闻页面通常不是静态页面，而是将内容保存在数据库里，然后通过 Web 程序来动态生成。其中，数据表字段的内容，除了包含普通的文本外，还包含修饰文本的 HTML 标签和引用图片的 HTML 标签，百度富文本编辑器 UEditor(简称 UE)提供了对新闻字段里引用图片的上传及自动管理功能，也提供了文本可视化编辑效果。

注意：

(1) VS 2015 需要使用 UE 的较高版本(如 1.4.3.3)，而使用 NuGet 下载的版本较低。

(2) 因为提交的是 HTML 代码，在测试窗体的页面指令里面加上属性：validateRequest="false"，否则，系统将认为其为跨站点脚本攻击，将显示如下信息。

```
从客户端(myEditor="<p>xxx</p>")中检测到有潜在危险的 Request.Form 值。
```

(3) 在 ASP.NET Web 项目里使用 UE 时，上传的图片将保存在 ueditor/net/upload/image/yyyymmdd 里。其中，yyyy、mm 和 dd 分别表示年、月和日，上传后的图片文件与时间戳相关。

【例 5.8.4】使用富文本编辑器 UE。

窗体 WebForm2 访问 MySQL 数据库 flower 里的表 news，包含了新闻列表的增加、显示、修改和删除。窗体前台 Repeater 控件的项模板代码如下。

```
<ItemTemplate>
        <tr>
            <td><%#Eval("id") %></td><td><%#Eval("title") %></td>
                            <td><%#Eval("author") %></td><td><%#Eval("publish_dt") %></td>
            <td><a href='WebForm2_display.aspx?
                            id=<%#DataBinder.Eval(Container.DataItem,"id")%>'>浏览</a></td>
            <td><a href='WebForm2_update.aspx?
                            id=<%#DataBinder.Eval(Container.DataItem,"id")%>'>修改</a></td>
            <td><a href='WebForm2_delete.aspx?
                            id=<%#DataBinder.Eval(Container.DataItem,"id")%>'>删除</a></td>
            <td><asp:HyperLink runat="server" NavigateUrl="WebForm2_insert.aspx" >增加
                                                        </asp:HyperLink></td> </tr> </ItemTemplate>
```

窗体 WebForm2 后台访问 MySQL 数据库 flower 里的表 news，页面浏览效果如图 5.8.11 所示。

ID	标题	作者	发表时间	操作			
1	生日祝福语	张继	2016/9/1 9:18:04	浏览	修改	删除	增加
2	开业祝福语	吴志祥	2016/8/3 9:21:14	浏览	修改	删除	增加
5	母亲节祝福语	何亨	2016/9/3 10:48:08	浏览	修改	删除	增加

图 5.8.11　页面浏览效果

注意：如果 news 无记录，访问本窗体时将转至增加新闻窗体 WebForm2_insert。

窗体 WebForm2_insert 用于编辑新闻页面，其浏览效果如图 5.8.12 所示。

图 5.8.12　窗体 WebForm2_insert 的浏览效果

窗体WebForm2_insert的前台代码如下。

```
<%@ Page Language="C#" AutoEventWireup="true" CodeBehind="WebForm2_insert.aspx.cs"
                Inherits="Example5._8_3.WebForm2_insert" validateRequest="false" %>
<!DOCTYPE html>
<html xmlns="http://www.w3.org/1999/xhtml">
<head runat="server">
<meta http-equiv="Content-Type" content="text/html; charset=utf-8"/>
    <title>新增新闻页面</title>
    <style type="text/css">
        .big{
            width:800px;height:560px;
            margin:0px auto;
        }
        .row1 {
            width:800px;height:460px;
            /*使用下面的属性才能出现提交按钮；反之，不能出现提交按钮*/
            overflow: hidden;
        }
        .row1a {
            width:798px;height:460px;
        }
        .row2 {
            width:800px;height:100px;
            background:url("images/bg.jpg");
            line-height:32px;
        }
    </style>
</head>
    <!--加载配置文件及核心脚本库-->
    <script type="text/javascript" charset="utf-8" src="ueditor/ueditor.config.js"></script>
    <script type="text/javascript" charset="utf-8" src="ueditor/ueditor.all.min.js"> </script>
    <script type="text/javascript" charset="utf-8" src="ueditor/lang/zh-cn/zh-cn.js"></script>
<body>
    <form id="form1" runat="server">
        <div class="big">
            <div class="row1">
                <asp:TextBox ID="myEditor" runat="server"
                        TextMode="MultiLine" CssClass="row1a" BorderWidth="1px"/>
                <script type="text/javascript">
```

```
                UE.getEditor('myEditor')
            </script>
        </div>
        <div class="row2">
            <asp:Label ID="Label1" runat="server" Text="请输入标题：  "></asp:Label>
            <asp:TextBox ID="TextBox1" runat="server"
                                        Width="236px"></asp:TextBox><br/>
            <asp:Label ID="Label2" runat="server" Text="请输入作者：  "></asp:Label>
            <asp:TextBox ID="TextBox2" runat="server"></asp:TextBox><br/>
            <asp:Label ID="Label3" runat="server"
                                        Text="请确认发表时间：  "></asp:Label>
            <asp:TextBox ID="TextBox3" runat="server"></asp:TextBox>
            <asp:Button ID="Button1" runat="server" Text="提交"
                                        OnClick="Button1_Click" /> </div></div>
    </form>
</body>
</html>
```

窗体WebForm2_insert的后台代码如下。

```
using System;
using System.IO;
using MySql.Data.MySqlClient;
using DAL;
namespace Example5._8_3
{
    public partial class WebForm2_insert : System.Web.UI.Page {
        protected void Page_Load(object sender, EventArgs e)
        {
            TextBox3.Text = DateTime.Now.ToString();
        }
        protected void Button1_Click(object sender, EventArgs e) {
            StringReader sr = new StringReader(myEditor.Text);
            string temp, total = null;
            while ((temp = sr.ReadLine()) != null)
            {
                total += temp;
            }
            string sql = "insert into news(title,content,author,publish_dt)
                                        values(@p1,@p2,@p3,@p4)";
            MySqlParameter[] param = { new MySqlParameter("@p1",TextBox1.Text),
                                        new MySqlParameter("@p2",total),
```

```
                                    new MySqlParameter("@p3",TextBox2.Text),
                                   new MySqlParameter("@p4",TextBox3.Text)};
            MyDb.getMyDb().cud(sql, param);
            Response.Write("<script>alert('数据保存成功！');
                                    location.href='WebForm2.aspx'</script>");
        }
    }
}
```

注意：使用UE前，必须对Web项目添加对程序集ueditor/net/Bin/Newtonsoft.Json.dll的引用，这是因为ueditor/net/App_Code/Config.cs使用了该程序集。否则，生成解决方案时会报错。

实际应用系统开发中，经常需要将查询得到的二维表信息(一般是 GridView 等控件的数据源)导出为 Excel 表(文件)。

数据导出为 Excel 文件的实现原理：利用 Excel 组件将 GridView 控件内容生成 Excel 临时文件，并存放于服务器上，然后用 Response 方法将生成的 Excel 文件下载到客户端，再将生成的临时文件删除。其相关知识点如下。

1. Control.RenderControl()方法

命名空间 System.Web.UI 中 Control 类的 RenderControl()方法的功能是输出服务器控件内容，并存储有关此控件的跟踪信息(如果已启用跟踪)。例如：RenderControl(HtmlTextWriter)能将服务器控件的内容输出到所提供的 HtmlTextWriter 对象中；如果已启用跟踪功能，则存储有关控件的跟踪信息。

2. HtmlTextWriter 类

命名空间 System.Web.UI 中的 HtmlTextWriter 类，将标记字符和文本写入到 ASP.NET 服务器控件输出流。此类提供了 ASP.NET 服务器控件在向客户端呈现标记时所使用的格式设置功能。

注意：HtmlTextWrite类所在的命名空间是System.Data，而不是System.IO。

【例 5.8.5】导出数据控件的数据源为 Excel 表。

窗体 WebForm3 访问 MySQL 数据库 flower 里的数据表 flower_detail，它包含一个用于导出 GridView 控件的数据源的命令按钮，GridView 控件对数据源进行了分页，并使用类 PagerSettings 进行了设置。窗体 WebForm3 的设计视图，如图 5.8.13 所示。

导出控件源为Excel表

Column0	Column1	Column2
abc	abc	abc
abc	abc	abc
abc	abc	abc
abc	abc	abc
abc	abc	abc

下一页 尾页

图 5.8.13　窗体 WebForm3 的设计视图

窗体 WebForm3 的前台代码如下。

```
<%@ Page Language="C#" AutoEventWireup="true" CodeBehind="WebForm3.aspx.cs"
                     Inherits="Example5._8_3.WebForm3" EnableEventValidation="false" %>
<!DOCTYPE html>
<html xmlns="http://www.w3.org/1999/xhtml">
<head runat="server">
<meta http-equiv="Content-Type" content="text/html; charset=utf-8"/>
    <title>导出Excel控件的数据源为Excel表</title>
</head>
<body>
    <form id="form1" runat="server">
        <asp:Button ID="Button1" runat="server" Text="导出控件源为Excel表"
                                                  onclick="Button1_Click1" /><br /><br />
        <asp:GridView ID="GridView1" runat="server" AllowPaging="True"
OnPageIndexChanging="GridView1_PageIndexChanging">
            <PagerSettings FirstPageText="首页" LastPageText="尾页" NextPageText=
                "下一页" PreviousPageText="上一页"    Mode="NextPreviousFirstLast" />
        </asp:GridView>
    </form>
</body>
</html>
```

窗体后台调用 Export()方法实现把 GridView1 中的数据导出到 Excel 文件中，其完整代码如下。

```
using System;
using DAL;
using System.Web.UI.WebControls;
using System.IO;
using System.Text;
using System.Web;
using System.Web.UI;
namespace Example5._8_3
{
    public partial class WebForm3 : System.Web.UI.Page {
        protected void Page_Load(object sender, EventArgs e) {
            SetDataSource();
        }
        protected void SetDataSource() {
            GridView1.DataSource = MyDb.getMyDb().GetRecords("select bh,
```

```
                                                        name,price,zp from flower_detail");
        GridView1.DataBind();
    }
    protected void GridView1_PageIndexChanging(object sender,
                                                        GridViewPageEventArgs e) {
        GridView1.PageIndex = e.NewPageIndex;   //翻页
        GridView1.DataBind();
    }
    public override void VerifyRenderingInServerForm(Control control){
        //此事件过程不可去！否则，引起异常
        //位于窗体内的控件Button1，在呈现期间才能调用方法Export()
    }
    protected void Button1_Click1(object sender, EventArgs e) {
        Export("application/ms-excel", "自命名文件名.xls");
    }
    private void Export(string FileType, string FileName) {   //数据导出到Excel文件中
        Response.ContentEncoding = System.Text.Encoding.UTF8;
        Response.AppendHeader("Content-Disposition","attachment;filename="+
                        HttpUtility.UrlEncode(FileName, Encoding.UTF8).ToString());
        Response.ContentType = FileType;
        StringWriter tw = new StringWriter();   //字符串写类
        HtmlTextWriter hell = new HtmlTextWriter(tw);   //HtmlTextWriter类
        GridView1.AllowPaging = false;   //true: 导出当前页，但有分页控件
        SetDataSource();   //当GridView1.AllowPaging = false时需要
        GridView1.RenderControl(hell);   //刷新GridView控件
        Response.Write(tw.ToString());
        Response.End();
        GridView1.AllowPaging = true;
    }
  }
}
```

注意：在方法Export()里，如果允许分页，则只导出指定页记录到Excel文件里。此时，需要在窗体的Page指令里设置属性EnableEventValidation="false"。

5.9 ASP.NET Web 项目的编译发布

在 VS 2015 中，编译发布 5.8.3 小节中 Web 项目 Example5.8_3，在本机 IIS 服务器里

运行的步骤如下。

(1) 在 E:\下创建一个名为 MyWebDeploy 的文件夹。

(2) 右击项目 Example5.8_3 的解决方案里 Web 项目，在弹出的“发布 Web”对话框中选择“配置文件”→“自定义(C)”，如图 5.9.1 所示。

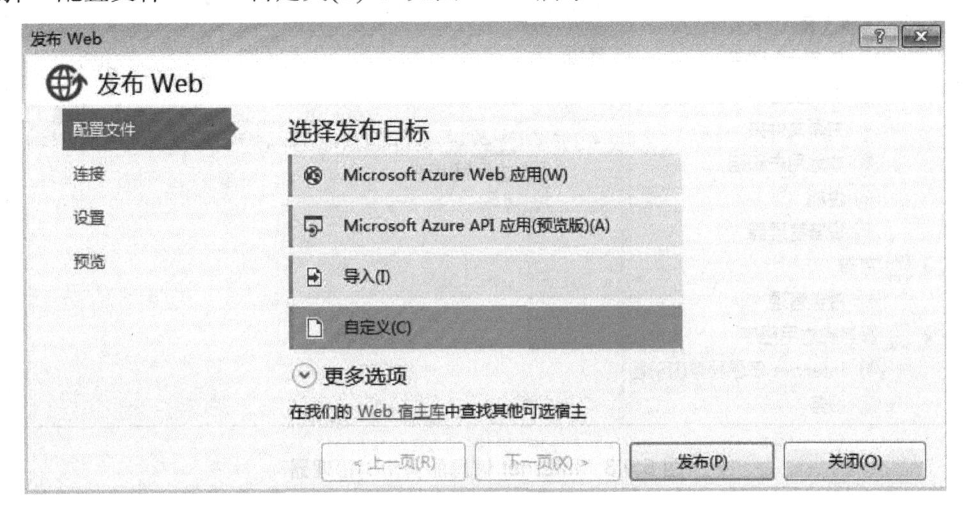

图 5.9.1　选择发布目标对话框

在出现的对话框中，输入自定义的配置文件的名称 MyWebDeploy。

(3) 从下拉列表里选择发布方法为“文件系统”。

(4) 指定存放发布项目的文件夹为 E:\MyWebDeploy 后，单击“发布(P)”按钮，其操作如图 5.9.2 所示。

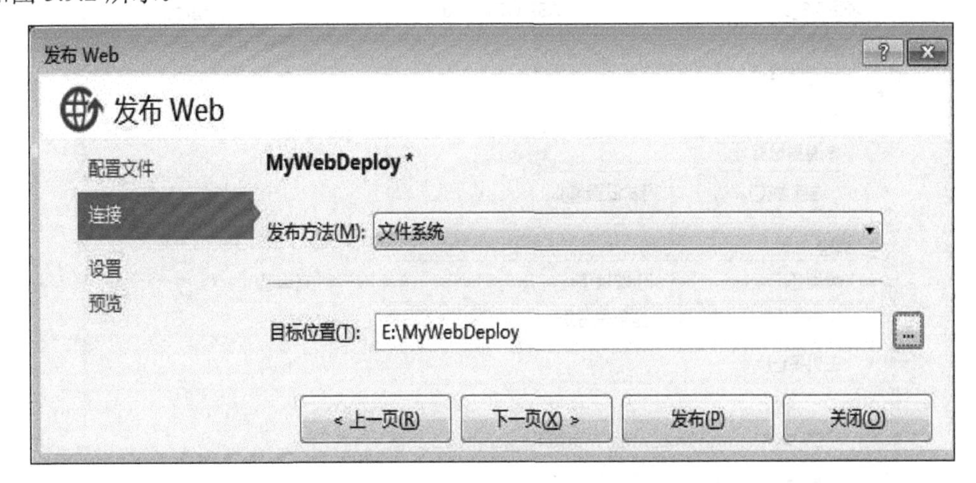

图 5.9.2　发布 Web 项目对话框

等待一段时间后，在 VS 2015 的输出窗口，可以查看到项目发布成功的相关信息。

(5) 右击“计算机”，在弹出的右键菜单中选择“管理(G)”，在弹出的“计算机管理”对话框中选择“服务和应用程序”→“Internet 信息服务(IIS)管理器”，然后展开服务器，如图 5.9.3 所示。

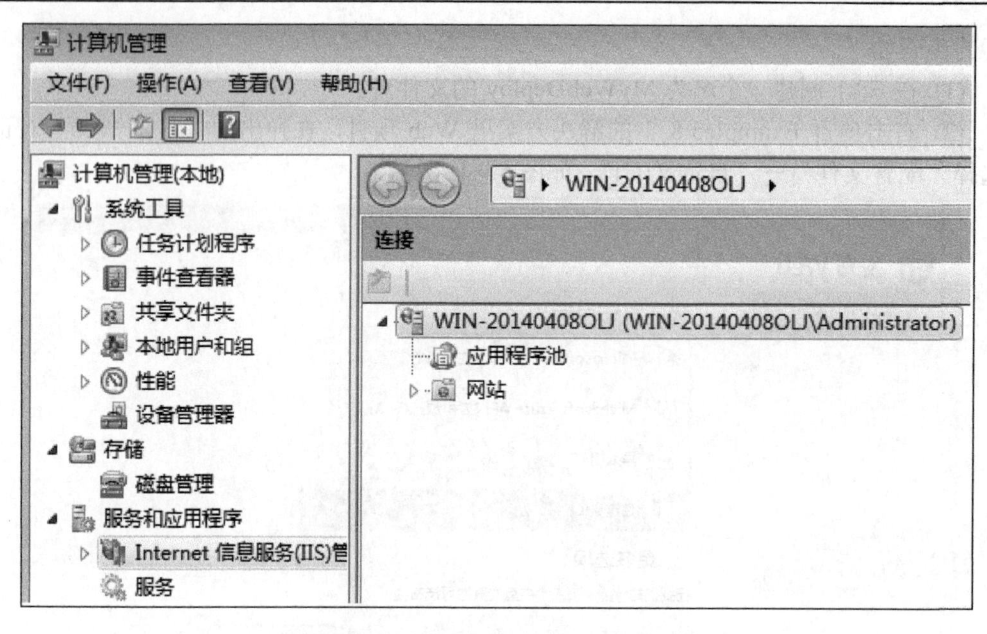

图 5.9.3 Internet 信息服务(IIS)管理器

(6) 右击网站，在弹出的右键菜单中选择“添加网站”。

(7) 在弹出的“新建网站”对话框里，选择应用程序池为“ASP.NET v4.0”，选择网站的物理路径为文件夹 E:\MyWebDeploy，指定站点端口为 84，其操作如图 5.9.4 所示。

图 5.9.4 添加网站对话框设置

(8) 右击添加的网站，在弹出的右键菜单中选择“管理网站”→“浏览”，即可在打开的浏览器窗口里打开站点主页，其操作方法如图 5.9.5 所示。

图 5.9.5　在 IIS 服务器里浏览发布的 Web 项目

网站浏览效果，如图 5.9.6 所示。

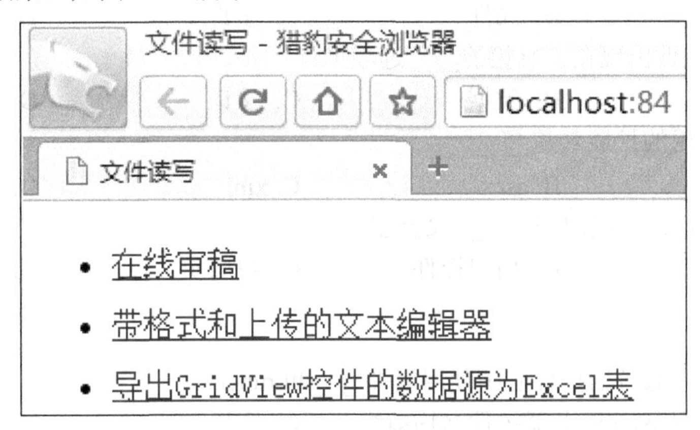

图 5.9.6　在 IIS 服务器里浏览发布的 Web 项目

注意：

(1) IIS 默认网站一般使用 80 端口，添加网站时，需要指定新的(不重复)端口。

(2) 网站发布后，会在目标文件夹里自动生成一个名为 bin 的文件夹，用来存放原项目引用的程序集和窗体后台代码类文件编译后的程序集。当然，其他的文件也会直接复制到目标文件夹。

(3) 在 IIS 中，随时可以对网站进行配置和修改(如主页设置、端口绑定等)。

(4) 如果将 Web 项目直接发布到 IIS 服务器默认的站点目录(wwwroot)，则可能由于文件夹权限的问题而引起某些页面不能正常访问。

习 题 5

一、判断题

1. 客户端请求服务器的窗体页面时，服务器控件都将其解析为 HTML 标签。
2. 控件对象的属性可以在窗体后台文件里动态设置。
3. 控件 HyperLink 只能对文本做超链接。
4. VS 创建数据连接的数据源选择里，包含了 SQL Server、Oracle 及 MySQL 等。
5. 数据绑定代码<%#%>只能出现在窗体前台页面里。
6. 使用 Repeater 控件时必须定义显示模板。
7. 一个母版页只能包含一个占位控件。
8. 使用三层架构方式开发 WebForm 项目时，Web 项目被类库项目引用。

二、选择题

1. VS 工具箱的____选项里，大多数控件具有 Text 属性。
   A. 标准　　B. 数据　　C. 验证　　D. 导航
2. 在 DropDownList1.Items.Add(new ListItem("广州", "020"))中的 Items 是____。
   A. 对象　　B. 属性　　C. 事件　　D. 方法
3. Repeater 控件出现在工具箱的____选项里。
   A. 标准　　B. 数据　　C. 验证　　D. 导航
4. 母版页使用的扩展名是____。
   A. aspx　　B. ascx　　C. xml　　D. master
5. 指令@Master 只能出现在____文件里。
   A. 窗体　　B. 用户控件　　C. 母版页　　D. 内容页

三、填空题

1. 窗体里每个服务器控件必须使用属性____和 runat。
2. 窗体里所有 Web 服务器控件名均前缀____。
3. 判定是否为回发页，应使用类 Page 的____属性。
4. 窗体前台设置 DropDownList 控件对象的____属性实现在改变列表选项后自动回发。
5. 在 WebForm 项目里，母版页 ____PHP 的英文缩写。
6. 使用三层架构开发 ASP.NET 网站，必须新建一个 Web 项目并在其解决方案里添加多个____项目。
7. 控件<asp:ScriptManager>的属性 EnablePartialRendering 的默认值为____。
8. 调用 Web 服务方法返回的数据格式是____。
9. 为了实现两个下拉列表联动，需要对第一个设置属性____="True"并定义事件 onselectedindexchanged。

实验 5　基于 WebForm 的 Web 项目开发

一、实验目的

(1) 掌握使用窗体模型开发 WebForm 项目的一般步骤。

(2) 理解 Web 项目里两个特殊文件 Web.config 与 Global.asax 的作用。

(3) 掌握 ASP.NET 常用控件的使用。

(4) 掌握 ASP.NET 数据控件的使用及数据显示模板设计。

(5) 掌握网站导航和 Web 用户控件的使用。

(6) 掌握第三方提供的分页控件 AspNetPager 和百度富文本编辑器的使用。

(7) 掌握母版页的设计与使用。

(8) 掌握三层架构在 WebForm 开发中的应用。

(9) 掌握 Web 服务的建立与使用。

(10) 掌握 ASP.NET AJAX 控件的使用。

(11) 掌握使用 FileUpload 控件实现文件上传、导出数据控件的数据源为 Excel 表的方法。

(12) 掌握将 Web 项目发布至 IIS 服务器的方法。

二、实验内容及步骤

【预备】访问本课程上机实验网站 http://www.wustwzx.com/asp_net/index.html，单击第 5 章实验的超链接，下载本章实验内容的案例项目，得到文件夹 ch05。

1. 窗体模型中的 PostBack 机制、DropDownList 控件的使用

(1) 在 VS 2015 中打开 Web 项目 Example5.2_1 的窗体文件 Default。

(2) 查看前台下拉列表控件代码及其属性 AutoPostBack 和事件 SelectedIndexChanged。

(3) 在后台代码里查验类 DropDownList 具有继承而来的 Items 属性。

(4) 查看前台命令按钮控件代码及其属性与事件。

(5) 查看后台三个事件过程里的处理代码。

(6) 使用 Ctrl+F5 快捷键做运行测试。

(7) 屏蔽后台事件过程 Page_Load()里的 if 语句后再做测试，观察页面效果的不同。

2. 容器控件 GridView 与 Repeater 的使用

(1) 在 VS 2015 中打开 Web 项目 Example5.2_2 的窗体文件 Default。

(2) 使用 Ctrl+F5 快捷键浏览，查看项目设计要点。

(3) 打开访问 SQL Server 数据库 flower1 的窗体 WebForm1，分别查看 DataSource1 和 GridView1 的控件代码中的主要属性以引用关系。

(4) 查验 Web 项目的引用文件夹里引用的类库项目 DAL。

(5) 打开访问 MySQL 数据库 flower 的窗体 WebForm2，查看 Repeater1 的前台控件代码，特别是显示模板代码。

(6) 查看窗体 WebForm2 的后台代码，特别是使用命名空间 DAL 和建立 Repeater1 数据

源的代码。

(7) 分别浏览窗体页面 WebForm1 和 WebForm2。

(8) 查看窗体 WebForm2 前台代码里为使用 Bootstrap 而引用的 JS 脚本文件及 CSS 样式文件。

(9) 浏览窗体 WebForm2p，并与窗体 WebForm2 的效果比较。

3. Web 用户控件与母版页的创建与使用

(1) 在 VS 2015 中打开使用第三方分页控件访问 MySQL 数据库 flower 的 Web 项目 Flower。

(2) 在“拆分”模式下，分别查看 Web 项目里 ascx 文件夹里两个 Web 用户控件的代码及设计视图。

(3) 在“拆分”模式下，分别查看 Web 项目里 master 文件夹里前台母版页的代码及设计视图，特别是对 Web 用户控件引用的代码和占位控件代码。

(4) 打开窗体 Default，在“拆分”模式下，查看它对前台母版的引用代码。

4. 第三方分页控件 AspNetPager 的使用

(1) 在 VS 2015 中打开访问 MySQL 数据库 flower 的 Web 项目 TestAspNetPager。

(2) 查看 Web 项目中引用文件夹对第三方分页控件(程序集)AspNetPager 的引用。

(3) 打开窗体 WebForm 的前台代码，查看页面开头注册 AspNetPager 控件和主体部分与使用该控件的代码。

(4) 查看窗体后台中三个事件过程里的处理代码，特别是方法 BindData()里调用类 MyDb 方法 GetRecordsWithPage()的代码。

(5) 使用 Ctrl+F5 快捷键运行代码，并测试分页功能。

(6) 打开访问 SQL Server 数据库 flower1 的 Web 项目 TestAspNetPager2，将其与项目 TestAspNetPager 做对比分析。

5. 站点地图与三种导航控件的使用

(1) 在 VS 2015 中打开 Web 项目 TestSiteNav。

(2) 打开站点根目录下的站点地图文件 Web.sitemap，查看根标签< siteMap >及内部嵌套的标签<siteMapNode>。

(3) 打开主页文件，查看页面代码，特别是三个导航控件的代码。

(4) 通过单击 TreeView 或 Men 的子项，查看面包屑导航条(对应于控件 SiteMapPath)的变化。

6. 使用 WebForm 三层架构的简明示例——用户登录

(1) 在 VS 2015 中打开 Web 项目 TestWebForm3Layers，其解决方案里包含 1 个 Web 项目和 3 个类库项目。

(2) 在 SQL Server Express 中，执行 Web 项目的脚本文件 App_Data\NewsDB.sql，它将自动创建数据库 NewsDB 及数据表 admin。

(3) 验证窗体的正常运行，需要在 Web.config 在配置节<appSettings>进行设置。

(4) 从登录窗体 Login 的后台代码开始，通过使用 VS 工具栏里的对象导航工具查看项目各层之间的调用关系。

7. 使用 Web 服务

(1) 打开 Web 项目 Example5.6_1 及窗体 Default 前台文件。

(2) 在“拆分”模式下，查看到窗体包含两个 DropDownList 控件、一个 Button 控件和一个 GridView 控件。

(3) 使用对象浏览器查看项目中对 TrainTimeWebService 的添加引用。

(4) 查看窗体后台代码，查看方法 getStationAndTimeByStationName()的返回类型为 DataSet。

(5) 体会 Web 服务就是对远程类方法的调用。

(6) 打开 Web 项目 Example5.6_2。

(7) 对比打开窗体 Default 和 DefaultPro 的后台代码，掌握使用缓存的好处。

(8) 打开 Web 项目 Example5.6_3。

(9) 查看自定义 Web 服务 MyWebService 中定义的方法及其代码。

(10) 使用对象浏览器查看项目中对 MyWebService 的添加引用。

(11) 打开窗体 Default 后台代码，查看对 MyWebService 方法的调用。

8. ASP.NET AJAX 控件的使用

(1) 打开实时显示 Web 服务器时间的 Web 项目 Example5.7_1 及窗体 Default 前台文件。

(2) 在拆分模式下，查看窗体控件的组成及相应的代码。

(3) 查看窗体后台显示服务器端时间的程序代码。

(4) 使用 Ctrl+F5 快捷键，可观察到时间的连续变化。

(5) 修改 ScriptManager 控件的属性 EnablePartialRendering 的默认值为 false。

(6) 再次运行项目，用户可以明显感觉到屏幕每隔一秒被刷新。

(7) 打开实现多人聊天的 Web 项目 Example5.7_2 及窗体 Default 前台文件。

(8) 在拆分模式下，查看窗体控件的组成及相应的代码。

(9) 查看窗体后台的事件代码。

(10) 打开使用 AJAX 控件包里使用自动完成控件 AutoCompleteExtender 的 Web 项目 Example5.7_3 及窗体 Default 前台文件。

(11) 查看 Web 服务 WebService1.asmx 的代码。

(12) 在拆分模式下，查看窗体控件的组成及相应的代码。

(13) 查看窗体 Default 前台中对 WebService1 的引用代码。

(14) 验证要在客户端使用 JavaScript 访问 Web Service，必须在 Web Service 中使用特性 [System.Web.Script.Services.ScriptService]。

(15) 使用 Ctrl+F5 快捷键，测试使用自动完成控件实现文本快速输入的功能。

9. 浏览网站目录与文件

(1) 在 VS 2015 中打开 Web 项目 Example5.8_1。

(2) 查看窗体 WebForm1 显示窗体文件路径的实现代码。

(3) 查看窗体 WebForm2 浏览站点文件与目录的实现代码，特别是两个主从控件的关联的实现。

10. WebForm 中的文件上传与文本文件读/写

(1) 在 VS 2015 中打开 Web 项目 Example5.8_2 的窗体文件 Default。

(2) 查验项目引用了 Framework 程序集 System.Windows.Forms.dll。

(3) 查看使用 FileUpload 控件实现文件上传的代码。

(4) 使用 Ctrl+F5 快捷键运行代码，并使用解决方案窗口里“显示所有文件”工具，查验文件已经上传至项目文件夹 upload。

(5) 打开 Web 项目 Example5.8_3。

(6) 查看窗体 WebForm1 实现文本文件读/写及显示代码。

11. 富文本编辑器 UE 的使用

(1) 打开 Web 项目 Example5.8_3，查验引用了程序集 ueditor/net/Bin/Newtonsoft.Json.dll。

(2) 打开访问 MySQL 数据库 flower 表 news 的窗体 WebForm2，查看前台代码里项模板 ItemTemplate 对浏览、修改、删除和增加四个窗体的调用代码，即为新闻列表页。

(3) 查看调用窗体 WebForm2_display、WebForm2_update 和 WebForm2_delete 时传递参数的方法。

(4) 查看窗体 WebForm2_display 显示新闻内容(即新闻详细页)的实现代码。

(5) 查看后台三个事件过程里的处理代码。

(6) 使用 Ctrl+F5 快捷键运行代码，查验上传的图片(此时需要使用解决方案里的“显示所示文件”工具)。

12. 导出数据控件的数据源为 Excel 表

(1) 打开 Web 项目 Example5.8_3 里访问 MySQL 数据库 flower 表 flower_detail 的窗体 WebForm3。

(2) 查看窗体前台对 GridView 控件分页的实现代码。

(3) 查看后台导出控件数据源为 Excel 表的实现代码。

(4) 适当修改代码，以导出指定页的记录到 Excel 文件。

13. ASP.NET 项目发布

(1) 根据 5.9 节的操作步骤，发布 Web 项目 Example5.8_3 至本地 IIS 服务器的某个文件夹。

(2) 在 IIS 服务器里新建网站并指向刚才发布的文件夹，然后做访问测试。

三、实验小结及思考

(由学生填写，重点填写上机中遇到的问题。)

ASP.NET MVC 框架使用基础

以前介绍的 WebForm 使用服务器控件，常用于完成一般的小型应用系统开发。然而，开发访问量大的公共站点，使用 MVC 框架会具有更高的开发效率。VS 2015 集成了 MVC 框架，使得 Web 开发效率得到极大的提升。本章介绍了 MVC 框架中控制器程序的编写及视图的设计方法，其学习要点如下。

- 掌握创建 MVC 项目的方法。
- 掌握 MVC 开发模式与传统的 WebForm 模式的不同点。
- 掌握 ASP.NET MVC 控制器类及其相关类的主要用法。
- 掌握视图类及其相关类的主要用法。
- 掌握视图模板引擎 Razor 的使用方法。

6.1 基于 MVC 模式的 MVC 5 框架

6.1.1 关于 MVC 开发模式

在 MVC 模式中，应用程序被分成三个主要组件，即模型(Model)、视图(View)和控制器(Controller)。

- Model：是存储或者处理数据的组件，其负责对实体类相应的数据库进行 CRUD 操作，也包括数据验证规则。
- View：是用户接口层组件，是应用程序中处理数据显示的部分，主要是将 Model 中的数据展示给用户，通常根据模型数据来创建。
- Controller：是应用程序中处理用户交互的部分，用于控制用户输入、从视图读取数据，从 Model 中获取数据并将结果数据传给指定的 View。

当今，越来越多的 Web 应用基于 MVC 设计模式，它提供了将业务逻辑与数据显示相分离的方法，提高了应用系统的可维护性、可扩展性和组件的可复用性。

MVC 模式有如下的优点。

(1) 将数据建模、数据显示和用户交互三者分开，使得程序设计的过程更清晰，提高了程序的可复用程度。

(2) 当接口设计完成以后，可以开展并行开发，从而提高了开发效率。

(3) 可以很方便地用多个视图来显示多套数据，从而使系统能方便地支持其他新的客户端类型。

(4) 简化了分组开发，不同的开发人员可同时开发视图、控制器逻辑和业务逻辑。

ASP.NET MVC 项目的执行过程如下。

(1) 来自客户端的请求信息，首先提交给 Controller。

(2) 控制器选择相应的 Model 对象处理获取的数据。

(3) 控制器选择相应的 View 组件(即调用 V 层)，通常表现为进行转发处理。

(4) 使用 Razor 引擎的视图页面获取 Controller 处理的数据。

(5) 以响应的方式将结果数据返回给客户端浏览器。

访问 http://www.aspnetmvc.com/Home/Index，其实就是访问控制器 HomeController 中的 Index 这个动作 Action。

注意：

(1) ASP.NET MVC 的不同版本之间有一定的差异，本章介绍的是 MVC 5。

(2) ASP.NET MVC 底层与 WebForm 是一样的，即 ASP.NET MVC 是对 WebForm 的再封装，只是在管道上有不同的处理而已。

(3) 用传统的三层架构观点来看，View 和 Controller 都属于 UI 层，而 Model 则横跨 BLL 层与 DAL 层。

6.1.2 MVC 5 项目的创建及结构分析

在创建 ASP.NET 应用程序的项目时，选择 Empty 模板、勾选 MVC 和 Web API 后，将生成 MVC 项目，如图 6.1.1 所示。

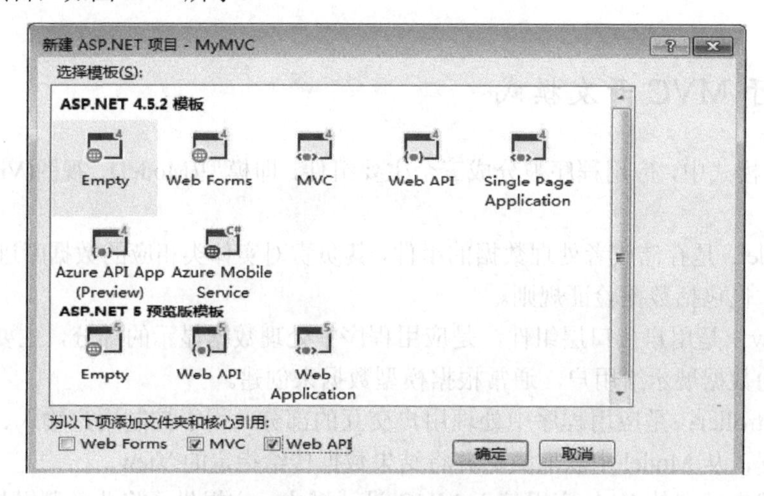

图 6.1.1 新建 MVC 项目对话框

注意：

(1) 使用 Empty 模板创建 MVC 项目时，必须勾选 MVC 核心引用，但可以不勾选 Web API。

(2) 使用 MVC 模板创建 MVC 项目时，图 6.1.1 中的勾选将不可用。此时，创建了一个完整、可直接运行的项目。

自动生成的项目文件系统(MyMVC 是新建的项目名称)，如图 6.1.2 所示。

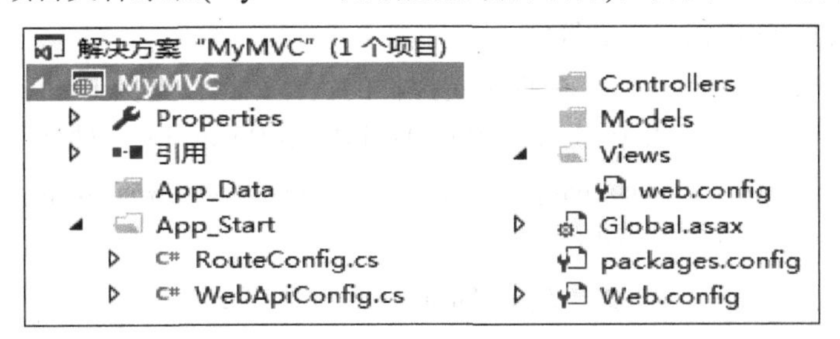

图 6.1.2　一个 MVC 项目文件系统

MVC 项目与传统的 WebForm 不同，它没有窗体页面，页面浏览时不能使用右击后在弹出的菜单中选择在浏览器中查看的方式，因为页面是在运行时通过控制器程序调用视图动态生成的。

注意：MVC 项目里的类名区分字母大小写。

1. 控制器文件夹 Controllers

文件夹 Controllers 用来编写用户的控制器程序(类)，通过右击文件夹 Controllers，在弹出的右键菜单中选择“添加”→“控制器”→“MVC 5 控制器”的方式来编写，每个控制器会自动产生一个名为 Index 的动作，它是请求该控制器时默认执行的方法，控件器的代码架构如下。

```
public class HomeController : Controller{
        public ActionResult Index() {
            // 编写业务逻辑代码
            return View();
        }
        //其他动作
}
```

注意：

(1) 每种框架总会有一些约定的规则。习惯上，命名控制器时后缀 Controller。

(2) 一个控制器内可以定义若干动作(方法)。

2. 视图文件夹 Views

控制器内的每个方法，都可以创建一个默认的视图，通过在方法内空白处右击，在弹出的右键菜单中选择“添加视图”的方式创建。作为最终呈现给用户的界面，ASP.NET MVC 视图是比较灵活和强大的，既支持原生态的 HTML，也支持后台语言(视图文件一般以.cshtml 为后缀)。

注意：使用 Ctrl+MG 快捷键，能实现控制器文件与视图文件的切换。

3. 引用文件夹

MVC 项目的引用文件夹的作用与传统的 WebForm 相同，只是默认引用的程序集不同。MVC 项目引用的主要程序集如下。

- System.Web.Mvc.dll(提供了控制器类 Controller、动作结果类 ActionResult 和 RedirectToRouteResult 类等)。
- System.Web.Entity(提供了数据绑定控件的实体数据模型类 EntityDataSource 等)。
- System.Web.Razor.dll 和 System.Web.WebPages.Razor.dll(一种视图模板引擎)。

注意：在自动生成的 Views/Web.config 里，配置了对程序集 System.Web.Webpages.Razor.dll 的调用，它与项目根目录下的 Web.config 作用不同。

4. 项目启动文件夹及路由设置 App_Start/RouteConfig.cs

在 ASP.NET MVC 的项目启动文件夹 App_Start 里，包含了路由类设置文件 RouteConfig.cs，它设置了默认执行的主控制器及其默认执行的方法，其代码如下。

```
using System.Web.Mvc;
using System.Web.Routing;
namespace MyMVC
{
    public class RouteConfig
    {
        public static void RegisterRoutes(RouteCollection routes)
        {
            routes.IgnoreRoute("{resource}.axd/{*pathInfo}");
            routes.MapRoute(
                name: "Default",
                url: "{controller}/{action}/{id}",
                defaults: new { controller = "Home", action = "Index",
                                                    id = UrlParameter.Optional }
            );
        }
    }
}
```

注意：通过修改文件 App_Start/RouteConfig.cs 来配置 MVC 项目的主页。

6.2 MVC 5 控制器

6.2.1 控制器抽象类 Controller

在命名空间 System.Web.Mvc 里，定义了抽象类 Controller，它作为所有控制器的基类，提供了用于响应对 ASP.NET MVC 网站所进行的 HTTP 请求的方法。

为了表示动作的多种结果类型(ActionResult)，控制器类 Controller 提供了一些相应的主要方法，如图 6.2.1 所示。

```
⊞ 程序集 System.Web.Mvc, Version=5.2.3.0
⊞using [...]
⊟namespace System.Web.Mvc
 {
⊞   [...]public abstract class Controller
    {
⊞       [...]protected internal ViewResult View();
⊞       [...]protected internal ViewResult View(string viewName);
⊞       [...]protected internal ViewResult View(object model);
⊞       [...]protected internal RedirectToRouteResult RedirectToAction(string actionName);
⊞       [...]protected internal RedirectToRouteResult RedirectToAction(string actionName, string controllerName);
⊞       [...]protected internal JsonResult Json(object data, JsonRequestBehavior behavior);
⊞       [...]protected internal void UpdateModel<TModel>(TModel model) where TModel : class;
⊞       [...]public ModelStateDictionary ModelState { get; }
    }
```

图 6.2.1　控制器类 Controller 提供的方法

其中，当动作有返回结果时，其结果类型 ActionResult 的取值，除了通常的转向视图(使用 View()方法)外，还有动作重定向(使用 RedirectionToAction()方法)和产生 AJAX 请求(使用 Json()方法)等。

注意：

(1) 无参方法 View()将调用与方法名相同的默认视图。

(2) 有参方法 View(string view)与 View(object model)根据参数类型的不同而重载。

(3) 方法 RedirectionToAction()用于动作重定向，参见 7.3.1 小节中的案例。

(4) 方法 Json()用于响应 MVC 视图里的 AJAX 请求，参见 8.2.3 小节中的案例。

(5) 控制器动作没有返回结果时，使用 void 修饰符。

6.2.2　MVC 5 控制器相关类

实际上，抽象类 Controller 继承基类 ControllerBase，而 ControllerBase 实现接口 IController，这些类与接口的定义，如图 6.2.2 所示。

```
⊞ 程序集 System.Web.Mvc
⊟namespace System.Web.Mvc
 {
⊞     [...]public abstract class Controller
⊞     [...]public abstract class ActionResult
⊞     [...]public abstract class ControllerBase : IController
      {
⊞         [...]public dynamic ViewBag { get; }
⊞         [...]public ViewDataDictionary ViewData { get; set; }
      }
 }
```

图 6.2.2　控制器类 Controller 相关类(接口)

1. 控制器类 Controller 类的父类 ControllerBase

用户开发的控制器，一般是继承 Controller，而类 ControllerBase 是 Controller 的父类，

它提供了 dynamic 类型(动态类型，可以存放任意类型的数据)的属性 ViewBag 和键值对字典结构的属性 ViewData。

在 MVC 项目里，使用控制器类具有的属性 ViewData 或 ViewBag，可实现从控制器 Controller 到视图 View 的传值。

在控制器方法里，使用 ViewData["myName"]进行赋值，而在对应的视图里则使用 ViewData["myName"]获取值。

ViewBag 是 ViewData 的动态封装器，相当于在 ViewData 的基础上进行了封装处理。在控制器方法和视图里，分别通过“ViewBag.键名”来设置键值和读取键值。

注意：

(1) dynamic 的对象会跳过静态类型检查。大多数情况下，该对象就像具有类型 object 一样。在编译时，将假定类型为 dynamic 的元素支持任何操作。

(2) 在视图里引用控制器里通过 ViewData 或 View 定义的键值对数据时，可忽略键名字母的大小写。

2. 动作结果类型 ActionResult

在命名空间 System.Web.Mvc 里定义的 ActionResult 是一个抽象类，表示操作方法(即动作)的结果。为了实现一个动作完毕后转向某个视图或者其他(控制器)动作或者实现 AJAX 请求，则该动作应以 ActionResult 作为返回值类型。否则，该动作应设置为 void 类型。

3. 视图页类 ViewPage 及其相关类

设计视图时，通常是使用类 **System.Web.Mvc.ViewPage** 属性 Html 得到 HtmlHelper 类型的对象，用来生成相应的 HTML 元素。类 ViewPage 及其相关类的定义，如图 6.2.3 所示。

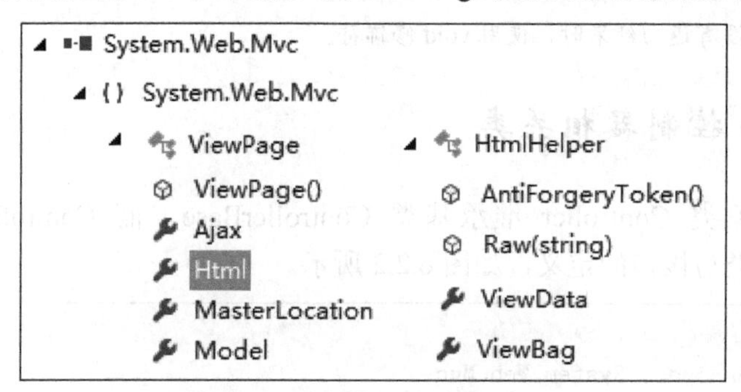

图 6.2.3 视图页类 ViewPage 及其相关

注意：类 ViewPage 的另一个重要属性是 Model，用于获取来自模型层并传递到视图的数据。

6.3 页面视图设计初步

6.3.1 视图设计

视图是生成 HTTP 响应页面的基础。在 MVC 项目里，文件夹 Views 用于存放视图文件。

视图一般是扩展名为.cshtml 的文件，集中保存在根目录 View 文件夹下；每个控制器会对应一个视图文件夹，以及一些公用的文件夹(如 Shared 文件夹)中的视图文件。根据这些约定，其他地方不需要指定路径就能访问到。

在 MVC 项目的系统文件夹 Controllers 里，新建一个控制器时，将在系统文件夹 Views 里自动产生一个与该控制器同名的子文件夹，用于存放扩展名为 cshtml 的视图文件，如图 6.3.1 所示。

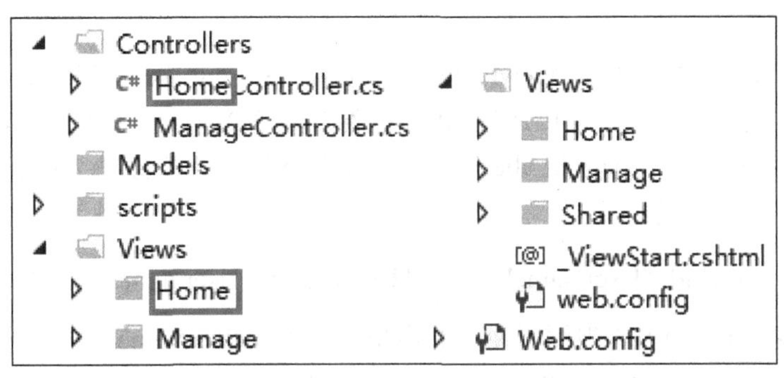

图 6.3.1　MVC 项目的视图文件夹与控制器文件夹的对应关系

除了与控制器对应的视图文件夹外，通常会在 Views 里创建用于存放公用视图的文件夹，如 Shared 文件夹。

注意：

(1) 在控制器方法里使用快捷菜单项“添加视图”时，会自动在 Views 的相应文件里创建与控制器同名的视图文件夹，并在创建的视图文件夹中创建视图文件(视图文件一般与控制器方法同名)。

(2) 在 VS 2015 中编辑视图时，使用 Ctrl+F5 快捷键将会默认请求与本视图同名的方法。

(3) 使用快捷键 Ctrl+MG 可在控制器方法与对应的视图之间切换。

抽象类 System.Web.Mvc.WebViewPage 提供了呈现使用 ASP.NET Razor 语法的视图所需的属性和方法，其定义如下。

```
public abstract class WebViewPage : WebPageBase, IViewDataContainer, IViewStartPageChild{
    // 获取或设置System.Web.Mvc.HtmlHelper 对象，该对象用于呈现 HTML元素
    public HtmlHelper<object> Html { get; set; }
    //获取关联的 System.Web.Mvc.ViewDataDictionary对象的Model属性
    public object Model { get; }
    // 获取要传递到视图的临时数据
    public TempDataDictionary TempData { get; }
    // 获取或设置已呈现的页的 URL
    public UrlHelper Url { get; set; }
    // 获取视图包
    [Dynamic]
    public dynamic ViewBag { get; }
    …..
}
```

6.3.2 视图模板引擎 Razor

1. Razor 概念

为了将控制器处理的结果数据在视图中显示，Razor 引擎中内置了许多模板变量，使用它们来接收结果数据。当控制器方法使用 returnView()这种方式返回值时，则需要设计相应的视图供调用。

视图页类 System.Web.Mvc.ViewPage 继承页类 System.Web.UI.Page，并且具有属性 Html。因此，在设计视图时，可以通过 Html.控件名(参数)的方式来生成 HTML 元素。

在 Razor 视图中，使用 Html.LabelFor(m => m.UserName)来创建一个标签，视图引擎会将这句话编译为如下形式。

```
<label id="UserName" name="UserName">User name</label>
```

其中，m 表示(约定)当前视图所使用的模型，m=>m.UserName 是一个 Lambda 表达式。

注意：Html.Label 和 LabelFor 都是创建一个 label，二者的区别在于 LabelFor 的参数是强类型的，目的是为了使用 Lambda 表达式，这样可以在编译时进行视图检查(可以在编译时发现错误，而不是在运行时)，还可以在视图模板中获得更好的代码 intellisense 支持，现在推荐使用这种强类型的参数。

Razor 是 MVC 的一个视图模板引擎，它是一种允许向网页中嵌入基于服务器代码(C# 或 VB)的标记语法。事实上，视图配置文件 Views/web.config 包含了对 Razor 引擎的使用，其主要代码如下。

```
<system.web.webPages.razor>
  <host factoryType="System.Web.Mvc.MvcWebRazorHostFactory,
                        System.Web.Mvc, Version=5.2.3.0, Culture=neutral,
                                        PublicKeyToken=31BF3856AD364E35" />
  <pages pageBaseType="System.Web.Mvc.WebViewPage">
    <namespaces>
      <add namespace="System.Web.Mvc" />
      <add namespace="System.Web.Mvc.Ajax" />
      <add namespace="System.Web.Mvc.Html" />
      <add namespace="System.Web.Routing" />
      <add namespace="TestLayout" />
    </namespaces>
  </pages>
</system.web.webPages.razor>
```

Razor 提供了简化的语法表达式，最大限度地减少语法和多余的字符。

注意：Razor 支持的两种文件类型分别是.cshtml 和.vbhtml，它们分别对应于 C#语法的和 VB 语法。

在网页加载时，服务器在向浏览器返回页面之前，会先执行页面内基于服务器的代码。加载视图时，在服务器向浏览器返回页面之前，会先执行视图文件里以特殊字符“@”表示的 Razor 指令。

Razor 支持代码混写。在 Razor 代码里可以插入 HTML 代码，在 HTML 代码里也可以插入 Razor 代码。

在 Razor 代码里还可以再嵌入 Razor 代码，即 Razor 代码可以嵌套。

在 Razor 代码中，使用“@:纯文本”格式来显示纯文本(指不带 HTML 标签的文本)。

使用 Razor 这种简洁的模式化语法，能实现非常流畅的编码工作流。Razor 能灵活地通过检测<tag>元素来识别内容块的起始，从而使 Razor 方法在由 HTML 生成的场景中很有效。

注意：

(1) 由于在 MVC 项目的视图文件中，使用@符号来标识 C#代码，因此，要在 View 页面中输出@符号，需要使用@Html.Raw("@")这种方式。

(2) 自动生成的项目文件 Views/web.config 与项目根目录下的 Web.config 的作用不相同。

(3) Razor 相当于 WebForm 里的 ASPX 引擎，它既支持原生态的 HTML，也支持后台语言 Razor。

2. Razor 语法规则

Razor 的语法规则如下。

- Razor 代码封装在@{...}内，并可以用//或/**/的方式注释。
- 行内表达式(变量和函数)以@开头。
- 代码语句以分号结尾。
- C#代码对字母的大小写敏感。
- C#模板文件以.cshtml 作为扩展名。

注意：使用@*和*@，可注释视图文件里的 C#代码和 HTML 代码。当然，也可使用 VS 2015 工具栏里的注释工具。

视图设计时，常用的@指令，如表 6.3.1 所示。

表 6.3.1 视图设计常用的@指令

模板指令	功能描述
@ViewBag	在控制器里建立 dynamic 类型的变量供视图输出
@ViewData	在控制器里建立键值对结构类型的变量供视图输出
@Html. LabelFor ()	原样输出字符串(包括 HTML 标签)
@Html.DropDownList()	在客户端生成一个下拉列表
@Html.Raw()	输出含有 HTML 标签的字符串
@Html.ActionLink()	该方法的作用为生成超链接。至少有两个参数，第 1 参数为链接文本，第 2 参数为动作名。有多种重载形式，第 3 参数为可选项，既可以是控制器名，也可以是路由名。
@Styles.Render()	加载 CSS 样式，要求已经在 BundleConfig.cs 中进行配置
@Scripts.Render()	加载 JS 脚本，要求已经在 BundleConfig.cs 中进行配置
@RenderBody()	出现在应用布局文件里，将视图内容合并至布局文件里本代码处，参见 6.3.3 小节
@Html.Partial()	将分部视图添加至一般视图里，参数为分部视图名，参见 6.3.3 小节

为了将控制器处理的结果数据在视图中显示，Razor 引擎内置了许多模板变量，使用它们来接收结果数据。如果控制器方法的返回值为 ActionResult 或 ViewResult 类型，则在该方法名的右键菜单里选择“添加视图”时，将自动在文件夹“Views/控制器名”内创建视图。

基于 Razor 的视图，视图默认继承类 System.Web.Mvc.WebViewPage 或者 System.Web.Mvc.WebViewPage<T>。泛型 WebViewPage<T>继承自 WebViewPage，它提供一些非泛型 WebViewPage 类里没有的独特的补充。

抽象类 WebPageBase 提供了使用 ASP.NET Razor 语法呈现视图所需的属性和方法。例如，@ Html.ActionLink ("返回主页","Index")。

注意：

(1) 由于在 MVC 项目的视图文件中，使用@符号来标识 C#代码，因此，要在 View 页面中输出@符号，需要使用@Html.Raw("@")这种原生方式。

(2) ViewResult 类间接实现了抽象类 ActionResult。

6.3.3 分部视图、页面布局和视图节

在 Web 项目开发中，都会面临页面布局的问题。与 WebForm 模式开发类似，WebForm 中的 Web 用户控件及母版，在 MVC 项目中有分部页、布局页和视图节等与其对应，它们的 API 如图 6.3.2 所示。

```
⊞ 程序集 System.Web.WebPages
⊟namespace System.Web.WebPages
 {
⊞   ...public abstract class WebPageBase : WebPageRenderingBase
    {
⊞         ...public override string Layout { get; set; }
⊞         ...public HelperResult RenderBody();
⊞         ...public override HelperResult RenderPage(string path, params object[] data);
⊞         ...public HelperResult RenderSection(string name, bool required);
    }
⊞   ...public abstract class StartPage : WebPageRenderingBase
    {
⊞         ...public override string Layout { get; set; }
⊞         ...public override HelperResult RenderPage(string path, params object[] data);
    }
 }
⊞ 程序集 System.Web.Mvc
⊟namespace System.Web.Mvc.Html
 {
⊞   ...public static class PartialExtensions
    {
⊞         ...public static MvcHtmlString Partial(this HtmlHelper htmlHelper, string partialViewName);
    }
 }
```

图 6.3.2 MVC 项目的主要 API

注意：

(1) 布局页相当于 WebForm 里的母版页 Master，而分部视图相当于 WebForm 里的 Web 用户控件。

(2) 从图 6.3.2 可以看出，Layout 是类 StartPage 的一个属性。

新建一个 ASP.NET 应用项目并使用 MVC 模板时，创建的项目的 Views 文件夹里多了一个视图共享文件夹 Shared(其中包含应用的布局文件_Layout.cshtml)、视图启动文件

_ViewStart.cshtml 布局文件和视图配置文件 Web.config。视图文件夹 Views 具有层次结构，如图 6.3.3 所示。

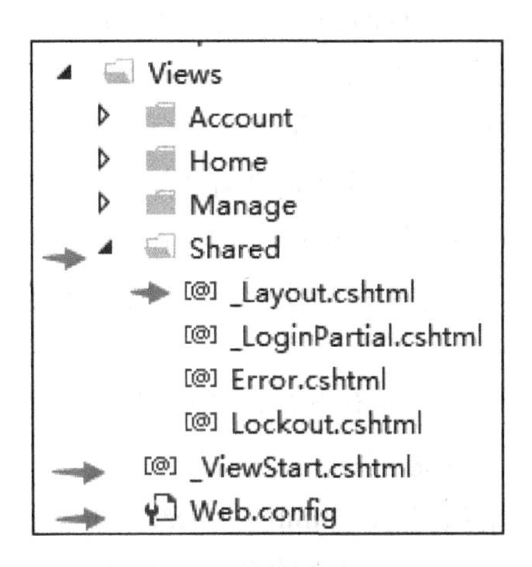

图 6.3.3　视图文件夹层次图

1. 分部视图的创建与使用

视图分为完整视图和分部视图(partial view)，完整视图最终生成的效果就相当于一个完整的 HTML 页面；分部视图不会应用任何视图模板、没有<html>、<head>和<body>等标签，它只能作为其他完整视图或布局页的一部分。

注意：在实际的项目中，通常将所有页面公共的头部和底部设计为分部视图文件。

在 ASP.NET MVC 中，分部视图文件一般存放在 Views/Shared 文件夹里，并前缀一个下画线，以区别于其他完整视图。

在完整的视图中，通过使用@Html.Partial("分部视图")，即可将分部视图添加至完整视图的当前位置。

创建分部视图的方法是：在“添加视图”对话框里，选中“创建为分部视图(C)”复选框，如图 6.3.4 所示。

图 6.3.4　创建分部视图

注意：由于分部视图不会直接作为某个控制器方法的转发视图，因此，它一般存放在 Views/Shared 文件夹里。

2. 创建与使用页面布局

在实际的项目中，通常将网站页面公共的头部和底部等分部视图放在一个页面布局文件里，其他方法的视图调用该布局文件。

一个完整的页面通常分为头部、主体和底部三个部分。其中，头部和底部是所有页面共同的部分，可放置在布局页里定义，或者定义为分部视图，以供其他视图页或布局页调用。

右击文件夹 Views/Shared(当文件夹 Shared 不存在时，应先创建)，在弹出的右键菜单中选择“MVC 5 布局(Razor)”，输入布局文件名，则在创建的布局文件里包含有一条@RenderBody()指令。

布局页里的@RenderBody()指令不包含任何参数，用于呈现应用布局页的视图页(以下简称子页)的主体内容，并且只能出现一次。

子页视图文件里也不会包含任何的<html>、<head>和<body>等标签(但可以包含<style>和<script>标签)，它包含一条指定布局文件的 Razor 代码 Layout 和主体内容。项目运行时，主体内容替换该布局文件里的占位指令@RenderBody()，即新创建的子页视图的内容会和通过布局页面的@RenderBody()方法合并到布局页。视图的内容会和布局页面合并，而新创建视图的内容会通过布局页面的@RenderBody()方法呈现于标签之间。这种方法不需要参数，而且只能出现一次。

_ViewStart.cshtml 是一个特殊的视图文件(没有任何 HTML 元素)，加载视图时将优先执行，用于指定应用的布局，其代码如下。

```
@{
    Layout = "~/Views/Shared/_Layout.cshtml";
}
```

3. 视图节的创建与使用

Layout 和@RenderBody()用于创建和使用基本母版页，而通过使用@section 和@RenderSection()可衍生出各种子母版页。

首先，在不同引用了布局页的视图页里定义名字相同的视图节，其格式如下。

```
@section 节名{
    节的内容
}
```

然后，在布局页里显示节，其格式如下。

```
@RenderSection("节名",false)
```

注意：

(1) 布局页里显示的节，也是相当于一个占位符。

(2) 当引用布局页的子页都实现了布局页里的节时，则 false 可以省略。否则，浏览没有定义视图节的子页面时会产生异常。

【例 6.3.1】页面布局示例项目 TestLayout。

作为页面布局示例，项目主要涉及 Controllers 和 Views 两个文件夹，其主要文件系统如图 6.3.5 所示。

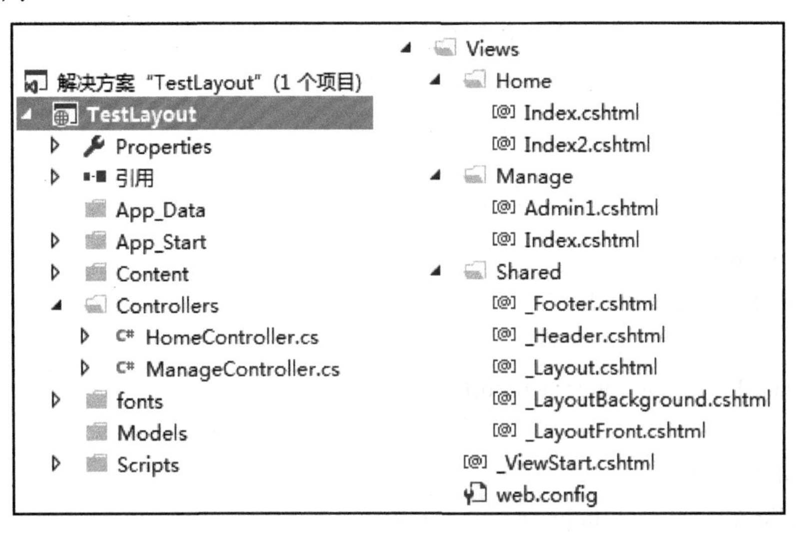

图 6.3.5　页面布局示例项目的主要文件系统

项目前台布局页_LayoutFront.cshtml 的代码如下。

```
<!DOCTYPE html>
<html>
<head>
    <meta name="viewport" content="width=device-width" />
    <title>@ViewBag.Title</title>
</head>
<body>
    @Html.Partial("~/Views/Shared/_Header.cshtml")【调用分部页：网站头部】<hr/>
    <div>
        @RenderBody()        /*占位*/
        /*视图节，节名为 mySection，false 表示子视图没有定义该节不会产生异常*/
        @RenderSection("mySection",false)
    </div><hr />
   @RenderPage("~/Views/Shared/_Footer.cshtml")【调用分部页:网站底部】
    <script src="~/Scripts/jquery-1.10.2.min.js"></script>
    <script src="~/Scripts/bootstrap.min.js"></script>
</body>
</html>
```

项目前台主页视图 Index.cshtml 的代码如下。

```
@{
    Layout = "~/Views/Shared/_LayoutFront.cshtml";
```

```
}
掌握视图节的创建与使用：<br />
@section mySection{     /*视图节名称在布局页里定义，下面是实现代码*/
    @Html.Label("我是一个使用了视图节的页面")<br />
    @Html.ActionLink("链接另一个使用视图节的页面", "Index2")
}
```

项目主控制器 Home 的文件代码如下。

```
using System.Web.Mvc;
namespace TestLayout.Controllers
{
    public class HomeController : Controller
    {
        // GET: Home
        public ActionResult Index()
        {
            ViewBag.Title = "一个使用了视图节的页面";
            return View();
        }
        public ActionResult Index2()
        {
            ViewBag.Title = "另一个使用了视图节的页面";
            return View();
        }
    }
}
```

项目主页浏览效果，如图 6.3.6 所示。

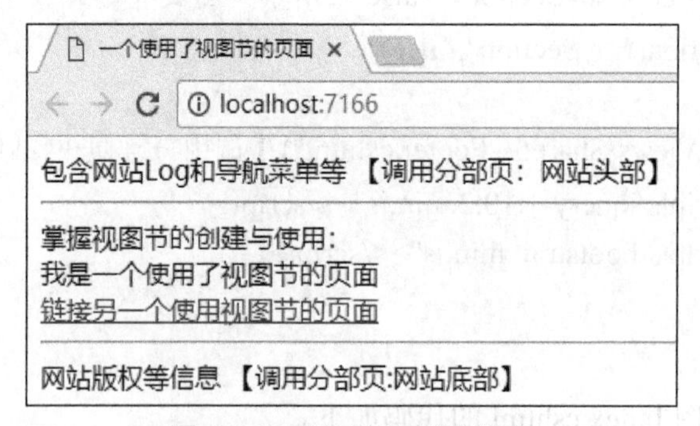

图 6.3.6　项目主页浏览效果

单击页面里的超链接，经过控制器方法 Controllers/Home/Index2 后转向至另一个也使用了视图节的视图 Views/Home/Index2，其页面浏览效果如图 6.3.7 所示。

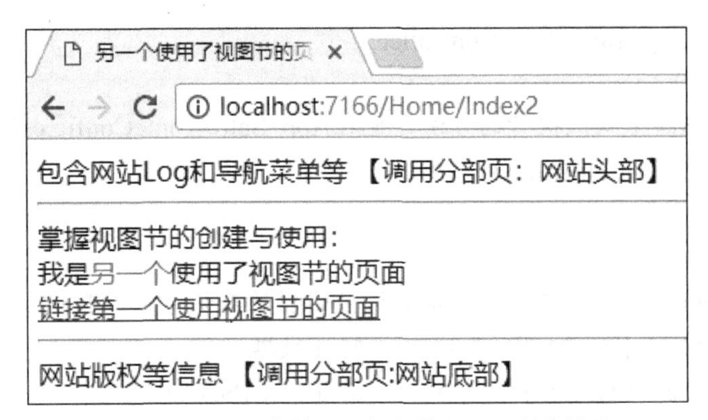

图 6.3.7　另一个使用了视图节的页面浏览效果

注意：

(1) 本项目不涉及数据库访问，因此，项目文件夹 Models 是空的。

(2) 本项目的布局页里，使用了两种不同的方式调用分部页。

6.4　一个简单的 MVC 5 示例项目

开发不包含模型类及数据库访问的 MVC 项目，只需要在文件夹 Controllers 里编写控制器程序并在文件夹 Views 里设计相应的视图。

注意：包含模型类及数据库访问的 MVC 项目，详见第 7 章。

【例 6.4.1】一个不包含模型类及数据库访问的示例项目 MVC1。

其项目文件系统如图 6.4.1 所示。

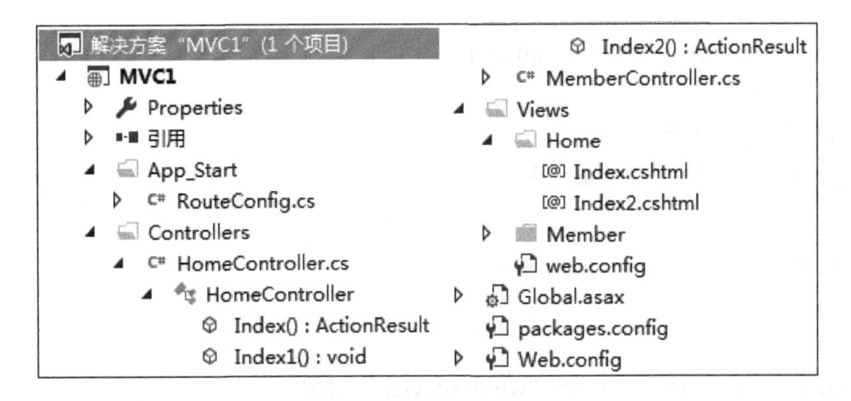

图 6.4.1　一个不包含模型类及数据库访问的示例项目（MVC1）文件系统

项目主控制器 HomeController.cs 的代码如下。

```
using System.Web.Mvc;
namespace MVC1.Controllers
{
    //主页控制器是默认执行的控制器，在App_Satrt/RouteConfig.cs里配置
```

```
    public class HomeController : Controller
    {
        //主页控制器是默认执行的方法，也在App_Satrt/RouteConfig.cs里配置
        public ActionResult Index()
        {
            // 转发数据
            ViewBag.Title = "本页面是默认控制器的默认方法的默认视图(主页)";
            ViewData["name"] = "zz";    //转发数据
            Session["UserID"] = "wzx";  //设置会话(Session)信息
            return View();   //调用默认视图显示
        }
        public void Index1()
        {
            Response.Write("本控制器的Index1方法没有对应的视图！");
            Response.Write("<a href='Index'>返回主页</a>");
        }
      public ActionResult Index2()
        {
            ViewBag.Title = "使用会话(Session)信息";
            return View();
        }
    }
}
```

视图文件 Views/Home/Index.cshtml 的代码如下。

```
@{
    //Razor代码优先执行
    Layout = null;  //未使用布局视图
}
<!DOCTYPE html>
<html>
<head>
    <meta name="viewport" content="width=device-width" />
    <title>@ViewBag.Title</title>
</head>
<body>
    <div>
            当前日期与时间：@DateTime.Now.ToLongDateString()
            @DateTime.Now.ToLongTimeString()
```

```
    </div><br/>
    <div>
        显示使用ViewData转发的数据：@ViewData["name"]<br/>
        使用会话(Session)数据：@{
            if (Session["userID"] != null)
            {
                @Html.Raw("欢迎您：<font color=red>"
                                            +Session["userID"] + "</font> | ")
                @Html.ActionLink("登出", "Logout")
            }
            else
            {
                @Html.ActionLink("登录", "Login", "Home");@:|
                @Html.ActionLink("注册", "Register", "Home")
            }
        }
    </div><br />
    <div>我的E_mail是:707348355@qq.com</div><br />
    <div>
        @Html.ActionLink("调用没有视图的方法Index1","Index1")
    </div><br />
    <div>
        @Html.ActionLink("调用有视图的方法Index2", "Index2")
    </div>
</body>
</html>
```

项目运行时，主页浏览效果如图 6.4.2 所示。

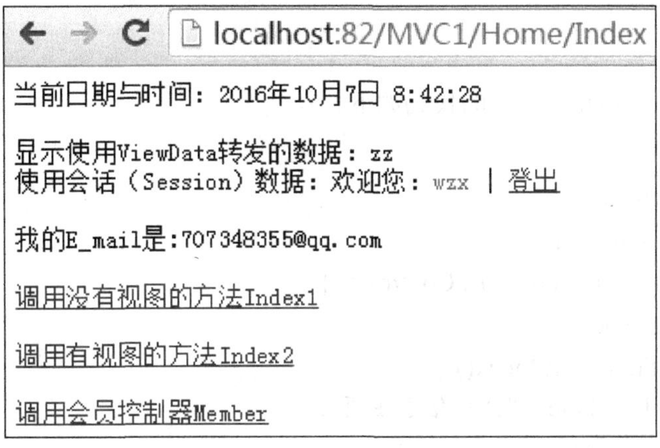

localhost:82/MVC1/Home/Index

当前日期与时间：2016年10月7日 8:42:28

显示使用ViewData转发的数据：zz
使用会话（Session）数据：欢迎您：wzx | 登出

我的E_mail是:707348355@qq.com

调用没有视图的方法Index1

调用有视图的方法Index2

调用会员控制器Member

图 6.4.2　示例项目 MVC1 的主页效果

视图文件 Views/Home/Index2.cshtml 的代码如下。

```
@{
    Layout = null;
}
<!DOCTYPE >
<html>
<head>
    <meta name="viewport" content="width=device-width" />
    <title>@ViewBag.Title</title>
</head>
<body>
    <div>
        @{
            if (Session["UserID"] != null)
            {
                string uid = (string)Session["UserID"];
                string s="欢迎您：<font color='red'>"+uid+"</font> 登出";
                <h4>@Html.Raw(s)</h4>  <!--格式化输出-->
            }
            else
            {
                string s = "登录    注册";
                <h4>@Html.Raw(s)</h4>  <!--格式化输出-->
            }
        }
    </div>
    @Html.ActionLink("返回主页","Index")
</body>
</html>
```

控制器 MemberController.cs 的代码如下。

```
using System.Web.Mvc;
using System.Collections;
namespace MVC1.Controllers {
    public class MemberController : Controller {
        // GET: Member
        public ActionResult Index() {
            ViewBag.Title = "会员信息主页";
            return View();
```

```
        }
        public ActionResult MemInfo(){ //
            ViewBag.Title = "会员信息";
            ArrayList list = new ArrayList();
            list.Add("张三");list.Add(20);
            ViewData["memList"] = list;
            return View();
        }
    }
}
```

请求控制器 Member/MemInfo 的页面效果，如图 6.4.3 所示。

会员信息如下	
会员姓名：张三 年龄：20	
返回会员主页	返回网站主页

图 6.4.3　会员信息页面效果

注意：

(1) MVC 项目里的视图，相当于 WebForm 项目里的窗体。

(2) MVC 项目里的视图代码比 WebForm 项目里的.aspx 代码要简洁些。

(3) 本项目未使用公共视图，而实际项目里通常是要使用的。

习　题　6

一、判断题

1. 所有控制器方法的返回值都是 ActionResult 类型。
2. 在控制器里使用 ViewBag 或 ViewData 都能向视图传递任意类型的数据。
3. 在控制器的方法里可以使用 ASP.NET 内置对象。
4. 一个动作可以调用本控制器内的其他动作，也可以调用其他控制器的动作。
5. 在.cshtml 文件里，可以使用 HTML 代码和 Razor 引擎支持的 Razor 代码。
6. 服务器在返回静态页面之前，会优先执行页面里基于服务器的 Razor 代码。
7. 在.NET MVC 中，分部视图相当于 WebForm 中的内容页。
8. 创建分部视图时，可以引用布局(或母版)页。
9. 一个动作可以调用本控制器内的其他动作，但不能调用其他控制器的动作。

二、选择题

1. 设置 MVC 项目默认执行的主控制器及方法的文件，包含于系统文件夹____内。
   A. App_Data　　B. App_Code　　C. Controllers　　D. App_Start
2. 使用类 DbContext 或 DbSet 时，必须引入的命名空间是____。
   A. System.Data.MySqlClient　　B. System.Data.Entity
   C. System.Data.SqlClient　　D. System.Web.Mvc
3. 编写返回值类型为 ActionResult 的方法时，必须引入的命名空间是____。
   A. System.Data.MySqlClient　　B. System.Data.Entity
   C. System.Data.SqlClient　　D. System.Web.Mvc
4. 下列方法中，不是抽象类 Controller 定义的是____。
   A. UpdateModel　　B. View
   C. Remove　　D. RedirectToAction
5. 下列方法或属性中，不是抽象类 WebViewPage 定义的是____。
   A. Model　　B. SaveChanges　　C. Url　　D. Html

三、填空题

1. 与请求 WebForm 项目的窗体不同，MVC 项目请求的是____。
2. 在 VS 2015 中新建 MVC 项目时，默认的主控制器名是____。
3. 在 VS 2015 中，切换当前动作与相应的默认视图的快捷键是____。
4. 用法@Html.控件名(参数)中的 Html 是类____的属性。
5. 文件夹 Views/Shared 里的布局文件被文件 Views/____.cshtml 指定的布局页调用。
6. 内容页引用布局页时使用的 Razor 指令是____。
7. 指定一个应用的布局页，是在 Views 目录里的____文件里设置的。
8. 类 Controller 方法 RedirectionToAction()所使用的访问修饰符是____。

实验 6　ASP.NET MVC 框架使用基础

一、实验目的

(1) 掌握 ASP.NET MVC 项目结构，特别是文件夹 Controllers 和 Views 的作用。

(2) 掌握运行 ASP.NET MVC 项目的方法。

(3) 掌握使用 ViewBag 或 ViewData 向视图页面传递数据的方法。

(4) 掌握控制器类 Controller 常用方法的使用。

(5) 掌握使用 Razor 模板引擎设计页面视图的方法。

(6) 掌握分部视图、页面布局和视图节的使用。

二、实验内容及步骤

【预备】访问本课程上机实验网站 http://www.wustwzx.com/asp_net/index.html，单击第 6 章实验的超链接，下载本章实验内容的源代码(含素材)并解压，得到文件夹 ch06。

1. 创建一个使用 Empty 模板的简单的 MVC 项目

(1) 在 VS 2015 中，使用 Ctrl+Shift+N 快捷键，弹出“新建项目”对话框。

(2) 分别选择“Visual C#”和“ASP.NET Web 应用程序”，输入项目名称后，弹出“选择模板”对话框。

(3) 选择“Empty”模板，勾选“MVC”和“Web API”两个复选框。

(4) 打开文件 App_Start/RouteConfig.cs，可看到主控制器配置为 Home 且其默认方法为 Index。

(5) 右击文件夹 Controllers，在弹出的右键菜单中选择“添加”→“控制器”→“MVC 5 控制器”，输入名称 HomeController 后，打开文件 HomeController.cs。

(6) 在 HomeController.cs 的 Index()方法体内第一行添加如下代码。

```
ViewBag.Title = "测试MVC 5";
```

(7) 在 HomeController.cs 的 Index()方法体内右击，在弹出的右键菜单中选择“添加视图”，名称默认为 Index，取消“使用布局页”复选框，进入视图设计界面。此时，视图文件 Index.cshtml 保存在文件夹 Views/Home 里。

(8) 在标签<title>内设置视图页面的标题为@ViewBag.Title，在标签<body>里任意写一段文本。

(9) 使用 Ctrl+F5 快捷键运行项目，在浏览器地址栏里可以看到先请求控制器 Home、后请求方法 Index，并且浏览器窗口标题栏是在 Index()方法里设定的名称。

(10) 双击项目引用文件夹里的程序集 System.Web.MVC.dll，展开命名空间 System.Web.MVC，查看类 Controller 的方法 View()、RedirectToAction()和 UpdateModel()的

作用。

2. 一个简单的 MVC 项目

(1) 在 VS 2015 中，使用 Ctrl+Shift+O 快捷键，弹出“打开项目”对话框。

(2) 双击项目 MVC1 里的解决方案文件，选择“视图”→“解决方案资源管理器”，打开项目的解决方案窗口。

(3) 打开文件 Controllers\HomeController.cs，右击方法 Index()，在弹出的右键菜单中选择“转到视图”，打开主页视图文件，使用 Ctrl+F5 快捷键浏览。

(4) 分别单击调用无视图的方法 Index1()和有视图的方法 Index2()两个超链接。

(5) 打开会员控制器文件 Controllers\Member.cs，查看两个方法及对应的会员主页视图和会员信息页视图。

(6) 查看控制器之间的调用方式。

(7) 运行项目，从主页单击调用会员信息页的超链接。

(8) 查看会员信息视图获取与使用控制器方法传递过来的 ArrayList 类型数据的方法。

3. 分部视图、页面布局和视图节的使用

(1) 在 VS 2015 中，使用 Ctrl+Shift+O 快捷键，弹出“打开项目”对话框。

(2) 双击项目 TestLayout 里的解决方案文件，选择“视图”→“解决方案资源管理器”，打开项目的解决方案窗口。

(3) 查验文件夹 Views\Shared 里的分部视图文件_Header.cshtml 及_Footer.cshtml 没有<head>及<body>等 HTML 标签。

(4) 打开布局文件 Views\Shared_LayoutFront.cshtml，查看它对分部视图的引用以及对内容视图的占位和视图节的占位。

(5) 打开 Views_ViewStart.cshtml，查看对布局页(即母版页)的指定。

(6) 查验文件夹 Views\Home 里的 Index.cshtml 及 Index2.cshtml 定义的视图节，其名称与母版页里的视图节名称相同。

(7) 使用 Ctrl+F5 快捷键，做运行测试。

三、实验小结及思考

(由学生填写，重点填写上机中遇到的问题。)

第7章 实体模型、EF框架与LINQ查询

使用MVC框架后，如果仍然使用ADO.NET访问数据库，则需要在控制器里将结果数据封装成对象类型后才能转发给视图，其过程是比较烦琐的。为此，在MVC项目里通常使用实体框架(entity framework，以下简称EF框架)。EF是ADO.NET中的一组支持开发面向数据的软件应用程序的技术，使用面向对象的查询语言LINQ后，可以直接将查询结果转发给视图，这使得Web开发效率得到了极大的提升。本章主要介绍了EF框架的使用、Razor模板引擎和LINQ查询，其学习要点如下。

- 掌握使用EF框架的优点。
- 掌握模型类的创建与注解方法，特别是模型主键的设置方法。
- 掌握EF Code First特性。
- 掌握LINQ查询的使用方法。
- 掌握在不同类型的视图里使用模型类的方法。
- 掌握使用视图模板引擎Razor设计视图的方法。

7.1 ASP.NET EF实体框架

7.1.1 实体框架EF作为对象关系映射ORM产品

EF框架是微软开发的一个ORM(object relation mapping，简称ORM或O/RM，即对象关系映射)产品，用于支持开发人员通过对概念性应用程序模型编程(而不是直接对关系存储架构编程)来创建数据访问应用程序，降低面向数据的应用程序所需的代码量并减轻维护工作。

注意：

(1) ORM是一种用于实现面向对象编程语言里不同类型系统的数据之间的转换的程序技术，它创建了一个可在编程语言里使用的“虚拟对象数据库”。

(2) ORM最终实现将虚拟数据库写入物理数据库，因此，ORM也称持久化工具。

(3) Entity Framework的底层也是调用ADO.NET,它是对ADO.NET更高层次的封装。

Entity Framework应用程序有以下优点。

- 应用程序通过以应用程序为中心的概念性模型来工作。
- 应用程序不再对特定的数据引擎或存储架构具有硬编码依赖性。
- 开发人员可以使用可映射到各种存储架构(可能在不同的数据库管理系统中实现)的一致的应用程序对象模型。
- 多个概念性模型可以映射到同一个存储架构。
- 语言集成查询支持可为查询提供针对概念性模型的编译时的语法验证。

7.1.2 实体框架 EF 的引用及主要 API

1. 对项目引用实体框架 EF

右击项目的引用文件夹，在弹出的右键菜单中选择“管理 NuGet 程序包(N)”，在搜索文本框里输入“EF”，即可出现待引用的 EF 框架，如图 7.1.1 所示。

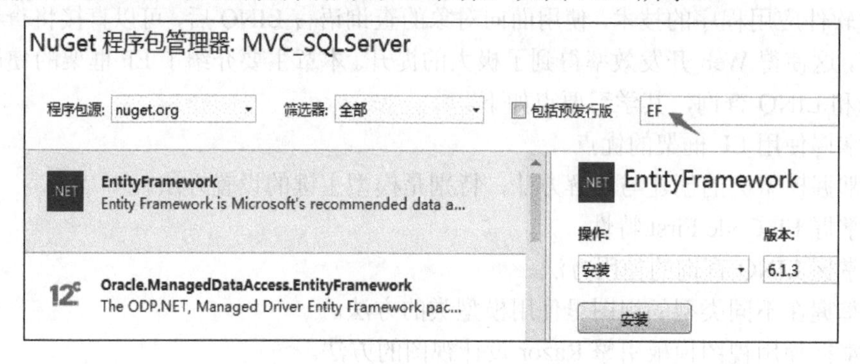

图 7.1.1 对项目拟引用 EF 框架

单击“安装”按钮，开始安装 EF 框架，成功的标志是在引用文件夹里出现程序集文件 EntityFramework.dll 及其依赖项 EntityFramework.SqlServer.dll。

2. 数据库上下文类 DbContext

程序集 EntityFramework.dll 主要包含数据库上下文类 DBContext 和实体集类 DbSet。数据库上下文类 DbContext 的定义，如图 7.1.2 所示。

```
⊞程序集 EntityFramework, Version=6.0.0.0
⊟namespace System.Data.Entity
 {
⊞    ...public class DbContext
     {
         ...public DbContext(string nameOrConnectionString);
         ...public virtual DbSet<TEntity> Set<TEntity>() where TEntity : class;
         ...public virtual int SaveChanges();
     }
```

图 7.1.2 数据库上下文类 DbContext

3. 实体集类 DbSet

DbSet 表示 DBContext 对象给定类型的所有实体的集合或可从数据库中查询的给定类型的所有实体的集合。通常情况下，DBContext 对象名在 Web.config(Web 项目)或

App.config(控制台项目)的配置节<connectionStrings>内使用。

一个定义数据库上下文类的示例代码如下。

```
using System.Data.Entity;
using Models;
namespace DAL{
    public class FlowerDbContext:DbContext{
        public FlowerDbContext():base("FlowerDbContext"){
            //数据库上下文类名一般与连接字符串名相同
            //则按照串里的名称创建数据库
            //数据库上下文类名与连接字符串可以不一致
            //没有使用base()时，按默认的规则创建数据库
            //使用base()时，按它指定的名称创建数据库
        }
        public DbSet<User_Register> users { get; set; }
        public DbSet<Flower_Detail> flower_details { get; set; }
        public DbSet<Shopping_Car> shoppingcar { get; set; }
        public DbSet<Order_detail> order_details { get; set; }
        public DbSet<Ordersheet> ordersheet { get; set; }
    }
}
```

在数据库上下文类里，定义了若干实体集 DbSet 类型的对象，映射对数据库表的读/写操作。类 DbSet 的定义，如图 7.1.3 所示。

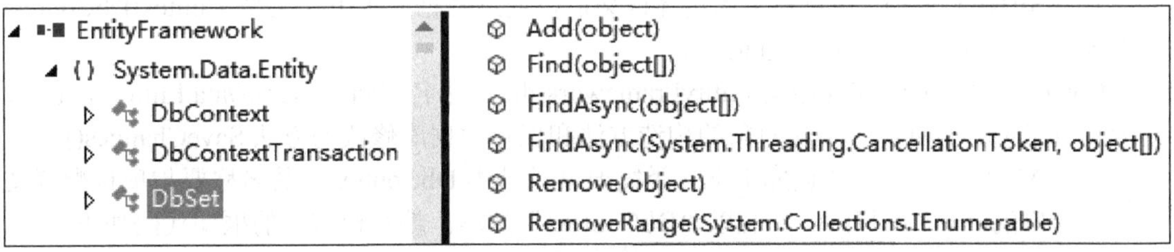

EntityFramework
System.Data.Entity
DbContext
DbContextTransaction
DbSet

Add(object)
Find(object[])
FindAsync(object[])
FindAsync(System.Threading.CancellationToken, object[])
Remove(object)
RemoveRange(System.Collections.IEnumerable)

图 7.1.3　EF 框架里的实体集类 DbSet

例如，有如下的代码。

```
public DbSet<Shopping_Car> shoppingcar { get; set; }
```

其中，Shopping_Car 是实体类，而 shoppingcar 是 Shopping_Car 类型的实体集对象。

当数据表 shopping_car 存在时，对实体集对象 shoppingcar 的 CRUD 操作，EF 框架映射为对该数据表的 CRUD 操作。当数据表 Shopping_Car 不存在时，EF 框架则自动创建模型类名复数形式的表，即 Shopping_Cars。

注意：

(1) 实体类 Shopping_Car 与表 shopping_car 相对应，而类属性与表字段相对应。

(2) 类 DbSet 并未提供更新方法，参见图 6.2.1 所示的泛型方法 UpdateModel()。

使用 VS 2015 的导航定义功能，可以查看到泛型实体集类 DbSet<T>中同时实现了接口 IEnumerable<T>和 IQueryable<T>，如图 7.1.4 所示。

```
⊞程序集 EntityFramework, Version=6.0.0.0
⊟namespace System.Data.Entity
 {
⊞     ...public class DbSet<TEntity> : DbQuery<TEntity>, IDbSet<TEntity>, IQueryable<TEntity>,
⊟IEnumerable<TEntity>, IQueryable, IEnumerable where TEntity : class
      {
⊞         ...public static implicit operator DbSet(DbSet<TEntity> entry);
⊞         ...public TEntity Add(TEntity entity);
⊞         ...public TEntity Attach(TEntity entity);
⊞         ...public TDerivedEntity Create<TDerivedEntity>() where TDerivedEntity : class, TEntity
⊞         ...public TEntity Create();
          [EditorBrowsable(EditorBrowsableState.Never)]
          public override bool Equals(object obj);
⊞         ...public TEntity Find(params object[] keyValues);
```

图 7.1.4　EF 框架里实体集类 DbSet<T>的另一种查看方式

因而，可以通过两个静态类 Enumerable 和 Queryable 对 DbSet<T>对象进行扩展操作，参见 4.2.6 小节。

7.1.3　数据库上下文类 DbContext 与实体集类 DbSet

在实际项目中，每个模型类的实例对应于数据库表的一条记录。为了访问数据库，需要建立模型对象(object)到关系(relation，表示数据库里的一张表)的映射(mapping)，即所谓的 ORM(对象-关系映射)。

在 ASP.NET MVC 项目里引入实体框架后，通过数据库上下文类型 ContextDbContext 的对象，实现对物理数据库的查询。

ContextDbContext 在程序集 EntityFramework.dll 的命名空间 System.Data.Entity 里定义，主要提供了创建数据库上下文对象的构造方法和保存数据库修改的方法 SaveChanges()。

一个 MVC 项目里的数据库上下文类需要继承基类 DbContext，其名称要与项目配置文件里连接串的 name 值相同，并且以“DbContext”结尾。编写模型类的框架代码如下。

```
using System.Data.Entity;
namespace 项目名{
    public class 数据库连接字符串名:DbContext{
        public DbSet<模型类名> 实体集对象名{ get; set; }
        ……
    }
}
```

注意：

(1) 数据库上下文类一般存放在系统文件夹 Models 里。

(2) 数据库连接字符串名(即数据库上下文类名)通常是数据库名称并后缀“DbContext”。

7.2　模型类的创建及其相关操作

7.2.1　创建模型类

使用 EF 框架前，应先定义模型类，并存放至 MVC 项目的 Models 文件夹里。

在实际项目中，每个模型类的实例对应于数据库表的一条记录。为了访问数据库，需要建立数据库上下文类。模型类示例代码如下。

```
using System.ComponentModel.DataAnnotations;   //定义验证规则时需要
namespace MVC_SQLServer.Models{
    public class User{
        [Key][Display(Name ="用户名")]
        [Required(ErrorMessage = "用户名不能空！ ")]
        public string Username { get; set; }   //使用[Key]定义主键属性
        public string Password { get; set; }
        public int Age { get; set; }        //使用内建的验证规则自动验证
        public string Truename { get; set; }
        [StringLength(11,ErrorMessage = "手机号只能是11位数字！ ")]
        public string Phone { get; set; }
    }
}
```

注意：微软推荐 Model 命名规则是以 Model 结尾，如以业务为主的命名 UserModel 或以页面为主的命名 LoginModel。

7.2.2　模型注解与数据有效性验证规则

数据验证是指确认输入的数据对象中的值是否遵从数据集的约束，以及是否遵从为应用程序所建立的规则的过程。

数据验证可分为客户端验证和服务器验证两种。客户端验证是指在客户端执行 JS 程序所进行的验证，它保证不符合要求的信息不会提交至服务器，从而减轻了服务器端的负担。服务器端验证是指页面将验证信息传递给服务器验证，并将验证结果发送给客户端。

对 Model 业务类属性添加内置验证特性，常用的有如下的四个特征。

- [Required]：必填。
- [StringLength]：字符长度。
- [Range]：数据范围。
- [RegularExpression]：正则式验证。

注意：模型中的 int 及 DateTime 字段，在表单提交前会自动验证是否为 NULL，若对类型名后缀“？”，则取消系统默认的验证，即表示表单提交时可以不输入。

一个含有注解及有效性验证的模型定义代码如下。

```
using System.ComponentModel.DataAnnotations;    //定义验证规则时需要
public class User{
        [Key][Display(Name ="用户名")]
        [Required(ErrorMessage = "用户名不能空！ ")]
        [StringLength(20,MinimumLength =3,ErrorMessage ="必须是[3,20]个字符")]
        public string Username { get; set; }   //使用[Key]定义主键属性
        public string Password { get; set; }
        public int? Age { get; set; }
        public System.DateTime?   Birthday { get; set; }
 }
```

注意：

(1) 模型必须指定主键。使用[Key,Column(Order=0)]和[Key,Column(Order=1)]等定义多字段联合主键(参见 5.5.5 小节中数据库 shoppingcar 的 SQL 定义)。

(2) EF 框架默认将 ID 或 Id 作为模型主键。当 ID 或 Id 为 int 类型时， EF 框架还自动将它设置为自增长。

7.2.3 根据数据表自动创建实体类

在 Web 项目开发中，数据库表已经存在时，VS 2015 提供了根据数据表自动创建相应的实体模型类的工具，其主要步骤如下。

(1) 右击项目文件夹 Models，在“添加新项”对话框里选择 ADO.NET 实体数据模型并命名模型类，如图 7.2.1 所示。

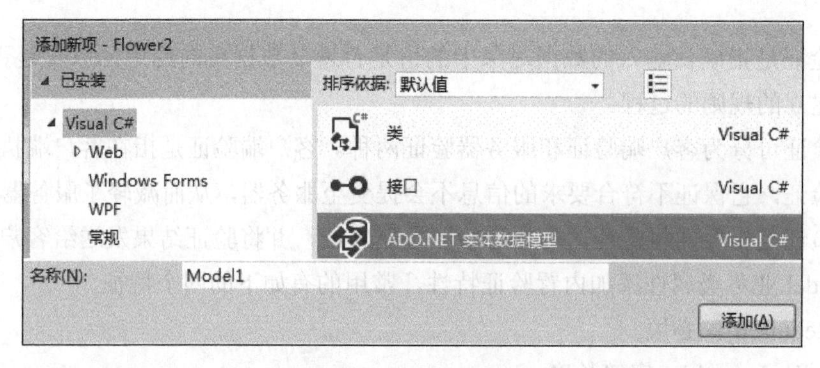

图 7.2.1 在添加新项对话框里选择 ADO.NET 实体数据模型

(2) 在“实体数据模型向导”对话框里选择“来自数据库的 Code First”，如图 7.2.2 所示。

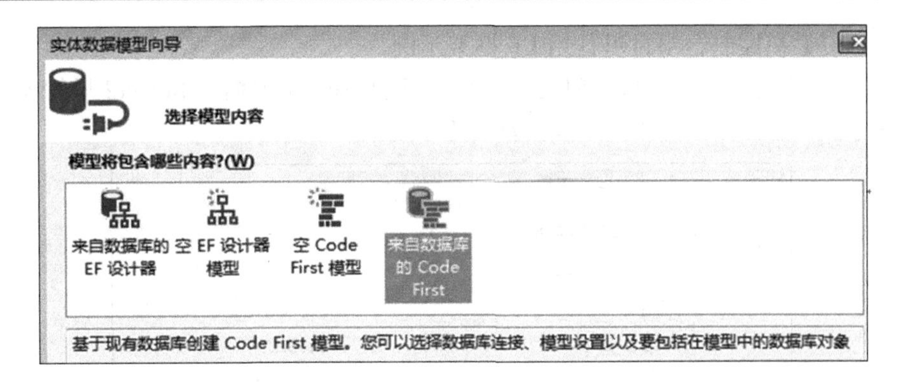

图 7.2.2　在添加新项对话框里选择 ADO.NET 实体数据模型

(3) 选择数据连接，如图 7.2.3 所示。

图 7.2.3　选择实体数据模型对应的数据表

(4) 向导的最后一步是选择实体数据模型对应的数据表，如图 7.2.4 所示。

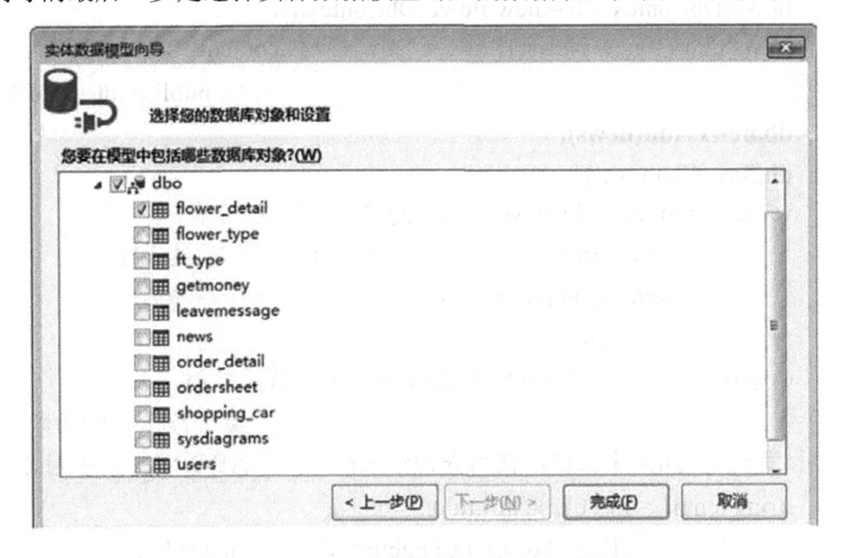

图 7.2.4　选择实体数据模型对应的数据表

【例 7.2.1】在控制台项目里使用 EF 框架示例。

使用 EF 框架的控制台项目访问已经存在的 SQL Server 数据库 flower2 里的表 News 并增加一条记录，完成后的项目文件系统如图 7.2.5 所示。

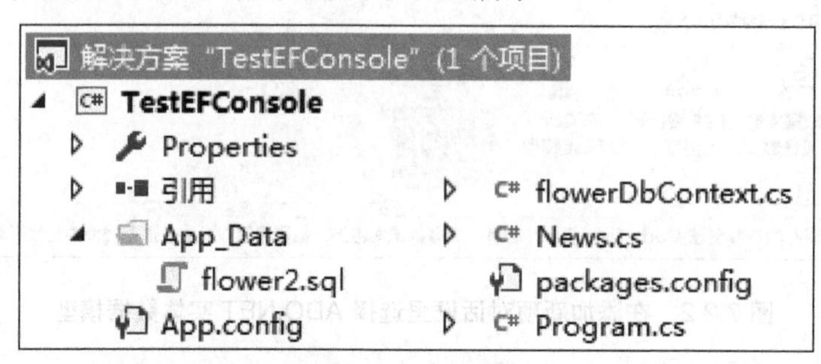

图 7.2.5　在 Web 项目里使用 EF 框架示例项目文件系统

在 App.config 里，定义了连接字符串，其代码如下。

```
<connectionStrings>
    <add name="flowerDbContext" connectionString=
            "data source=.\SQLEXPRESS;database=flower2;Integrated Security=true"
                        providerName="System.Data.SqlClient" />
</connectionStrings>
```

测试程序 Program.cs 查询最后追加的记录、输出新闻标题及发布时间，其代码如下。

```
using System;
using System.Linq;   //
namespace TestEFConsole {
    class Program {
        static void Main(string[] args) {
            flowerDbContext db = new flowerDbContext();
            News news = new News(){ title = "测试标题",content="测试内容",
                                        publish_dt=DateTime.Now };
            db.news.Add(news);
            db.SaveChanges();
            var rs = from m in db.news    /*LINQ查询，详见7.3节*/
                    where true       /*true可换成具体的条件表达式*/
                    orderby m.publish_dt descending     /*降序排列*/
                    select m;
            Console.WriteLine("访问SQL Server服务器(精简版)里
                                        数据库flower2的新闻表news");
            //首记录的title字段值，使用查询结果的方式与ADO.NET不同(对象.属性)
            string temp1 = rs.ToList()[0].title;
            string temp2 = "["+rs.ToList()[0].publish_dt.ToString()+"]";
```

```
                Console.WriteLine("最后一次增加的新闻标题: " + temp1+temp2);
                Console.WriteLine("请在SQL Server环境中查验...");
            }
        }
}
```

7.2.4　创建含有模型数据的页面视图

创建含有模型数据的视图，应使用指令@model 声明模型数据的类别，然后使用 Razor 标签@foreach 遍历模型数据，常用于列表视图，其代码框架如下。

```
@model IEnumerable<项目名.Models.模型类名>
<!-- 其他代码  -->
        @foreach (var item in Model)
        {
            @item.模型字段    <!—对模型字段的其他引用  -->
            <!—对模型字段的其他引用 -->
        }
<!-- 其他代码  -->
```

注意：@model 指令中，字母是小写，而在遍历指令中，Model 的首字母是大写，Model 是类 WebViewPage 的一个属性，其类型为泛型 T。

创建含有模型数据的视图，常用的@指令如表 7.2.1 所示。

表 7.2.1　含有模型的视图设计中的常用@指令

模板指令	功能描述
@model IEnumerable<T>	为 View 指定了一个强类型的 Model，其中，T 为模型类名
@using(Html.BeginForm())	在客户端生成一个表单标签，一般默认使用本视图方法来处理
@Html.AntiForgeryToken()	防止跨站请求伪造攻击
@Html.HiddenFor()	隐藏模型字段，参数为对应于模型主键字段的 Lambda 表达式
@Html.LabelFor()	在客户端生成一个用于显示信息的 Label 标签，第 1 参数为模型字段的 Lambda 表达式
@Html.EditorFor()	在客户端生成一个用于编辑信息的文本框标签，第 1 参数为模型字段的 Lambda 表达式。通过对模型字段注解的方式，可实现多行文本的编辑

1. 使用视图模板 Create/Delete/Details/Edit/List 等自动生成含有模型访问的视图

视图的自由设计，虽然有自主控制、流程清晰等优点，但也有效率低、编码风格不统一和数据验证(安全)有待完善等不足。

Razor 视图引擎提供了一套全新的 HTML 生成方法。根据视图的功能(主要有信息列表、表单输入、信息修改和详细信息等)选择相应的模板，可以提高效率，它只需要选择模型类名及其数据库上下文，如图 7.2.6 所示。

添加视图

视图名称(N): Create

模板(T): Create

模型类(M): User (Models)

数据上下文类(D): flowerDbContext (Models)

图 7.2.6 对视图应用 Create 视图模板

应用了视图模板 Create/Delete/Edit/Details/List 的视图，其文档主要代码如下。

```
@model   MVC_SQLServer.Models.User
<body>
    @using(Html.BeginForm()) //表单开始
    {
        @Html.AntiForgeryToken() <!—防止跨站请求伪造攻击-->
        @Html.ValidationSummary(true)   <!—汇总显示所有验证错误信息-->
        @Html.LabelFor(model => model.Username)
        @Html.EditorFor(model => model.Username)
        @Html.ValidationMessageFor(model => model.Username, "",
                                              new { @class = "text-danger" })
        ……<!—其他字段-->
        <input type="submit" value="Create" class="btn btn-default"/>
    }
</body>
```

注意：在关系型数据库中，数据库名、表名及字段名不区分字母大小写，而 MVC 项目里的类名区分字母大小写。

2. 使用 HTML 助手类 HtmlHelper 设计视图、Lambda 运算符

类 System.Web.Mvc.HtmlHelper 实现了 ASP.NET MVC 视图的多种控件，为了方便使用 HtmlHelper 控件，视图页类 System.Web.Mvc.ViewPage(参见 7.2.2 小节)提供了@Html.控件名(参数)这种方式来呈现 HTML 元素。

例如，在视图页面里，@Html.LabelFor(m => m.UserName)就是创建一个标签，视图引擎会将这句话编译为<label id="UserName" name="UserName">UserName</label>。其中，m 表示(约定)当前视图所使用的模型，m=>m.UserName 是一个 Lambda 表达式，而“=>”称为 Lambda 运算符。又如，下面的两种等效写法：

```
foreach(var rec in users) context.users.Add(rec);
//users.ForEach(d => context.users.Add(d));   // =>:  Lambda运算符
```

注意：

(1) @Html.Label()和@LabelFor()都是创建一个 label，区别是 LabelFor 的参数是强类型的，目的就是

为了使用 Lambda 表达式，这可以使编译时能更好地进行视图检查(可以在编译时发现错误，而不是在运行时)，还可以在视图模板中获得更好的代码 intellisense 支持，故推荐使用强类型的。

(2) 视图设计时，如果@Html.控件名(参数)里的控件名不带 For，则不使用 Lambda 表达式。

(3) HtmlHelper<TModel>支持在强类型视图中呈现 HTML 控件。

Razor 常用@指令的用法与功能，如表 7.2.2 所示。

表 7.2.2 常用的@指令

模板指令	功能描述
@ViewData["myName"]	显示在控制器里使用指令 ViewData["myName"]赋的值
@ViewBag.Title	显示在控制器里使用指令 ViewBag.Title 赋的值
@model IEnumerable<T>	为 View 指定了一个强类型的 Model，其中，T 为模型类名
@using(Html.BeginForm())	在客户端生成一个表单标签，一般默认使用本视图方法来处理
@Html.AntiForgeryToken()	防止跨站请求伪造攻击
@Html.HiddenFor()	隐藏模型字段，参数为对应于模型主键字段的 Lambda 表达式
@Html.LabelFor()	在客户端生成一个用于显示信息的 Label 标签，第 1 参数为模型字段的 Lambda 表达式
@Html.EditorFor()	在客户端生成一个用于编辑信息的文本框标签，第 1 参数为模型字段的 Lambda 表达式。通过对模型字段注解的方式，可实现多行文本的编辑
@Html.DropDownListFor()	在客户端生成一个下拉列表，第 1 参数为列表名，第 2 参数……
@Html.Raw()	输出含有 HTML 标签的字符串
@Html.ValidationSummary()	显示表单提交时验证未通过的信息
@Html.ActionLink()	第 1 参数为链接文本，第 2 参数为动作名，第 3 参数为路由值(任选)。在记录编辑和删除时，一般以模型主键字段值作为路由参数来传递
@Styles.Render()	加载 CSS 样式，要求已经在 BundleConfig.cs 里配置了
@Scripts.Render()	加载 JS 脚本，要求已经在 BundleConfig.cs 里配置了
@RenderBody()	出现在应用布局文件里，将视图内容合并至布局文件里本代码处，参见 7.2.4 小节
@Html.Partial()	将分部视图添加至一般视图里，参数为分部视图名，参见 7.2.4 小节

注意：视图表单里的提交按钮还是使用传统的 HTML 标签<input type= "submit"...>制作。

7.2.5 控制器里的模型操作

控制器类 Controller 提供了更新模型数据的方法 UpdateModel()(参见图 6.2.1)，类 Dbset 提供了删除指定的记录的方法 Remove()和 RemoveRange()、增加模型记录方法 Add()和根据主键查找记录方法 Find()，参见图 7.1.3。

7.2.6 在控制器里注解用于处理表单的动作

设计用户登录、注册和信息修改页面里，都存在表单的设计、提交和处理。表单提交后，.NET MVC 框架约定由控制器里标识了[HttpPost]的同名方法进行处理。控制器里处理表单提交的代码框架如下。

```
//创建数据库上下文类的实例db
[HttpPost]
public ActionResult 方法名(模型类名 对象名)  {  //处理表单提交(单记录，非批量)
    try
    {
        //通过db获取表单提交的模型数据
        UpdateModel(user); //更新模型记录
        //其他处理代码
        return RedirectToAction("主控制名","Index");  //重定向至主动作
    }
    catch
    {
        ModelState.AddModelError("","操作失败时的提示信息");  //
        return View(rec);  //返回重新修改
    }
}
```

注意：

(1) 在使用 Razor 引擎设计的表单里，使用@using(Html.BeginForm())代替了传统的<Form>标签，因而没有使用属性 Action 指定表单处理程序，但浏览时在客户端通过查看源文件的方式可以看到有 Action 属性，其值为相应的控制器方法(请读者验证)。

(2) 在视图表单里，必须使用@Html.HiddenFor(model => model.)主键字段隐式提交。否则，出现提交后空值异常。

(3) 获取表单元素值，也可从 MVC 封装的 FormCollection 容器中读取。

(4) 使用模型的视图，表单提交时向控制器返回一个模型对象。

(5) 链接传参一般是传递一个值，并且参数值中不能包含“/”和“：”。否则，会引起路径错误。

7.3 集成语言查询 LINQ

7.3.1 LINQ 概述

LINQ(language integrated query，语言集成查询)集成于.NET Framework(位于程序集

System.Core.dll)里，使得对数据源的查询与管理直接嵌入到编程代码里。LINQ 与.NET 支持的编程语言整合为一体，并以统一的语法实现对多种数据源的查询和管理。因此，使用 LINQ 能够充分使用 VS 的智能提示功能，同时，也能检查出查询表达式中的语法错误。

LINQ 作为一种查询技术，首先要解决数据源的封装，大致使用了三大组件来实现这个封装，分别是 LINQ to Object、LINQ to ADO.NET、LINQ to XML。LINQ 与.NET 语言的关系如图 7.3.1 所示。

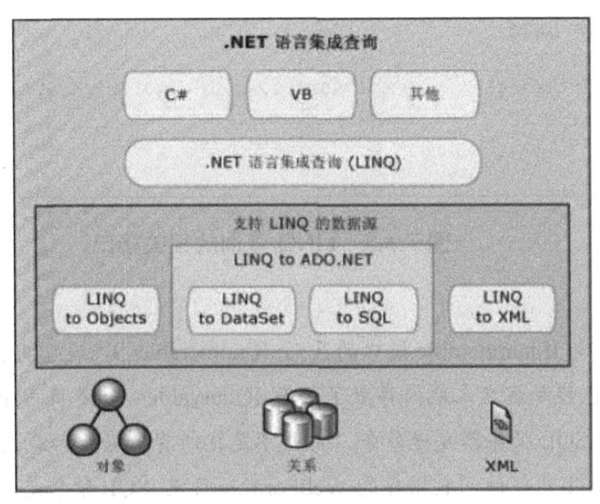

图 7.3.1　ASP.NET 里的 LINQ

其中，LINQ to SQL 用于处理 SQL Server 等关系型数据库，它提供了一个对象模型，将数据表映射为实体类对象。

注意：使用 LINQ 的 MVC 项目，需要添加引用 using System.Linq。

7.3.2　LINQ 查询及其相关类与接口

.NET Framework 类库提供了对 LINQ 的支持，LINQ 不仅能够查询实现 IEnumerable<T>或 IQueryable<T>的类型，也能查询实现 IEnumerable 接口的类型。

其中，枚举类 Enumerable 是 System.LINQ 的成员，它提供了一组用于查询实现 System.Collections.Generic.IEnumerable<T>类型的对象的 static 方法，如图 7.3.2 所示。

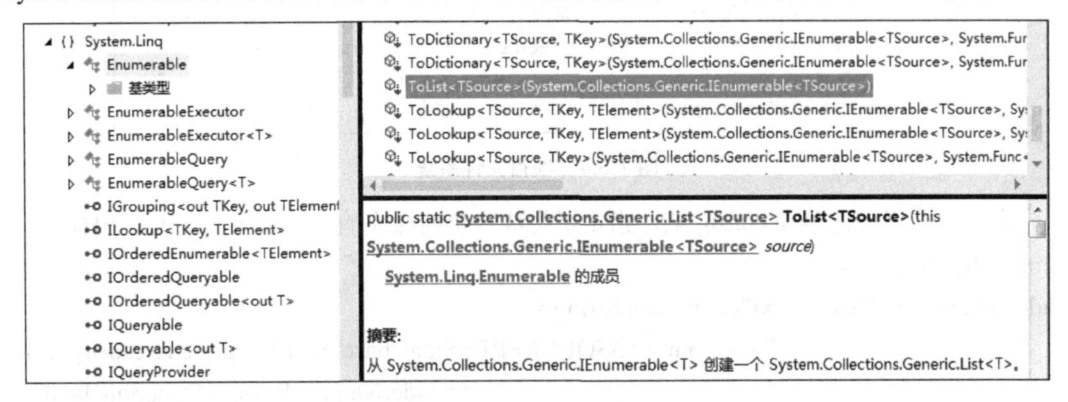

图 7.3.2　LINQ 查询与枚举类 Enumerable

LINQ 标准查询运算是依靠一组扩展方法来实现的，而这些扩展方法分别在 System.Linq.Enumerable 和 System.Linq.Queryable 这两个静态类中定义。LINQ 查询接口之间的关系，如图 7.3.3 所示。

```
⊞程序集 System.Core, Version=4.0.0.0, Culture=neutral, PublicKeyToken=b77a5c561934e08
⊞using ...

⊟namespace System.Linq
 {
⊞     ...public interface IQueryable<out T> : IEnumerable<T>, IQueryable, IEnumerable
       {
       }
 }
```

图 7.3.3　LINQ 查询的相关接口

注意：

(1) IQueryable 接口与 IEnumberable 接口的区别：IEnumerable<T> 泛型类在调用自己的 Skip 和 Take 等扩展方法之前，数据就已经加载在本地内存里了，而 IQueryable<T> 是将 Skip、take 这些方法表达式翻译成 T-SQL 语句之后再向 SQL 服务器发送命令，它并不是把所有数据都加载到内存里来才进行条件过滤。

(2) 在使用 ADO.NET 组件访问数据库的 WebForm 项目里，SQL 命令是作为相关方法的参数；而 LINQ 查询是基于对象的，不以 SQL 命令为参数。

【例 7.3.1】测试 EF 框架的 CRUD 示例。

MVC 项目 MVC_SQLServer 涉及名称分别为 flower2 和 Test 的两个 SQLServer 数据库。其中，库 Test 不存在，它根据上下文类 TestDbContext 及 Web.config 里的数据库连接串信息而新建，flower2 库是已经存在的。项目的主要功能是实现对 Test 库表 User 的 CRUD，以及对 flower2 库中表 news 的查询，项目的文件系统如图 7.3.4 所示。

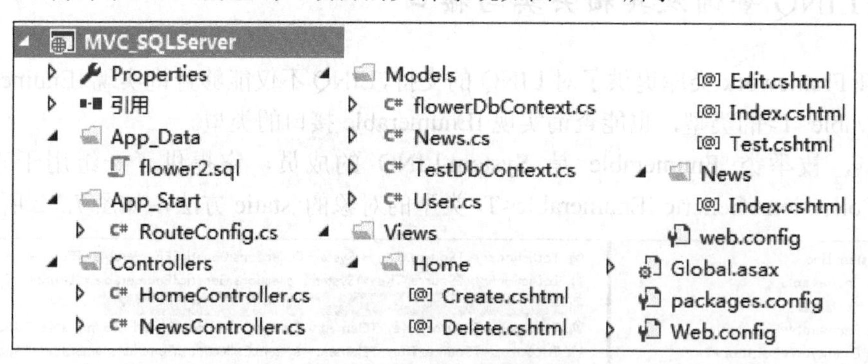

图 7.3.4　项目文件系统

在项目配置文件 Web.config 里，指定了生成或访问操作的数据库名称，其代码如下。

```
<connectionStrings>
<add name="TestDbContext"connectionString=
                "data source=.\SQLEXPRESS;database=test;Integrated Security=true"
                                        providerName="System.Data.SqlClient" />
</connectionStrings>
```

项目首次访问控制器 Home，将会自动创建数据库 test(参见 Web.config 文件里连接字符串中指定的数据库名称)及表 Users(对应于实体类 User 的复数形式)，并进入 Create 视图。在输入两条记录后，主页的运行效果如图 7.3.5 所示。

图 7.3.5　项目主页运行效果

模型类文件 User.cs 的代码如下。

```
using System.ComponentModel.DataAnnotations;    //定义验证规则时需要
namespace MVC_SQLServer.Models{
    public class User {
        [Key][Display(Name ="用户名")]
        [Required(ErrorMessage = "用户名不能空！ ")]
        public string Username { get; set; }   //使用[Key]定义主键字段
        public string Truename { get; set; }
        public string Password { get; set; }
        [StringLength(11, ErrorMessage = "手机号只能是11位数字！ ")]
        public string Phone { get; set; }
        public int Age { get; set; }
    }
}
```

模型类文件 News.cs 的代码如下。

```
namespace MVC_SQLServer.Models{
    public class News {
        public int Id { get; set; }     //默认作为主键字段
        public string u_title { get; set; }
    }
}
```

控制器文件 HomeController.cs 的代码如下。

```
using MVC_SQLServer.DAL;
using MVC_SQLServer.Models;
using System.Linq;
using System.Web.Mvc;
namespace MVC2_SQLServer.Controllers{
    public class HomeController : Controller{
```

```
TestDbContext db = new TestDbContext();    //对象级
public ActionResult Index() {
    ViewBag.title = "主页";
    var rs = from m in db.users select m;    // LINQ查询
    if (rs.ToList().Count > 0)
        return View(rs);
    else {
        //接收模型数据的视图在数据为空时会报警指针异常
        return RedirectToAction("Create"); //当前控制器内方法重定向
    }
}
public ActionResult Create() {
    ViewBag.Title = "模型数据输入";
    return View();
}
[HttpPost]
public ActionResult Create(User newUser){
    if (ModelState.IsValid) {
        var rs = from m in db.users
                 where m.Username==newUser.Username
                 select m;
        if (rs.ToList().Count > 0){
            return View(newUser);    //该用户已经存在时返回继续编辑
        }
        else {
            db.users.Add(newUser);    //创建新用户
            db.SaveChanges();
            return RedirectToAction("Index");
        }
    }
    else
        return View(newUser);
}
public ActionResult Edit(string un) {
    ViewBag.title = "编辑模型数据";
    User user = db.users.Find(un);    //查找用户
    if (user == null)
        return RedirectToAction("index");
    return View(user);
```

```
        }
        [HttpPost]
        public ActionResult Edit(User rec) {
            //处理表单提交(单记录，非批量)
            try {
                var user = db.users.Find(rec.Username);
                UpdateModel(user); //更新
                db.SaveChanges();  //保存到数据库表
                return RedirectToAction("Index");
            }
            catch {
                ModelState.AddModelError("","修改失败，请详细检查模型数据...");
                return View(rec);
            }
        }
        public ActionResult Delete(string id) {
            ViewBag.title = "删除模型数据";
            User user = db.users.Find(id);
            if (user == null)
                return RedirectToAction("index");
            return View(user);
        }
        [HttpPost]
        // 第一个参数名称为id(框架约定)
        // 方法重载要求：参考个数不同或类型不一致
        public ActionResult Delete(string id,FormCollection collection) {
            var user = db.users.Find(id);
            db.users.Remove(user);  //删除记录
            db.SaveChanges();
            return RedirectToAction("index");
        }
    }
}
```

控制器方法 Home/Create 默认的视图文件 Views/Home/Create.cshtml，创建时使用 Create 视图模板同时选择模型类 User 及数据库上下文 TestDbContext 自动生成，其代码如下。

```
@model MVC_SQLServer.Models.User
@{
    Layout = null;
```

```
}
<html>
<head>
    <meta name="viewport" content="width=device-width" />
    <title>@ViewBag.Title</title>
</head>
<body>
    @using(Html.BeginForm()){   //表单开始
        @Html.AntiForgeryToken()
        <div class="form-horizontal">
            <h4>创建新用户</h4><hr />
            @Html.ValidationSummary(true,"",new {@class="text-danger"})
            <div class="form-group">
                @Html.LabelFor(model => model.Username, htmlAttributes:
                                            new { @class = "control-label col-md-2" })
                <div class="col-md-9">
                    @Html.EditorFor(model => model.Username,
                                    new { htmlAttributes=new{ @class = "form-control"}})
                    @Html.ValidationMessageFor(model => model.Username, "",
                                            new { @class = "text-danger" })</div></div>
            <div class="form-group">
                @Html.LabelFor(model=>model.Truename, htmlAttributes:
                                            new { @class = "control-label col-md-2" })
                <div class="col-md-9">
                    @Html.EditorFor(model=>model.Truename,new {
                                        htmlAttributes=new{@class="form-control"}})
                    @Html.ValidationMessageFor(model => model.Truename, "",
                                            new { @class = "text-danger" })</div></div>
            <div class="form-group">
                @Html.LabelFor(model => model.Password, htmlAttributes:
                                            new { @class = "control-label col-md-2" })
                <div class="col-md-9">
                    @Html.EditorFor(model=>model.Password,new
                                        {htmlAttributes=new{@class="form-control"}})
                    @Html.ValidationMessageFor(model => model.Password, "",
                                            new { @class = "text-danger" })</div></div>
            <div class="form-group">
                @Html.LabelFor(model => model.Age, htmlAttributes:
                                            new { @class = "control-label col-md-2" })
```

```
                <div class="col-md-9">
                                @Html.EditorFor(model => model.Age, new { htmlAttributes =
                                                        new { @class = "form-control" } })
                    @Html.ValidationMessageFor(model => model.Age, "",
                                                new { @class = "text-danger" })</div></div>
            <div class="form-group">
                @Html.LabelFor(model => model.Phone, htmlAttributes:
                                                new { @class = "control-label col-md-2" })
                <div class="col-md-9">
                    @Html.EditorFor(model=>model.Phone,new{ htmlAttributes
                                                        = new { @class = "form-control" } })
                    @Html.ValidationMessageFor(model => model.Phone, "",
                                                new { @class = "text-danger" })</div></div>
            <div class="form-group">
                <div class="col-md-offset-2 col-md-9">
                    <input type="submit" value="Create" class=
                                        "btn btn-default" /></div></div><!--表单提交按钮-->
        </div>
    }   <!--表单结束-->
    <div> @Html.ActionLink("返回主页", "Index") </div>
</body>
</html>
```

注意：根据数据库上下文类对应的连接字符串及模型类自动创建数据库 test 及表 Users，即所谓的 EF Code First，参见 8.3 节。

打开 SQL Server Management Studio，查验是否已经创建名为 flower2 的数据库，若没有，则先创建，然后运行 App_Data 里的 SQL 脚本创建数据库。控制器 News 访问数据库 flower2 并显示了表 news 里的记录。

注意：

(1) 由于数据库上下文类 flowerDbContext 对应的数据库 flower2 已经存在，模型类 News 对应的表 news 也存在，因此，控制器方法 News/Index 直接访问了 flower 库里的表 news 里的数据。

(2) 若库存在，而模型类 News 对应的表 news 不存在，则自动创建与类名相同的表。

Home 控制器的默认方法的默认视图代码 Index.cshtml 如下。

```
@model IEnumerable <MVC_SQLServer.Models.User>
@{   Layout = null;   }
<html>
<head>
    <meta name="viewport" content="width=device-width" />
    <title>@ViewBag.title</title>
```

```
</head>
<body>
    <table border="0">
        <tr><th>用户名</th><th>密码</th><th>年龄</th></tr>
        @foreach (var item in Model) {
            <tr>
                <td>@item.Username</td>
                <td>@item.Password</td>
                <td>@item.Age</td>
                <td>|@Html.ActionLink("编辑", "Edit",
                                        new { un = item.Username })</td>
                <td>|@Html.ActionLink("删除", "Delete",
                                        new { id = item.Username })</td>
                <td>|@Html.ActionLink("追加", "Create")</td> </tr>
        }
    </table>
</body>
</html>
```

注意：主页视图与其他功能视图开头使用的模型指令有如下区别。

```
@model IEnumerable <MVC_SQLServer.Models.User>   @*Index.cshtml*@
@model MVC_SQLServer.Models.User   @*用于Create.cshtml、Delete.cshtml和Edit.cshtml*@
```

添加记录视图文件 Create.cshtml 的代码如下。

```
@model MVC_SQLServer.Models.User
@{   Layout = null;   }
<!DOCTYPE html>
<html>
<head>
    <meta name="viewport" content="width=device-width" />
    <title>@ViewBag.Title</title> <!--获取数据字典键值，键名不区分字母大小写-->
</head>
<body>
    @using(Html.BeginForm()){   //返回一个模型User对象，表单开始
        @Html.AntiForgeryToken()
        <div class="form-horizontal">
            <h4>User</h4> <hr />
            @Html.ValidationSummary(true, "", new { @class = "text-danger" })
            <div class="form-group">
                @Html.LabelFor(model => model.Username,
```

```
                          htmlAttributes: new { @class = "control-label col-md-2" })
        <div class="col-md-10">
            @Html.EditorFor(model => model.Username,
                          new { htmlAttributes = new { @class = "form-control" } })
            @Html.ValidationMessageFor(model => model.Username, "",
                                    new { @class = "text-danger" })</div> </div>
    <div class="form-group">
        @Html.LabelFor(model => model.Truename,
                          htmlAttributes: new { @class = "control-label col-md-2" })
        <div class="col-md-10">
            @Html.EditorFor(model => model.Truename,
                          new { htmlAttributes = new { @class = "form-control" } })
            @Html.ValidationMessageFor(model => model.Truename, "",
                                    new { @class = "text-danger" })</div> </div>
    <div class="form-group">
        @Html.LabelFor(model => model.Password,
                          htmlAttributes: new { @class = "control-label col-md-2" })
        <div class="col-md-10">
            @Html.EditorFor(model => model.Password,
                          new { htmlAttributes = new { @class = "form-control" } })
            @Html.ValidationMessageFor(model => model.Password, "",
                                    new { @class = "text-danger" })</div> </div>
    <div class="form-group">
        @Html.LabelFor(model => model.Age,
                          htmlAttributes: new { @class = "control-label col-md-2" })
        <div class="col-md-10">
            @Html.EditorFor(model => model.Age,
                          new { htmlAttributes = new { @class = "form-control" } })
            @Html.ValidationMessageFor(model => model.Age, "",
                                    new { @class = "text-danger" })</div> </div>
    <div class="form-group">
        @Html.LabelFor(model => model.Phone,
                          htmlAttributes: new { @class = "control-label col-md-2" })
        <div class="col-md-10">
            @Html.EditorFor(model => model.Phone,
                          new { htmlAttributes = new { @class = "form-control" } })
            @Html.ValidationMessageFor(model => model.Phone, "",
                                    new { @class = "text-danger" })</div> </div>
    <div class="form-group">
```

```
                <div class="col-md-offset-2 col-md-10">
                    <input type="submit" value="Create" class="btn btn-default" /></div>
</div>     </div>
    }  <!--表单结束-->
    <div> @Html.ActionLink("返回主页", "Index") </div>
</body>
</html>
```

删除记录视图文件 Delete.cshtml 的代码如下。

```
@model MVC_SQLServer.Models.User
@{      Layout = null;}
<html>
<head>
    <meta name="viewport" content="width=device-width" />
    <title>@ViewBag.title</title>
</head>
<body>
    <h3>Are you sure you want to delete this?</h3>
    <div>
        <hr />
        <!--先显示欲删除记录的相关信息-->
        <dl class="dl-horizontal">
            <dt>@Html.DisplayNameFor(model => model.Password)</dt>
            <dd>@Html.DisplayFor(model => model.Password)</dd>
            <dt>@Html.DisplayNameFor(model => model.Age)</dt>
            <dd>@Html.DisplayFor(model => model.Age)</dd>
            <dt>@Html.DisplayNameFor(model => model.Truename)</dt>
            <dd>@Html.DisplayFor(model => model.Truename)</dd>
            <dt>@Html.DisplayNameFor(model => model.Sex)</dt>
            <dd>@Html.DisplayFor(model => model.Sex)</dd>
            <dt>@Html.DisplayNameFor(model => model.Qq)</dt>
            <dd>@Html.DisplayFor(model => model.Qq)</dd>
            <dt>@Html.DisplayNameFor(model => model.Guding)</dt>
            <dd>@Html.DisplayFor(model => model.Guding)</dd>
            <dt>@Html.DisplayNameFor(model => model.Phone)</dt>
            <dd>@Html.DisplayFor(model => model.Phone)</dd> </dl>
        <!--包含删除按钮的表单-->
        @using (Html.BeginForm()) {
            @Html.AntiForgeryToken()
```

```
            <div class="form-actions no-color">
                <input type="submit" value="Delete" class="btn btn-default" /> |
                @Html.ActionLink("Back to List", "Index") </div>
        }
    </div>
</body>
</html>
```

编辑记录视图代码 Edit.cshtml 如下。

```
@model MVC_SQLServer.Models.User
@{ Layout = null; }
<html>
<head>
    <meta name="viewport" content="width=device-width" />
    <title>@ViewBag.title</title>
</head>
<body>
    @using (Html.BeginForm()) {
        @Html.AntiForgeryToken()
        <div class="form-horizontal">   <hr />
            @Html.ValidationSummary(true, "", new { @class = "text-danger" })
            <!--主键不能修改、必须被隐藏在表单里，否则无法更新-->
            @Html.HiddenFor(model => model.Username)
            <div class="form-group">
                @Html.LabelFor(model => model.Password, htmlAttributes:
                                                new { @class = "control-label col-md-2" })
                <div class="col-md-10">
                    @Html.EditorFor(model => model.Password, new { htmlAttributes
                                                    = new { @class = "form-control" } })
                    @Html.ValidationMessageFor(model => model.Password, "",
                        new { @class = "text-danger" })</div></div><!--显示验证信息-->
            <div class="form-group">
                @Html.LabelFor(model => model.Age, htmlAttributes:
                                                new { @class = "control-label col-md-2" })
                <div class="col-md-10">
                    @Html.EditorFor(model => model.Age,
                                new { htmlAttributes = new { @class = "form-control" } })
                    @Html.ValidationMessageFor(model => model.Age) </div></div>
            <div class="form-group">
```

```
            @Html.LabelFor(model => model.Truename,
                                htmlAttributes: new { @class = "control-label col-md-2" })
            <div class="col-md-10">
                @Html.EditorFor(model => model.Truename,
                                new { htmlAttributes = new { @class = "form-control" } })
                @Html.ValidationMessageFor(model => model.Truename, "",
                                            new { @class = "text-danger" })</div></div>
        <div class="form-group">
            @Html.LabelFor(model => model.Sex,
                                htmlAttributes: new { @class = "control-label col-md-2" })
            <div class="col-md-10">
                @Html.EditorFor(model => model.Sex,
                                new { htmlAttributes = new { @class = "form-control" } })
                @Html.ValidationMessageFor(model => model.Sex, "",
                                            new { @class = "text-danger" })</div></div>
        <div class="form-group">
            @Html.LabelFor(model => model.Qq,
                                htmlAttributes: new { @class = "control-label col-md-2" })
            <div class="col-md-10">
                @Html.EditorFor(model => model.Qq,
                                new { htmlAttributes = new { @class = "form-control" } })
                @Html.ValidationMessageFor(model => model.Qq, "",
                                            new { @class = "text-danger" })</div></div>
        <div class="form-group">
            @Html.LabelFor(model => model.Guding,
                                htmlAttributes: new { @class = "control-label col-md-2" })
            <div class="col-md-10">
                @Html.EditorFor(model => model.Guding,
                                new { htmlAttributes = new { @class = "form-control" } })
                @Html.ValidationMessageFor(model => model.Guding, "",
                                            new { @class = "text-danger" })</div></div>
        <div class="form-group">
            @Html.LabelFor(model => model.Phone,
                                htmlAttributes: new { @class = "control-label col-md-2" })
            <div class="col-md-10">
                @Html.EditorFor(model => model.Phone,
                                new { htmlAttributes = new { @class = "form-control" } })
                @Html.ValidationMessageFor(model => model.Phone, "",
                                            new { @class = "text-danger" })</div></div>
```

```
            <div class="form-group">
                <div class="col-md-offset-2 col-md-10">
                    <input type="submit" value="Save" class="btn btn-default" />
                </div>
            </div>      </div>
    }
    <div> @Html.ActionLink("Back to List", "Index") </div>
</body>
</html>
```

7.3.3　使用 C# Tuple 类实现多模型传递

有时，需要在 ASP.NET MVC 视图的@model 指令中使用多模型的实例，.NET Framework 提供了类 System.Tuple，可以轻松满足这个需求。

下面的示例包含了 2 个模型类 Product 和 Person，其控制器代码如下：

```
    public class TestTupleController : Controller{
        //创建2个模型对象
        Product myProduct = new Product { ProductID = 1, Name = "Book" };
        Person myPerson = new Person {PersonID = 1, Name = "Jack" };
        public ActionResult Index(){
            // 返回一个Tuple对象，视图里Item1代表Product对象、Item2代表Person对象
            return View(Tuple.Create(myProduct, myPerson));
        }
    }
```

示例的视图代码如下（Flower2 为.NET MVC 项目名）：

```
@model Tuple<Flower2.Models.Product, Flower2.Models.Person>
@{ Layout = null;}
<html>
<head>
    <meta name="viewport" content="width=device-width" />
    <title>Index</title>
</head>
<body>
    <div> 第一模型的数据：@Model.Item1.Name    </br>
            第二模型的数据：@Model.Item2.Name    </div>
</body>
</html>
```

注意：8.5 节项目 Flower2 全部使用单模型，因而购物车表存在数据冗余；而使用多模型后，则可以避免数据冗余（请读者完成）。

习 题 7

一、判断题

1. 新建 MVC 项目时，自动引入了 EF 框架。
2. 实体框架 EF 只能应用于 Web 项目里。
3. 类 DbContext 与 DbSet 位于相同的命名空间里。
4. 创建含有数据库访问的 Web 项目，必须先创建数据库。
5. 使用视图模板 Create 或 Edit 设计视图时，默认会使用 Lambda。
6. 分部视图不能应用视图模板。
7. 在.NET MVC 项目里，LINQ 查询表达式是作为程序代码的一行。
8. 在.NET MVC 项目里，每个模型对象都映射到一个关系（指数据库表）。

二、选择题

1. 使用类 DbContext 或 DbSet 时，必须引入的命名名空间是____。

   A. System.Data.MySqlClient　　B. System.Data.Entity
   C. System.Data.SqlClient　　D. System.Web.Mvc

2. 设计会员注册视图，应使用的视图模板类型是____。

   A. Details　　B. Create　　C. Edit　　D. Delete

3. 下列方法或属性中，不是抽象类 WebViewPage 定义的是____。

   A. Model　　B. SaveChanges　　C. Url　　D. Html

4. 设计会员信息修改页面时，在控制器动作里必须用类____提供的方法 UpdateModel()来保存模型记录。

   A. Controller　　B. DbContext　　C. DbSet　　D. View

5. 在 LINQ 查询表达式中，可以不出现的关键短语是____。

   A. from　　B. in　　C. where　　D. select

6. 下列方法中，不是类 DbSet 定义的是____。

   A. Add()　　B. Remove()　　C. Update()　　D. Find()

三、填空题

1. 若模型类的主键不是自增长 int 类型的 ID，则应使用____注解。
2. 在控制器里定义方法处理视图表单提交，应使用____注解。
3. 数据库上下文类由若干类型为____的成员对象组成。
4. 会员登录页面设计，应使用____类型的视图模板。
5. 使用 LINQ 实现新闻标题的模糊查询，应在 where 子句里使用关键字是____。
6. 在视图里显示模型数据验证未通过信息时所使用的Razor表达式是____。

实验 7　模型、EF 框架与 LINQ 查询

一、实验目的

(1) 掌握在 ASP.NET MVC 项目里引入 EF 框架的方法。

(2) 掌握 EF 框架中的主要 API(上下文类和实体集类)。

(3) 掌握模型类的创建及注解方法。

(4) 掌握 EF Code First 特性。

(5) 掌握 LINQ 查询的使用方法。

(6) 掌握使用视图模板引擎 Razor 设计视图的方法。

二、实验内容及步骤

【预备】访问本课程上机实验网站 http://www.wustwzx.com/asp_net/index.html，单击第 7 章实验的超链接，下载本章实验内容的案例项目，得到文件夹 ch07。

1. 使用了 EF 框架的控制台项目

(1) 在 VS 2015 中打开控制台项目 TestEFConsole。

(2) 删除引用文件夹里引用的程序集 EntityFramework.dll，分别观察类文件 flowerDbContext.cs(数据库上下文)和 Program.cs(测试程序)可知，它们有红色的波浪线出现。

(3) 右击引用文件夹，选择“管理 NuGet 程序包(N)”，在搜索文本框里输入“EF”，选择 EntityFramework 后，先卸载后安装 EF 框架。

(4) 查验类文件 flowerDbContext.cs 和 Program.cs 的红色波浪线是否消失。

(5) 打开项目配置文件 App.config，查看与数据库上下文类 flowerDbContext 同名的连接字符串里的相关信息。

(6) 打开测试 EF 框架的控制台程序 Program.cs，使用 Ctrl+F5 快捷键做运行测试。

(7) 打开 SQL Server 2005 精简版，查验是否已经在数据库 flower2(库名在数据库连接字符串里指定)表 news 里追加了一条记录。

(8) 比较测试程序里类 DbSet 与 DbContext 的方法的用法区别。

2. 使用 EF 框架访问 SQL Server 的 Web 项目

(1) 在 VS 2015 中打开项目 MVC_SQLServer。

(2) 根据文件 Models\TestDbContext.cs 和配置文件可知，访问 SQL Server 数据库 Test 里的表 User。

(3) 打开 Home 控制器文件，Index()方法的功能是显示数据表 User。即先做 LINQ 查询(结果为 Sytsem.Linq.IQueryable<User>类型)，然后转发数据给视图显示。当不存在模型数据时，转向至 Create()方法。

(4) 查看 Index 视图里的@model 指令、遍历模型记录集的代码。

(5) 查看模型类文件 Models\User.cs 里的注解，包括主键定义、必填字段和字段长度约束等。

(6) Create()方法的视图中应用了 Create 模板的视图，本质上产生一个表单，用于输入 User 类型的模型数据。

(7) 在 Create 视图对应的表单处理方法里，查看接收表单提交数据的方法，并分别对 Add()和 SaveChanges()方法按 F12 键查看导航定义。

(8) 分析记录修改的实现方法。

(9) 分析记录删除的实现方法。

(10) 使用 Ctrl+F5 快捷键，测试 CRUD 方法，至少追加一条记录。

三、实验小结及思考

(由学生填写，重点填写上机中遇到的问题。)

第 8 章 MVC 5 及 EF 6 框架深入编程

在 ASP.NET 实际项目开发中，需要综合应用 MVC 框架、EF 框架、CSS+Div 布局、JavaScript 脚本和 AJAX 等技术。本章主要介绍了在创建基于 ASP.NET MVC 的项目里再引入 EF 实体框架的项目开发，其学习要点如下。

- 掌握在 MVC 项目里通过 EF 框架访问数据库 SQL Server 及 MySQL 的方法。
- 掌握在 MVC 项目里实现文件上传的方法。
- 掌握在视图设计中使用 jQuery UI 的方法。
- 掌握在 MVC 项目里使用 AJAX 的方法。
- 了解 MVC 项目里模型重建与数据迁移。
- 了解 MVC 项目里 CSS 样式与 JS 脚本的优化管理。

8.1 在 ASP.NET MVC 项目里使用 EF 框架

8.1.1 使用 ASP.NET MVC 框架的一般步骤

创建 MVC 项目时，默认已经加载了 EF 框架，使用 ASP.NET MVC 框架的一般步骤如下。

- 创建模型类。当访问数据库时，创建对应于表结构的实体类。
- 创建表示业务功能的控制器(当然包括控制器方法)。
- 创建用于展示提交数据或结果数据的视图。
- 进行模型、视图和控制器的综合调试。

注意： 创建控制器与视图没有严格的先后顺序，甚至可以同时进行。

8.1.2 CSS 样式与 JS 脚本文件的优化管理

在 VS 2015 里使用 MVC 模板创建项目时，会在自动生成的文件夹 Scripts 里添加很多脚本库，而在自动生成的文件夹 Content 下建立许多 CSS 样式文件。一些脚本文件有常规和最小化两个版本，最小化版本删除注释剪短变量名以缩小文件尺寸，在功能上和正常版本一致。正常版本的 jquery-1.7.1.js 文件大小 252K，而缩小版的 jquery-1.7.1.min.js 只有 92K，如果网站每天有百万级的访问量，带来的流量节省还是很巨大的。

打包(bundling)及压缩(minification)指的是将多个 js 文件或 css 文件打包成单一文件并压缩的做法，如此可减少浏览器需下载多个文件才能完成网页显示的延迟感，同时通过移除 JS/CSS 文件中空白、批注及修改 JavaScript 内部函数、变量名称的压缩手法，能有效缩小文件体积，提高传输效率，提供给使用者更流畅的浏览体验。

BundleConfig 就是一个微软新增加的打包配置类，用来添加各种 Bundle。打包配置的相关 API，如图 8.1.1 所示。

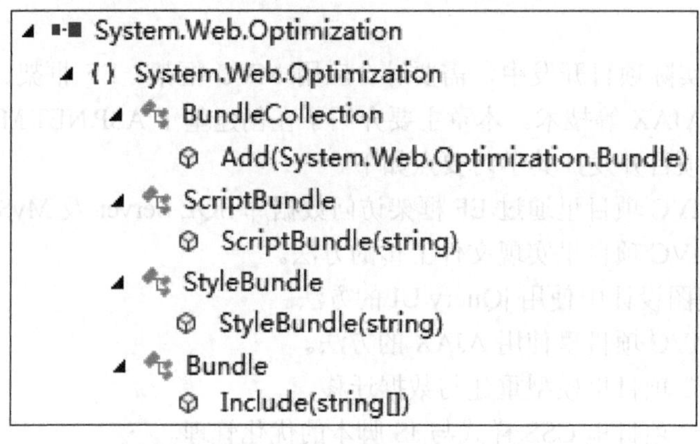

图 8.1.1　打包配置项目的脚本与样式

BundleCollection 类包含并管理在 ASP.NET 应用程序已经注册的捆绑对象。

Bundles 定义在/App_Start/BundleConfig.cs 文件中，ScriptBundle 用于创建脚本包，StyleBundle 用于创建 CSS 风格包，二者都使用 Include 包含一组文件。

在项目文件夹里，创建 BundleConfig.cs 的示例代码如下。

```
using System.Web;
using System.Web.Optimization;
namespace MVC_SQLServer2
{
    public class BundleConfig    {
        public static void RegisterBundles(BundleCollection bundles)
        {
            bundles.Add(new ScriptBundle("~/bundles/jquery").Include(
                            "~/jquery-ui-1.11.1.custom/external/jquery/jquery.js",
                                      "~/jquery-ui-1.11.1.custom/jquery-ui.js"));
            bundles.Add(new ScriptBundle("~/bundles/jqueryval").Include(
                                                  "~/Scripts/jquery.validate*"));
            bundles.Add(new ScriptBundle("~/bundles/modernizr").Include(
                                                      "~/Scripts/modernizr-*"));
            bundles.Add(new ScriptBundle("~/bundles/bootstrap").Include(
```

```
                        "~/Scripts/bootstrap.js","~/Scripts/respond.js"));
            bundles.Add(new StyleBundle("~/Content/css").Include(
                        "~/Content/bootstrap.css","~/Content/site.css"));
            bundles.Add(new StyleBundle("~/jqueryui/css").Include(
                                        "~/jquery-ui-1.11.1.custom/jquery-ui.css"));
        }
    }
}
```

创建了捆绑配置文件 BundleConfig.cs 文件后，在视图页面上就可以用@Scripts.Render("~/bundles/bootstrap")来加载已经捆绑的 JS 文件，用@Styles.Render("~/Content/css")来加载捆绑的 CSS 样式文件。

注意：不建立 BundleConfig.cs 文件并不影响程序的运行。

8.1.3 在 MVC 项目里访问 MySQL 数据库

在 MVC 项目里使用 EF 框架访问 MySQL 数据库，需要使用 NuGet 先后下载相应的程序集 MySql.Data 和 MySql.Data.Entity，其操作如图 8.1.2 所示。

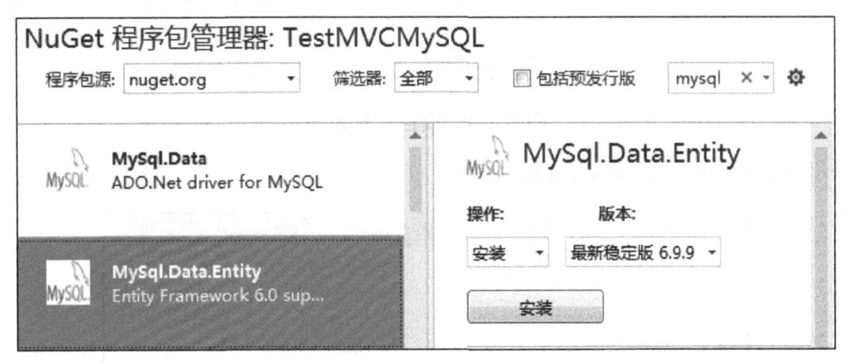

图 8.1.2　下载 MySQL 支持 EF 框架的程序集

注意：

(1) 使用 ADO.NET 访问 MySQL 数据库时，需要下载 MySQL Driver for ADO.NET。而在 MVC 项目里，一般使用 EF 框架，因此，还需要下载 MySQL.Data.Entity。

(2) 因为 MySql.Data.Entity 依赖于 MySql.Data，所以在安装或卸载时，应先安装或卸载后者。

(3) 下载的 MySQL EF 程序集，在控制器程序里并未使用，而是在 Web.config 里使用，其代码如下。

```
<entityFramework>
<defaultConnectionFactory type=
                "System.Data.Entity.Infrastructure.SqlConnectionFactory, EntityFramework" />
    <providers>
        <provider invariantName="System.Data.SqlClient" type=
            "System.Data.Entity.SqlServer.SqlProviderServices, EntityFramework.SqlServer" />
```

```
        <provider invariantName="MySql.Data.MySqlClient" type=
                                    "MySql.Data.MySqlClient.MySqlProviderServices,
                                    MySql.Data.Entity.EF6, Version=6.9.9.0, Culture=neutral,
                                    PublicKeyToken=c5687fc88969c44d"/>
    </providers>
</entityFramework>
```

【例 8.1.1】在 MVC 项目里访问 MySQL 数据库。

在 VS 2015 中，访问 MySQL 数据库的 Web 项目 TestMVCMySQL 的文件系统，如图 8.1.3 所示。

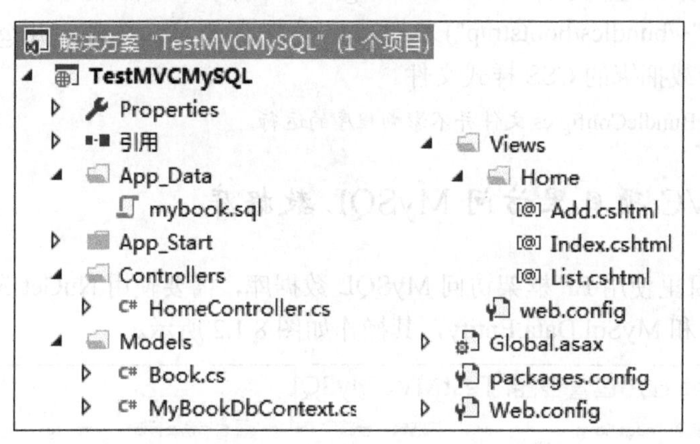

图 8.1.3 项目文件系统

项目主页浏览效果，如图 8.1.4 所示。

图 8.1.4 项目主页浏览效果

在 Web.config 文件里，连接 MySQL 数据库 MyBook 的代码如下。

```
<connectionStrings>
<add name="MyBookDbContext" connectionString="Data Source=127.0.0.1;
                    port=3308;Initial Catalog=MyBook;user id=root;password=root;
                    charset=utf8" providerName="MySql.Data.MySqlClient" />
</connectionStrings>
```

主控制器 Home 包含了添加、显示和删除等几个动作，其代码如下。

```
using TestMVCMySQL.Models;
using System.Web.Mvc;
using System.Collections.Generic;
using System.Linq;
namespace TestMVCMySQL.Controllers {
    public class HomeController : Controller    {
        // 创建数据库上下文类的实例
        MyBookDbContext db = new MyBookDbContext();
        public ActionResult Index() {
            ViewBag.Title = "测试访问MySQL数据库";
            return View();
        }
        public ActionResult Add() {
            ViewBag.Title = "增加记录";
            List<Book> list = new List<Book> {
                new Book { bookName = "ASP.NET Web开发",price=42},
                new Book {bookName="PHP网站开发",price=38 }
            };
            list.ForEach(d => db.books.Add(d));//通过上下文对象操作数据库表
            db.SaveChanges(); //保持更新
            return View();
        }
        public ActionResult List() {
            ViewBag.Title = "显示数据表记录";
            var rs = from m in db.books select m;
            if (rs.ToList().Count < 1) {     /* 没有记录时*/
                //接收模型数据的视图在数据为空时会报警指针异常
                return RedirectToAction("Add");
            }
            return View(rs);
        }
        public void Delete() {
            var rs = from m in db.books select m;
            db.books.RemoveRange(rs);   //删除一批记录
            db.SaveChanges();   //物理删除
            Response.Write("<script>alert('记录已删除...');location.href='Index'</script>");
        }
    }
}
```

请求方法 Home/List 时的页面效果，如图 8.1.5 所示。

图 8.1.5　请求 Home/List 时的页面效果

注意：请求 Home 控制器的 List、Add 和 delete 方法时，要求数据库 MyBook 存在，否则，会出现运行时异常。

8.1.4　MVC 文件上传与富文本编辑

MVC 文件上传的原理是：在 MVC 项目里，文件上传表单提交 System.Web.HttpPostedFileBase 类型的对象，在控制器方法 Test/Upload 里接收该对象，并使用该类的 SavaAs()方法保存到 Web 服务器的某个文件夹里。

【例 8.1.2】在 MVC 项目里实现文件上传。

MVC 文件上传项目 TestMVCFileUpload。Web 项目 TestMVCMySQL 的文件系统，如图 8.1.6 所示。

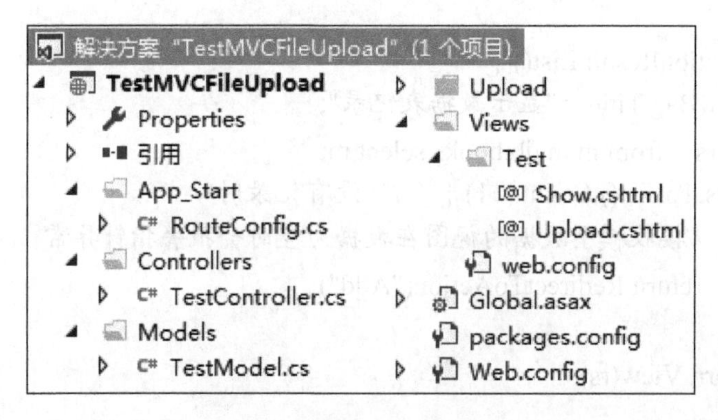

图 8.1.6　项目文件系统

控制器 Test 包含 Upload()和 Show()两个方法，文件 TestController.cs 的代码如下。

```
using System.IO;
using System.Web;
using System.Web.Mvc;
using TestMVCFileUpload.Models;
namespace TestMVCFileUpload.Controllers {
    public class TestController : Controller {
```

```
        public ActionResult Upload() {
            return View();   //文件上传表单视图
        }
        [HttpPost]
        public ActionResult Upload(TestModel tm, HttpPostedFileBase file) {
            if (file == null) {
                return Content("没有文件！ ", "text/plain");
            }
            var fileName = Path.Combine(Request.MapPath("~/Upload"),
                                              Path.GetFileName(file.FileName));
            try {
                file.SaveAs(fileName);
                tm.AttachmentPath = "../Upload/" + Path.GetFileName(file.FileName);
                return RedirectToAction("Show", tm);
            }
            catch {
                return Content("上传异常 ！ ", "text/plain");
            }
        }
        public ActionResult Show(TestModel tm) {
            return View(tm);
        }
    }
}
```

在控制器 Test 方法里，均使用了描述上传文件相关信息的模型类 TestModel，其代码如下。

```
using System.ComponentModel.DataAnnotations; //
namespace TestMVCFileUpload.Models
{
    public class TestModel
    {
        [Display(Name = "标题")]
        [Required]
        public string Title { get; set; }
        [Display(Name = "内容")]
        [Required]
        [DataType(DataType.MultilineText)]
        public string Content { get; set;}
```

```
        public string AttachmentPath { get; set; }
    }
}
```

注意：本模型类并未定义主键，因为它不与某个数据库表相对应。

控制器方法 Test/Upload()对应的视图，实际上是一个文件上传表单，其代码如下。

```
@model TestMVCFileUpload.Models.TestModel
@{
    Layout = null;
}
<!DOCTYPE html>
<html>
<head>
    <meta name="viewport" content="width=device-width" />
    <title>@ViewBag.Title</title>
</head>
<body>
    <div>
        @using (Html.BeginForm("Upload", "Test", FormMethod.Post,
                                    new { enctype = "multipart/form-data" })) {
            @Html.LabelFor(mod => mod.Title)<br />
            @Html.EditorFor(mod => mod.Title)<br /><br />
            @Html.LabelFor(mod => mod.Content)<br />
            @Html.EditorFor(mod => mod.Content) <br />
            <span>上传文件:</span><input type="file" name="file" /> <br /> <br />
            <input id="ButtonUpload" type="submit" value="提交" />
        }
    </div>
</body>
</html>
```

控制器方法 Test/Show()对应的视图，用于显示上传的文件，其代码如下。

```
@model TestMVCFileUpload.Models.TestModel
@{
    Layout = null;
}
<!DOCTYPE html>
<html>
<head>
    <meta name="viewport" content="width=device-width" />
```

```
    <title>Show</title>
</head>
<body>
    <div> <h2>Show</h2>
        @Html.LabelFor(model => model.Title) <br />
        @Html.EditorFor(model => model.Title) <br /><br />
        @Html.LabelFor(model => model.Content) <br />
        @Html.EditorFor(model => model.Content) <br />
        图片：<img src="@Model.AttachmentPath" alt="img" />
    </div>
</body>
</html>
```

【例 8.1.3】在 MVC 项目里使用 Baidu UE。

使用百度富文本编辑器的 MVC 项目 TestMVCUE，其文件系统如图 8.1.7 所示。

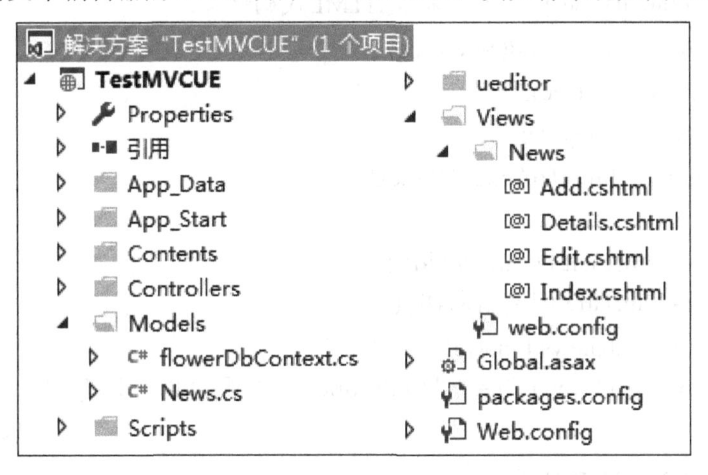

图 8.1.7　项目文件系统

为了正常使用 UE 文件上传功能，需要引用程序集 ueditor/net/Bin/Newtonsoft.Json.dll，它是类文件 ueditor/net/App_Code/Config.cs 需要的，否则，项目重新生成时报错。

新闻控制器 News 的文件代码如下。

```
using System;
using System.Collections;
using System.Linq;
using System.Web.Mvc;
using TestMVCUE.Models;
namespace TestMVCUE.Controllers{
    public class NewsController : Controller
    {
        flowerDbContext db = new flowerDbContext();
```

```
public ActionResult Index() {
    ViewBag.Title = "新闻主页";
    var rs = from m in db.news select m;
    if (rs.ToList().Count == 0)
        return RedirectToAction("Add");
    else
        return View(rs);
}
public ActionResult Add() {
    ViewBag.Title = "增加新闻页";
    return View();
}
[HttpPost]
[ValidateInput(false)]   /*允许提交HTML代码*/
public ActionResult Add(News rec) {
    db.news.Add(rec);
    db.SaveChanges();
    return RedirectToAction("Index");
}
public ActionResult Details(int id) {
    ViewBag.Title = "查看新闻页";
    var rec =db.news.Find(id);
    ViewData["content"] = "<html><title>新闻页</title><body>" + rec.content +
                                                            "</body></html>";
    return View(rec);
}
public ActionResult Edit(int id) {
    ViewBag.Title = "编辑新闻页";
    var rec = db.news.Find(id);
    return View(rec);
}
[HttpPost]
[ValidateInput(false)]    /*允许提交HTML代码*/
public ActionResult Edit(News rec,FormCollection colllection) {
    var news = db.news.Find(rec.id);
    UpdateModel(news);
    db.SaveChanges();
    return RedirectToAction("Index");
```

```
        }
        public ActionResult Delete(int id) {
            News rec = db.news.Find(id);
            db.news.Remove(rec);
            db.SaveChanges();
            return RedirectToAction("Index");
        }
    }
}
```

注意：在处理表单提交方法里，设置 ValidateInput(false)是关键代码，与 5.8.3 小节中例 5.8.4 的 Web 项目里在窗体前台页面指令里的设置相对应。

8.2　控制器与视图的高级使用

8.2.1　使用 PagedList 插件实现记录分页导航

ASP.NET MVC 中进行分页的方式有多种，使用较广泛的是用 X.PagedList 和 X.PagedList.Mvc 进行分页。

【例 8.2.1】使用 X.PagedList 实现分页导航。

使用 X.PagedList 实现分页导航的项目 TestMVCPaging 的文件系统，如图 8.2.1 所示。

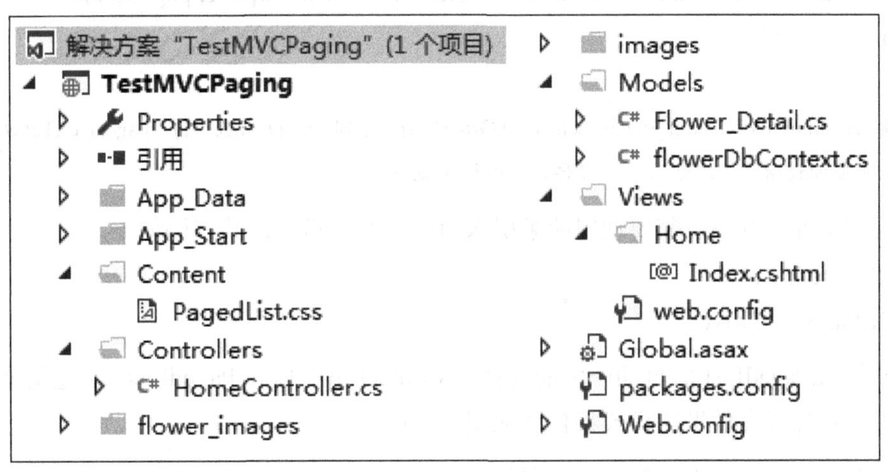

图 8.2.1　项目文件系统

由于 X.PagedList.Mvc 依赖于 X.PagedList，因此，要先安装 X.PagedList。在 VS 2015 中，使用 NuGet 下载这两个程序集的界面，如图 8.2.2 所示。

图 8.2.2　分页程序集下载

在控制器里，需要引入如下的命名空间。

```
using X.PageList;
```

该命名空间提供获取指定页记录的方法，其关键代码如下。

```
private flowerDbContext db = new flowerDbContext();
public ActionResult Index(int page = 1)

    const int pageSize = 10;   //每页记录数
    //得到指定页对应的记录集
    var rs = db. flower_details.OrderBy(p => p.ID).ToPagedList(page, pageSize);
    return View(rs);
```

注意：(from m in db.flower_details select m).OrderBy(p=>p.bh).Skip((page - 1) * pagesize).Take(pagesize).ToList()也能查询到指定页的记录，但需要自己设计导航条。

在视图文件的开头，需要使用两条引入命名空间的指令，其代码如下。

```
@using X.PagedList
@using X.PagedList.Mvc
```

将安装 X.PagedList 后自动产生的文件夹 Content 里的样式 PagedList.css 拖曳至视图头部代码里，该样式文件里的样式将自动应用于导航条。

在视图文件里，产生导航条的代码如下。

```
//产生记录导航的视图代码
@Html.PagedListPager((IPagedList)Model, page => Url.Action("Index", new { page }))
```

项目的运行效果，如图 8.2.3 所示。

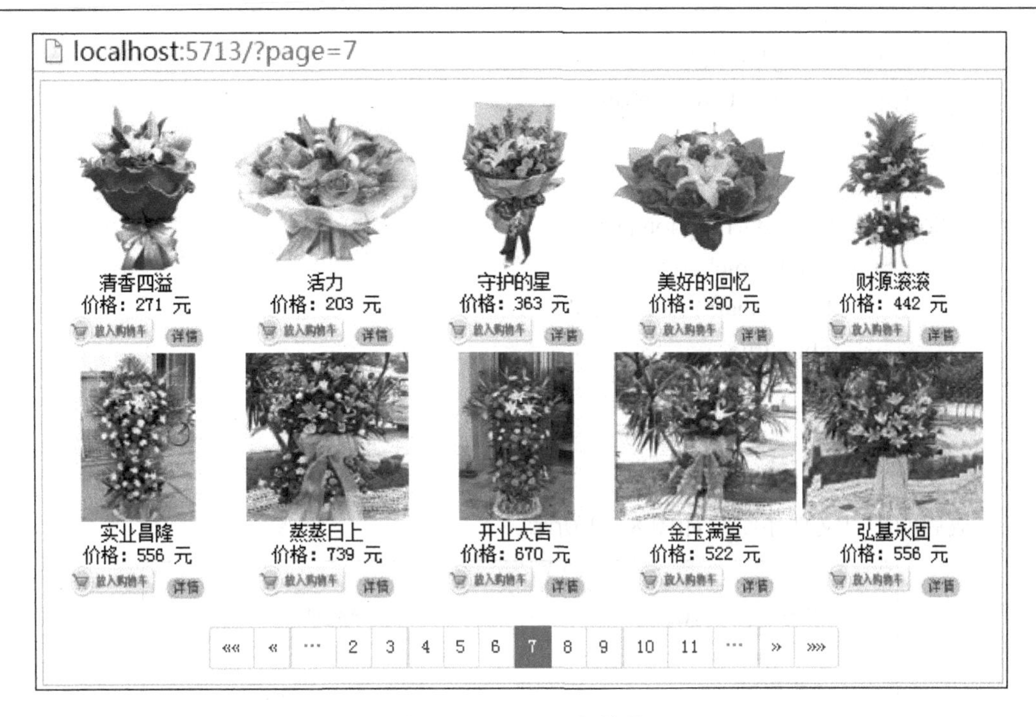

图 8.2.3　项目运行效果

注意：完整的项目 TestMVCPaging，见本章实验。

8.2.2　在视图中使用 jQuery UI

在实际的项目中，通常使用 jQuery UI，因为 jQuery UI 是以 jQuery 为基础的 JS 网页用户界面代码库，它提供了用户交互、动画、特效和可更换主题的可视控件，能方便地构建具有很好交互性的 Web 应用程序。

【例 8.2.2】在视图中使用 jQuery UI 控件 DatePicker。

在 VS 2015 中新建一个名为 TestjQueryUI 的 MVC 项目。访问 http://jqueryui.com/download/，下载 jQuery UI 得到一个 zip 文件。将解压后的文件夹整体复制到项目根目录→单击解决方案资源管理器的工具→展开 jQuery UI 文件夹→选中该文件夹下的所有的文件及子文件夹后右击→选择“包含在项目中”→ 再次单击工具。

注意：如果不使用工具，则 jQuery UI 下的文件(夹)不可见，而选择“添加”→“现有项”命令，虽然可见，但却很麻烦。

新建 Home 控制器，并为默认方法 Index()添加视图。在视图文件里，采用拖曳方式依次添加两个 JS 文件和 1 个 CSS 文件，其代码如下。

```
<script src="~/jquery-ui-1.11.4.custom/external/jquery/jquery.js"></script>
<script src="~/jquery-ui-1.11.4.custom/jquery-ui.js"></script>
<link href="~/jquery-ui-1.11.4.custom/jquery-ui.css" rel="stylesheet" />
```

在视图的主体部分，添加如下代码。

```
    <div>
```

```
    <h2>TestjQueryUI</h2>
    日 期:<input type="text" id="dp" />
</div>
<script>
    $(document).ready(function () {
        $("#dp").datepicker({
            dateFormat: "yy-mm-dd",
            inline:true
        });
    })
</script>
```

完成后的项目文件系统，如图 8.2.4 所示。

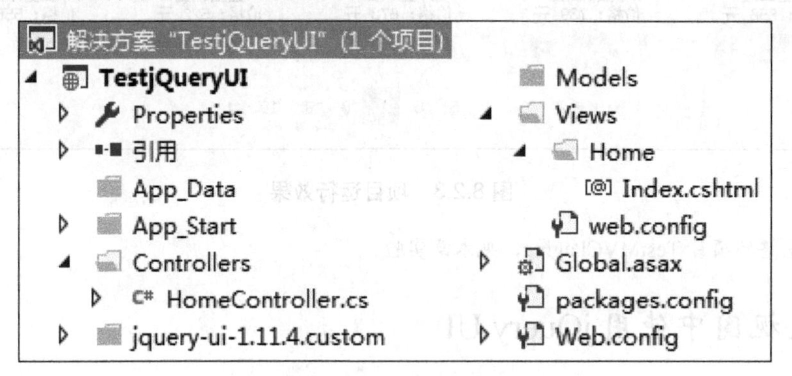

图 8.2.4　项目文件系统

项目的运行效果，如图 8.2.5 所示。

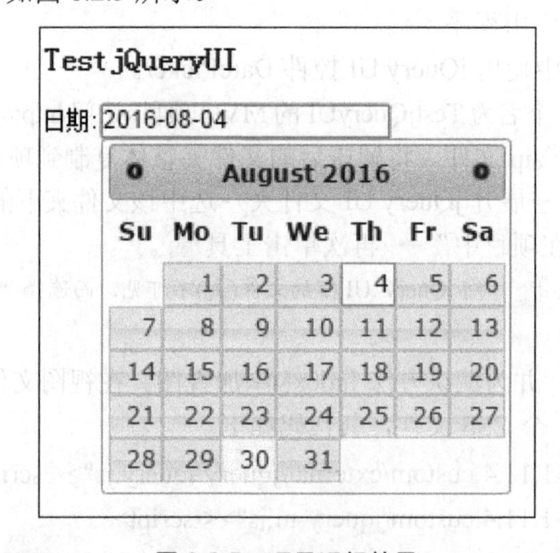

图 8.2.5　项目运行效果

注意：完整的项目 TestjQueryUI，见本章实验。

8.2.3　在 MVC 项目里使用 AJAX 技术

下面以注册用户时，视图使用 AJAX 请求和控制器产生 AJAX 响应，来说明在 MVC 项目里使用 AJAX 的用法。

【例 8.2.3】使用 AJAX 请求的示例项目 TestMVCAjax。

精简 7.3.2 小节中示例项目 MVC_SQLServer，将方法 Home/Create 的表单处理方法改写为 AJAX 响应，实现当用户已经存在时，响应信息不清除原来的界面。项目的浏览效果如图 8.2.6 所示。

localhost:9977/Home/Create
User
用户名
wzx
Truename
吴志祥
Password
222
Age
42
Phone
Create
返回主页
localhost:9977 显示：
该用户已存在，返回继续编辑...
确定

图 8.2.6　注册用户已经存在时的 AJAX 效果

完成后的项目 TestMVCAjax 的文件系统，如图 8.2.7 所示。

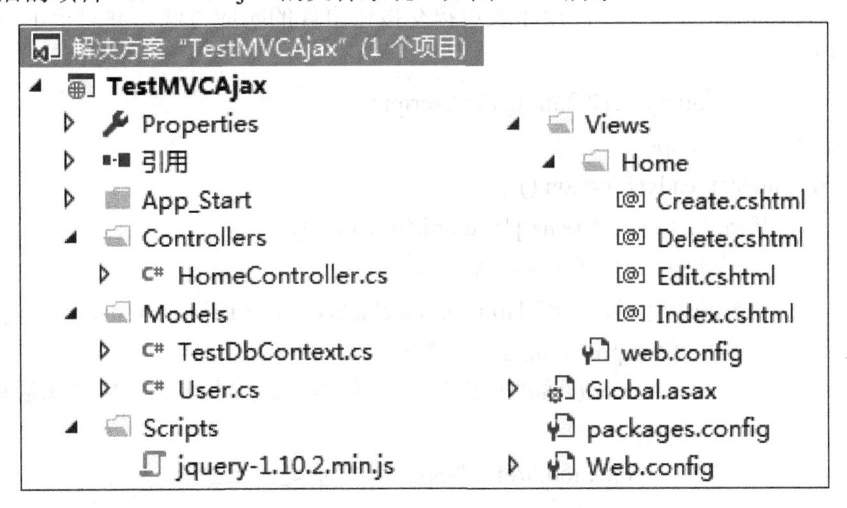

图 8.2.7　项目文件系统

在 Home 控制器的 Create 的处理表单提交的方法里，以方法 Json()值作为动作结果类型，其代码如下。

```
[HttpPost]
public ActionResult Create(User newUser)
{
    if (ModelState.IsValid)
    {
        var rs = from m in db.users
                 where m.Username==newUser.Username
                 select m;
        if (rs.ToList().Count > 0) //用户已经注册了
        {
            // AJAX响应
            return Json(new { status=2},JsonRequestBehavior.AllowGet);
        }
        else
        {
            db.users.Add(newUser);   //创建新用户
            db.SaveChanges();
            return RedirectToAction("Index");
        }
    }
    return View(newUser);
}
```

在 Create.cshtml 文件里，注册了表单提交按钮事件的响应方法，并阻止了表单提交，增加如下代码。

```
<script src="~/Scripts/jquery-1.10.2.min.js"></script>
<script type="text/javascript">
        $(document).ready(function () {
            $("form[action$='Create']").submit(function () {
                //jQuery AJAX方法，AJAX请求
                $.post($(this).attr("/Home/Create"), $(this).serialize(), function (response) {
                    if (response.status == "2")
                        alert("该用户已存在，返回继续编辑...");   //客户端输出
                    else
                        location.href = "Index";   //重定向至主页
                });
                return false;   // 阻止表单提交
            });
```

```
    });
</script>
```

【例 8.2.4】下拉列表联动示例项目 TestMVCDropDownList。

两个下拉列表联动项目的文件系统，如图 8.2.8 所示。

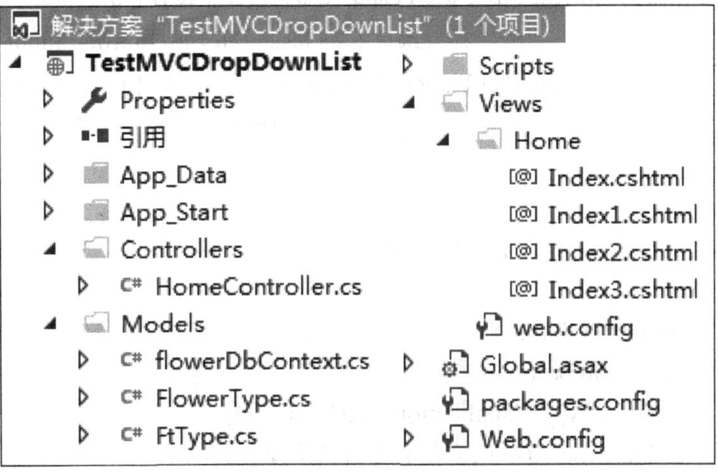

图 8.2.8 项目文件系统

控制器动作 Home/Index3 在转向视图之前的处理代码如下。

```
public ActionResult Index3() {
    ViewBag.Title = "下拉列表联动";
    var rs = from m in db.flowertypes select m;
    List<SelectListItem> items = new List<SelectListItem>();
    foreach (var item in rs) {
        items.Add(new SelectListItem { Text = item.type_name,
                                        Value = item.flower_id.ToString() });
    }
    ViewData["selectList"] = items;
    return View();
}
```

视图 Views/Home/Index3.cshtml 包含两个下拉列表，第一个下拉列表是选择鲜花的一级分类，在选项改变后产生 AJAX 请求，其代码如下。

```
@{
    Layout = null;
}
<!DOCTYPE html>
<html>
<head>
    <meta name="viewport" content="width=device-width" />
```

```
    <title>Index3</title>
    <script src="~/Scripts/jquery-1.10.2.min.js"></script>
</head>
<body>
    <div>Html.DropDownList("yjfl", ViewData["selectList"] as IEnumerable<SelectListItem>,
                        "请选择", new { @class = "form-control    input-small" }) </div>
    <div>@Html.DropDownList("ejfl", new List<SelectListItem> { (new SelectListItem()
                                        { Text = "请选择", Value = "0" }) }) </div>

    <script>
        $("#yjfl").change(function () {      //
            $.ajax({
                type: "POST",
                url: "/Home/Index3",
                contentType: "application/json", //必须有
                //dataType: "json", //表示返回值类型，不是必须
                data: JSON.stringify({ flower_id: $("#yjfl").val() }),
                success: function (data) {
                    $('#ejfl').html('');
                    $('#ejfl').append("<option value=0>请选择</option>")
                    $.each(data, function (i,item) {
                        var option = "<option value='" + item.Value + "'>" +
                                                        item.Text + "</option>";
                        $('#ejfl').append(option);
                    });
                }
            });
        });
    </script>
</body>
</html>
```

控制器里处理一级分类选项改变后的 AJAX 请求的代码如下。

```
[HttpPost]
public ActionResult Index3(string flower_id) {
        ViewBag.Title = "下拉列表联动";
        int f_id = Int32.Parse(flower_id);
        var rs = from m in db.fttypes where m.flower_id == f_id select m;
        List<SelectListItem> items = new List<SelectListItem>();
```

```
        foreach (var item in rs) {
                items.Add(new SelectListItem { Text = item.ft_name,
                                                        Value = item.ft_id.ToString() });
                }
        return Json(items, JsonRequestBehavior.AllowGet);   //
}
```

页面的浏览效果，如图 8.2.9 所示。

图 8.2.9　下拉列表联动效果

8.3　EF Code First 特性

Code First 是 EF 框架提供的一种新的编程模型，它使得在还没有建立数据库的情况下就开始编码，EF 框架根据数据库上下文类自动生成相应的数据库以及根据事先建立的映射到数据库实体结构的实体类自动生成所对应的数据表，这种机制称为 EF Code First。

注意：EF Code First 实现了快速建模(即根据模型类创建数据库表)。

【例 8.3.1】测试 EF 框架的 Code First 特性。

用于测试 EF Code First 特性的控制台项目 TestEFCodeFirst，其文件系统如图 8.3.1 所示。

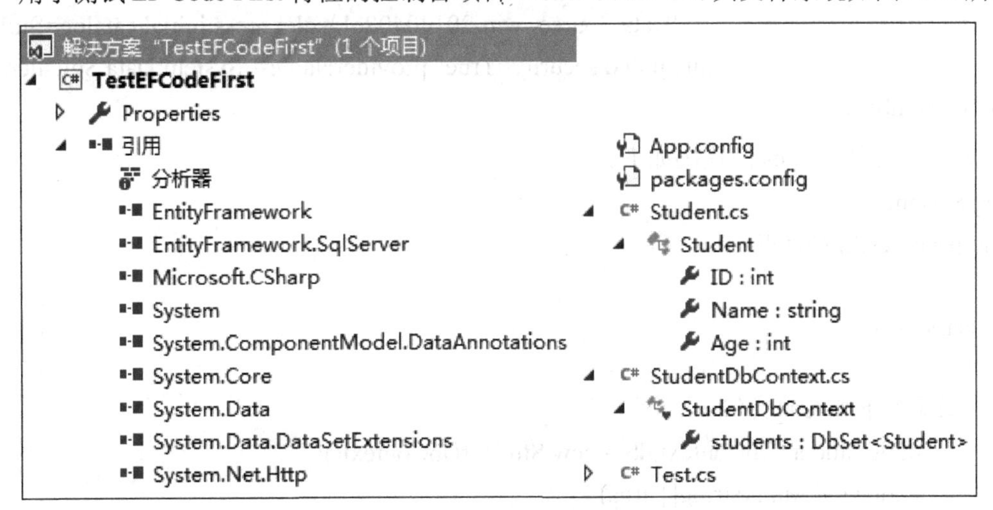

图 8.3.1　测试 EF 框架的控制台项目文件系统

其中，对控制台项目使用 NuGet 引用了 EF 框架的程序集。

模型类 Student.cs 的代码如下。

```
namespace TestEFCodeFirst
{
    public class Student //模型类名Student+s对应于数据表名称
    {
        public int ID { get; set; }   //默认作为主键
        public string Name { get; set; }
        public int Age{get;set;}
    }
}
```

数据库上下文类 StudentDbContext.cs 的代码如下。

```
using System.Data.Entity;
namespace TestEFCodeFirst
{
    class StudentDbContext:DbContext
    {
        //类名称在项目配置文件App.config的标签<connectionStrings>内会使用
        public DbSet<Student> students { get; set; }
    }
}
```

在控制台项目的配置文件 App.config 里，需要指定生成(操作)的数据库信息，其代码如下。

```
<connectionStrings>
<add name="StudentDbContext" connectionString=
                    "Data Source=win-20140408olj\sqlexpress;initial catalog=StuDB;
                integrated security=True" providerName="System.Data.SqlClient"/>
</connectionStrings>
```

测试类文件 Test.cs 的代码如下。

```
using System;
namespace TestEFCodeFirst
{
    class Test
    {
    //创建上下文类的实例
        static StudentDbContext db = new StudentDbContext();
        static void Main(string[] args)
        {
```

```
            //创建实体类对象，映射为表的一条记录
                Student stu1 = new Student() { ID=1,Name="张飞",Age=20};
            db.students.Add(stu1); //此处的students为上下文类属性
                db.SaveChanges();   //保存对数据库的修改
                Console.WriteLine("数据库已经生成，请在SQL Server中查验...");
            }
        }
}
```

注意：首次运行较慢，因为 EF 框架要创建数据库。

在 SQL Server Express 里，可以查看到创建了数据库 StuDb 及表 Students，如图 8.3.2 所示。

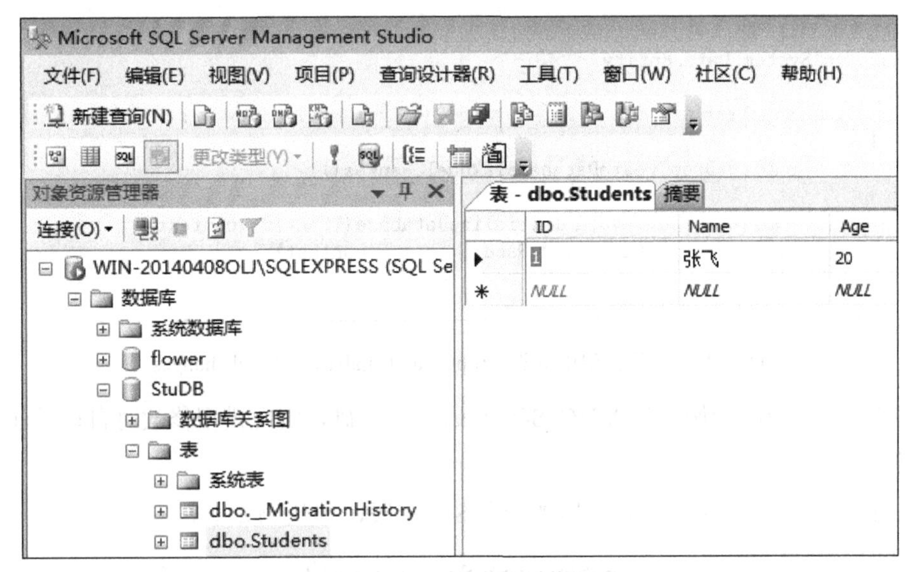

图 8.3.2 在 SQL Server 里查验 EF 框架自动生成的数据库与数据表

注意：

(1) 生成的表名为模型类名 Student 的复数形式，即 Students。

(2) 表 dbo.__MigrationHistory 是自动生成的。

(3) 多次运行 Test 程序，则会在数据表 Students 里产生多条记录，请读者验证。

(4) EF Code First 特性同样适用于 Web 项目，请读者验证。

(5) EF Code First 特性不适用于访问 MySQL 数据库的项目，请读者验证。

8.4 模型重建与数据迁移

在实际项目中，存在着在数据库表创建后需要重新修改模型的问题。如果简单地修改模型，则在重新运行时会报如下异常。

“/”应用程序中的服务器错误。

支持“XXXXDbContext”上下文的模型已在数据库创建后发生更改。请考虑使用 Code First 迁移更新数据库(http://go.microsoft.com/fwlink/?LinkId=238269)。

8.4.1 当模型修改时自动重建数据库

在 EF 框架里，泛型类 DropCreateDatabaseIfModelChanges 用于处理当模型修改后重建数据库，其定义如图 8.4.1 所示。

```
程序集 EntityFramework, Version=6.0.0.0, Culture=neutral, PublicKeyToken=b77a5c5619

namespace System.Data.Entity
{
    ...public class DropCreateDatabaseIfModelChanges<TContext> : IDatabaseInitializ
    {
        ...public DropCreateDatabaseIfModelChanges();

        ...public virtual void InitializeDatabase(TContext context);
        ...protected virtual void Seed(TContext context);
    }
}
```

图 8.4.1 EF 框架中的类 DropCreateDatabaseIfModelChanges

以 7.3.2 小节中的示例项目 MVC_SQL Server 为基础，实现模型修改时自动重建数据库的步骤如下。

(1) 打开文件 Models\User.cs，增加一个 Sex 字段，其代码如下。

```
public string Sex { get; set; }
```

(2) 在文件夹 Models 里新建类继承于泛型类 DropCreateDatabaseIfModelChanges 的类 TestInit，其代码如下。

```
using System;
using System.Collections.Generic;
using System.Linq;
using System.Web;
using System.Data.Entity; //
namespace MVC_SQLServer.Models
{
    public class TestInit:DropCreateDatabaseIfModelChanges<TestDbContext> {
        protected override void Seed(TestDbContext context) {
            base.Seed(context); //调用父类方法
            List<User> users = new List<User> {
```

```
            new User {
                Username = "zhangji", Truename = "张继",
                Password = "111111", Phone = "11111111111",
                Age = 22, Sex = "1"     //新模型字段
            },
            new User {
                Username = "heheng",Truename = "何亨",
                Password = "22222", Phone = "11111111111",
                Age = 32, Sex = "0"    //新模型字段
            }
        };
        foreach(var rec in users) context.users.Add(rec);
        //users.ForEach(d => context.users.Add(d));    // =>:  Lambda运算符
    }
  }
}
```

(3) 修改 Global.asax 文件，其代码如下。

```
using System.Web.Mvc;
using System.Web.Routing;
using MVC_SQLServer.Models;    //
using System.Data.Entity;   //
namespace MVC2_SQLServer{
    public class MvcApplication : System.Web.HttpApplication
    {
        protected void Application_Start()
        {
            Database.SetInitializer<TestDbContext>(new TestInit()); //
            AreaRegistration.RegisterAllAreas();
            RouteConfig.RegisterRoutes(RouteTable.Routes);
        }
    }
}
```

(4) 使用 Ctrl+F5 快捷键来运行项目，其运行效果如图 8.4.2 所示。

用户名	密码	年龄			
heheng	22222	32	编辑	删除	追加
zhangji	111111	22	编辑	删除	追加

图 8.4.2　项目运行效果

显然，数据库已经新建，表 User 的 2 条记录来自 TestInit 类，这是由于 Global.asax 文件里 Application_Start()方法里使用了静态方法 Database.SetInitializer()，并以 TestInit 实例对象为参数。当模型类所映射的数据库结构不匹配时，自动重建数据库，否则，不重建数据库。

注意：

(1) 使用重建数据库方式，将删除原来所有的数据。

(2) 模型重建案例项目 MVC_SQLServer，参见本章实验。

8.4.2 数据迁移

当数据模型发生变化时，使用数据迁移，可以在保留原有数据的前提下，更新数据库。在 EF 框架里，模型修改时进行数据迁移的步骤如下。

(1) 打开项目 8.3 节中的控制台项目 TestEFCodeFirst，选择“工具”→“NuGet 程序包管理器”→“程序包管理器控制台”后，输入如下命令。

```
Enable-Migrations -ContextTypeName TestEFCodeFirst.StudentDbContext
```

命令成功执行后，表明项目具有数据迁移能力，效果如图 8.4.3 所示。

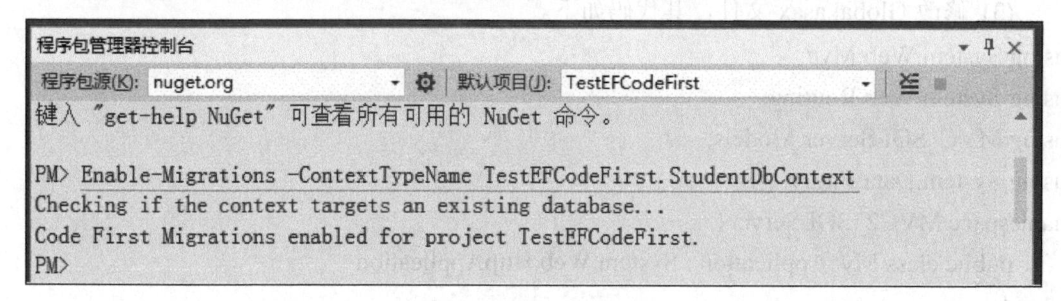

图 8.4.3 项目运行效果

此时，在项目里自动生成一个名为 Migrations 的文件夹，其内包含一个迁移配置文件 Configuration.cs，适当修改该配置文件后的代码如下。

```
namespace TestEF.Migrations {
    using System.Data.Entity.Migrations;
    internal sealed class Configuration : DbMigrationsConfiguration<StudentDbContext>
    {
        public Configuration(){
            AutomaticMigrationsEnabled = false;
        }
        protected override void Seed(StudentDbContext context) {
            // This method will be called after migrating to the latest version.
        }
    }
}
```

注意：文件夹 Migrations 会记录每次数据迁移所发生的变化。

(2) 在“程序包管理器控制台”中输入如下命令。

```
PM>Add-Migration AddSex
```

命令成功执行后，将在 Migrations 文件夹里自动生成一个名为 XXXXXXXXXXXXXXX_AddSex.cs 文件(其中，XXXXXXXXXXXXXXX 与当前日期与时间信息相关)，适当修改代码如下。

```
namespace TestEFCodeFirst.Migrations
{
    using System;
    using System.Data.Entity.Migrations;
    public partial class AddSex : DbMigration
    {
        public override void Up()
        {
            AddColumn("dbo.Students", "Sex", c => c.String());
        }
        public override void Down()
        {
            DropColumn("dbo.Students", "Sex");
        }
    }
}
```

注意：类文件 AddSex.cs 的功能是增加 string 类型的 Sex 字段。

(3) 在“程序包管理器控制台”执行如下命令。

```
PM> Update-Database
```

命令执行后，通过查验数据库表 Students 可知，它保存了原来的记录并增加了字段 Sex。

注意：

(1) 数据迁移与数据库重建不同，它没有修改模型类。

(2) 在项目开发时，数据迁移与数据库重建不应该同时使用。否则，数据迁移会影响数据库重建。

(3) 数据迁移功能同样适用于 Web 项目。但需要注意的是，在执行如下命令前：

```
Enable-Migrations -ContextTypeName TestEF.StudentDbContext
```

先要执行下面的命令：

```
Import-Module [项目文件夹]\packages\EntityFramework.6.1.3\tools\EntityFramework.psd1
```

否则，出现可能如下错误：

无法将“Enable-Migrations”项识别为 cmdlet、函数、脚本文件或可运行程序的名称。请检

查名称的拼写，如果包括路径，请确保路径正确，然后重试。所在位置 行:1 字符: 18
+ Enable-Migrations <<<< -ContextTypeName MVC_SQLServer.Models.TestDbContext
+ CategoryInfo : ObjectNotFound: (Enable-Migrations:String) [],
CommandNotFoundException + FullyQualifiedErrorId : CommandNotFoundException

8.5 基于 MVC+EF 框架开发的鲜花网站

8.5.1 总体设计

1. 通过需求分析，确定系统功能

在需求分析的基础上，确定系统功能，这与 5.5.5 小节相同。

2. 数据库及表间关系设计

本鲜花网站采用名为 flower2 的 SQL Server 数据库，它包含 11 张数据表，各表的定义及其主从关系，如图 8.5.1 所示。

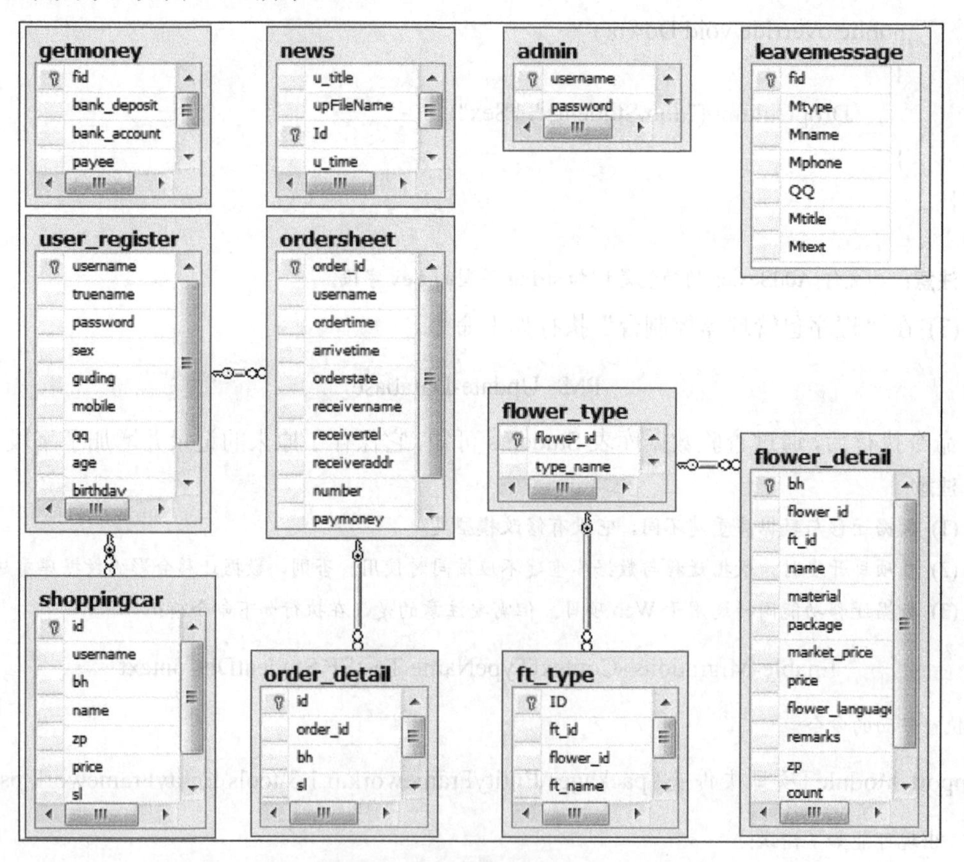

图 8.5.1 SQL Server 数据库 flower2 及其表间关系

注意：表 shoppingcar 里除了 id、username、bh 和 sl 之外的字段实际上是冗余的(因为它们可以通过多表链接查询而得到)。之所以设置，是为了方便用户在下订单前有更多的相关信息，因为在 MVC+EF 框架里，必须定义需要使用的字段信息。此外，表 shoppingcar 没有使用联合主键，而是使用自增长的 id 字段作为主键。这些与使用 WebForm 模式开发开发的项目 Flower1 里表 shoppingcar 的定义不同(参见 5.5.5 小节)。

3. 项目文件系统

使用 MVC+EF 框架完成的项目 Flower2 的文件系统，如图 8.5.2 所示。

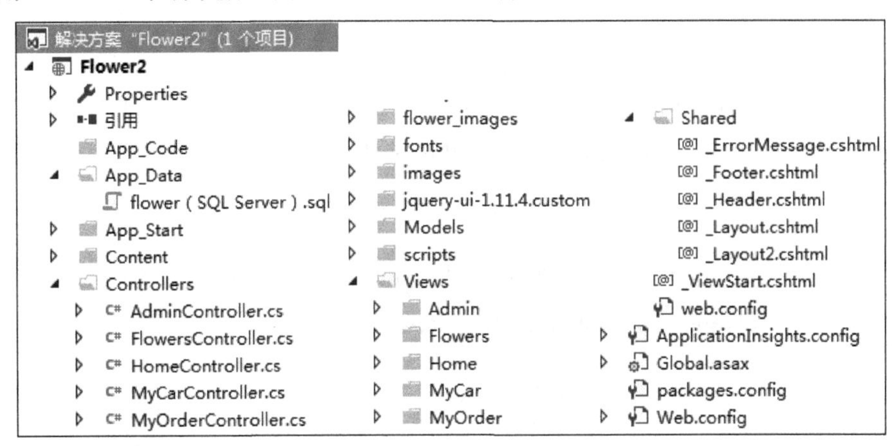

图 8.5.2　Flower2 项目的文件系统

8.5.2　网站布局及主页设计

会员访问网站主页并登录后的页面效果，如图 8.5.3 所示。

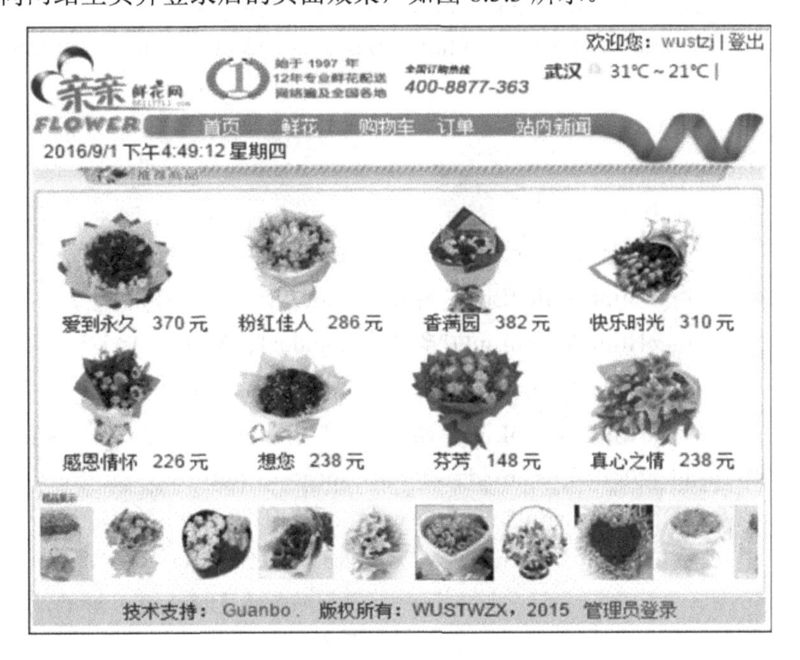

图 8.5.3　鲜花网站前台主页浏览效果

1. 作为分部视图的网站头部及底部设计

网站头部 Views/Shared/_Header.cshtml 是分部视图，包含有登录状态、公司 Logo、导航条和当前日期与时间等信息，其代码如下。

```
<link href="~/Content/header.css" rel="stylesheet" />
<div class="header_big">
    <div class="state">
        @{
            if (Session["userID"] != null) {
                @Html.Raw("欢迎您: <font color=red>"+Session["userID"] +"</font> | ")
                @Html.ActionLink("登出","Logout")
            }
            else {
                @Html.ActionLink("登录", "Login", "Home");@:|
                @Html.ActionLink("注册", "Register", "Home")
            }
        }
    </div>
    <div class="header1">
        <img src="~/images/logo.gif" alt="Logo" />  
        <img src="~/images/detailstou.jpg" alt="" /> 
        <img src="~/images/400.gif" alt="400 Tel" /> 
        <iframe width="250" scrolling="no" height="30" frameborder="0"
                src="http://i.tianqi.com/index.php?c=code&id=34&icon=1&num=3">
                                                    </iframe><!--城市天气--> </div>
    <div class="header2">
        <div class="header21">
            <ul>
                <li>@Html.ActionLink("首页", "Index","Home")</li>
                <li>@Html.ActionLink("鲜花", "Index", "Flowers")</li>
                <li>@Html.ActionLink("购物车","Index", "MyCar")</li>
                <li>@Html.ActionLink("订单", "Index","MyOrder")</li>
                <li>@Html.ActionLink("站内新闻", "Index", "News")</li></ul> </div>
        <div id="header22_dt"><span id="dt">dt</span></div>
        <script type="text/javascript">setInterval("dt.innerHTML= new Date()
                                        .toLocaleString()+' 星期'+'日一二三四五六'
                                        .charAt(new Date().getDay())","10");</script>
    </div>
</div>
```

注意：

(1) 网站底部视图 Views/Shared/_Footer.cshtml 主要包含了管理员登录超链接，其视图代码简单，故省略。

(2) 网站头部及底部浏览效果，分别参见图 8.5.3 的上方及下方。

2. 网站前台及后台布局

前台布局页 Views/Shared/_Layout.cshtml 分别调用了分部视图_Header.cshtml 和_Footer.cshtml，其代码如下。

```
<!DOCTYPE html>
<html>
<head>
    <meta charset="utf-8" />
    <meta name="viewport" content="width=device-width, initial-scale=1.0">
    <title>@ViewBag.Title</title>
    <link href="~/Content/header.css" rel="stylesheet" />
    <link href="~/Content/Site.css" rel="stylesheet" type="text/css" />
    <link href="~/Content/bootstrap.min.css" rel="stylesheet" type="text/css" />
    <!--<script src="~/Scripts/modernizr-2.6.2.js"></script>-->
</head>
<body>
    <!--下面加载的 2 个 js 移到其他地方会出现运行异常-->
    <script src="~/Scripts/jquery-1.10.2.min.js"></script>
    <script src="~/Scripts/bootstrap.min.js"></script>
    <div>@Html.Partial("~/Views/Shared/_Header.cshtml")</div>   <!--调用头部分部视图-->
    <div class="container body-content">@RenderBody()</div>   <!--相当于占位控件-->
    <div>@Html.Partial("~/Views/Shared/_Footer.cshtml")</div>   <!--调用底部分部视图-->
</body>
</html>
```

后台布局页 Views/Shared/_Layout2.cshtml 提供了供管理员使用的折叠式导航菜单，浏览效果参见图 8.5.8，其详细代码见本章实验。

注意：由于在特殊的视图文件 Views/_ViewStart.cshtml 里，通过 Razor 指令 Layout 指定了 Layout.cshtml 作为前台视图默认使用的布局，因此，后台视图为了使用后台布局 Layout 就必须使用 Razor 指令 Layout="~/Views/Shared/_Layout2.cshtml"，或者使用 Razor 指令 Layout=null 不应用任何布局(参见 Views/Admin/AddNews.cshtml)。

3. 前台及后台主页设计

主页除了头部和底部外，其主体部分也是网站设计的重要内容。鲜花网站前台主页的主体部分包含了 8 种推荐商品和若干种精品展示。

前台主页视图对应的方法 Home/Index 的代码如下。

```
public ActionResult Index() {
    ViewBag.Title = "主页";
    var rs = from m in db.flower_details
             where new string[]{ "10016", "10017","10024", "10030", "10055", "10217",
                                 "10306","10308" }.Contains(m.bh)
             select m;
     return View(rs); //向视图传递的数据是对象 rs
     /*ViewData.Model = rs; return View();*/
}
```

自动应用了前台布局的前台主页视图的 8 种推荐商品，从数据库里获取并展示，其视图代码如下。

```
@model IEnumerable<Flower2.Models.Flower_Detail>
<style>
    .big{
        margin:0px auto 0px auto;
        width: 940px;height:516px;
        background-image:url('/images/tjsp_border.jpg');    /*推荐商品背景图片*/
        padding:45px 20px 21px 20px;    /*背景图片框有一定的厚度*/
    }
    .flower{
        width: 225px;height: 235px;
        float:left;    /*图片并排*/
        padding:12px;
        overflow:hidden;
    }
    .flower_desc{
        height:25px;line-height:30px;text-align:center;font-size:12px;
    }
</style>
<div class="big">
        @foreach (var m in Model)    {
            <div class="flower">
                <div><img src="/@m.zp" /></div>
                <div class="flower_desc">@m.name.Trim()   
                                                     @m.market_price 元</div>
            </div>
        }
</div>
```

前台主页视图里的若干精品展示，使用纯 JS 实现且无空白的循环滚动，其视图代码及 JS 代码如下。

```
<!--下面是使用 JS 实现的首尾相连的滚动效果，其不会出现 Marquee 标记那样的空白-->
<div style="margin:0px auto 0px auto;width: 940px;
                                        height:158px; background-image:url('/images/jp_border.jpg')">
    <div style="padding-top:30px;margin-left:10px; width:100px;">
        <div id="sm" style="overflow:hidden;width:920px; height:128px;margin: 0 auto">
            <!--关键 CSS 样式属性：overflow-->
            <table>
                <!--外表格 1x2，且第 2 单元格是空的-->
                <tr>
                    <td id="Pic1">
                        <table>
                            <!--内表格 1x9，存放 9 张图片-->
                            <tr>
                                <td><img src="/images/jp1.jpg" alt="" /></td>
                                <td><img src="/images/jp2.jpg" alt="" /></td>
                                <td><img src="/images/jp3.jpg" alt="" /></td>
                                <td><img src="/images/jp4.jpg" alt="" /></td>
                                <td><img src="/images/jp5.jpg" alt="" /></td>
                                <td><img src="/images/jp6.jpg" alt="" /></td>
                                <td><img src="/images/jp7.jpg" alt="" /></td>
                                <td><img src="/images/jp8.jpg" alt="" /></td>
                                <td><img src="/images/jp9.jpg" alt="" /></td>
                            </tr>
                        </table>
                    </td>
                    <td id="Pic2"></td>
                </tr>
            </table>
        </div>
    </div>
</div>
<!--下面的客户端脚本不可放置在页面头部-->
<script type="text/javascript">
    Pic2.innerHTML = Pic1.innerHTML;  //复制一组图片，但被隐藏
    function scrolltoleft() {    //定义向左移动方法
        sm.scrollLeft++;  //改变层的水平坐标，实现向左移动
```

```
        if(sm.scrollLeft>=Pic1.scrollWidth)   //需要复位
            sm.scrollLeft=0;  //层的位置复位，浏览器窗口的宽度是有限的
        }
        var MyMar = setInterval(scrolltoleft, 40);     //定时器，方法名后不可加()
        //下面两行是用方法响应对象的事件
        sm.onmouseover=function(){  //匿名方法(函数)
            clearInterval(MyMar); }     //停止滚动
        sm.onmouseout=function() {
            MyMar = setInterval(scrolltoleft, 40); } //继续滚动
</script>
```

注意：

(1) 网站后台主页视图文件 Views/Admin/Index.cshtml 及相应的控制器代码简单，故省略。

(2) 网站前台主页浏览效果，参见图 8.5.3。

(3) 网站后台主页浏览效果，参见图 8.5.8。

8.5.3 前台主要功能设计

1. 鲜花显示页面

鲜花页面对应于 Flower 控制器和视图文件 Views/Flowers/Index.cshtml，鲜花页面的浏览效果，如图 8.5.4 所示。

图 8.5.4 鲜花页面浏览的效果

在控制器 Flowers 里，包含了方法 PutCar()。当会员用户成功登录后，单击“放入购物车”图像超链接，即可将此商品放入购物车里。

控制器 Flowers 也包含了方法 FlowerDetails()，用于查看该鲜花商品的“详细信息”。例如，编号为“10217”的鲜花商品详细信息，如图 8.5.5 所示。

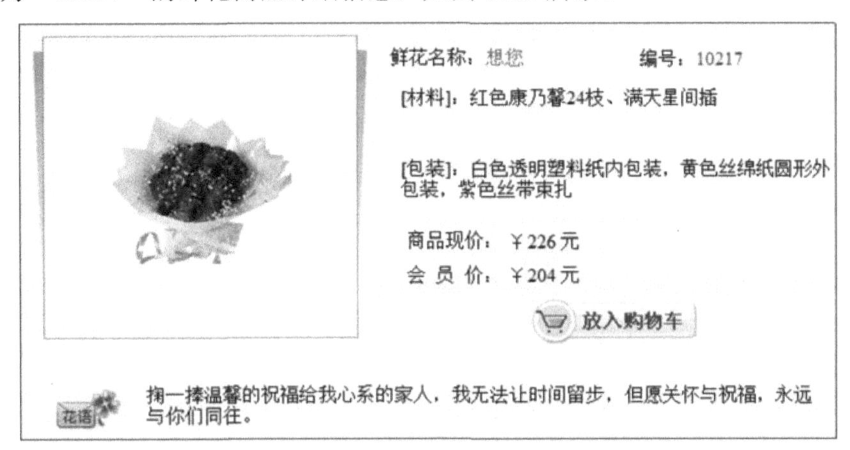

图 8.5.5 编号为“10217”的鲜花商品详细信息

2. 购物车页面

会员登录后，才能显示其购物车。为了便于使用 EF 框架，表 shoppingcar 中包含了视图用到的全部字段，这与项目 Flower1 里表字段的定义不同。购物车的页面效果，如图 8.5.6 所示。

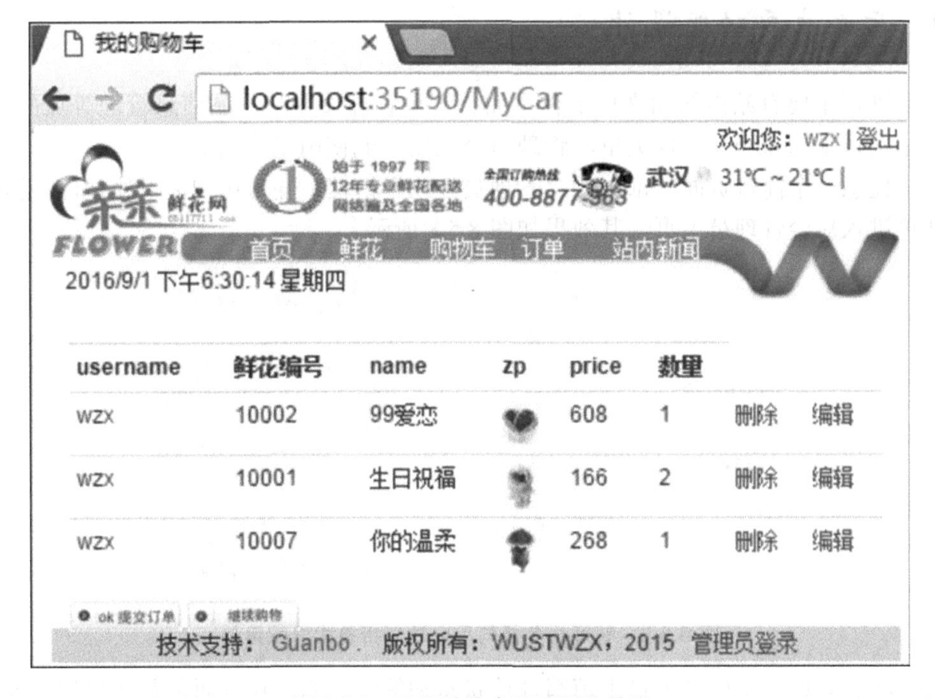

图 8.5.6 我的购物车页面浏览效果

注意：购物车页面中对数量的修改，采用单记录修改与提交方式，这与项目 Flower1 不同。

3. 订单生成页面

在购物车页面中,单击 “提交订单”按钮后，将显示订单生成页面，其浏览效果如图 8.5.7 所示。

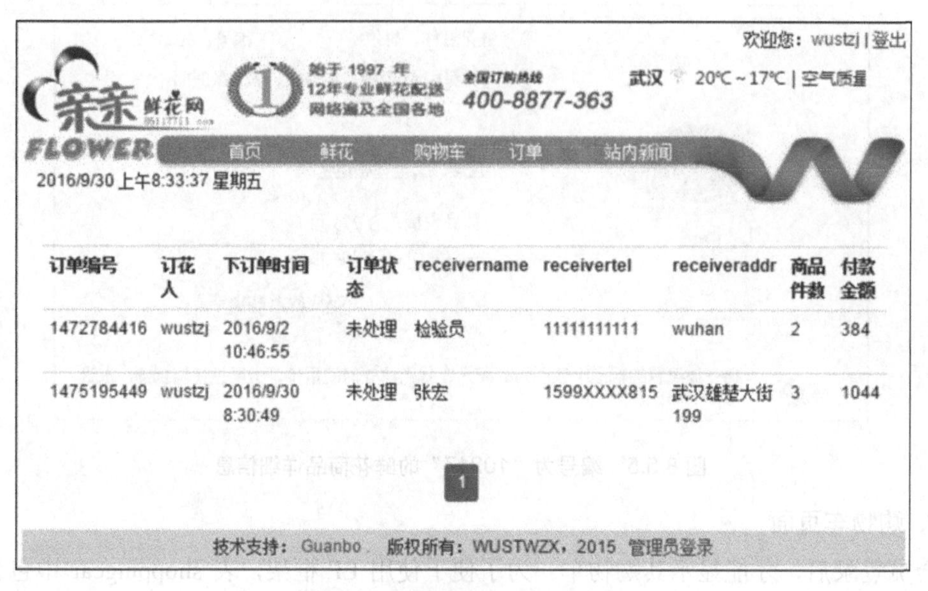

订单编号	订花人	下订单时间	订单状态	receivername	receivertel	receiveraddr	商品件数	付款金额
1472784416	wustzj	2016/9/2 10:46:55	未处理	检验员	11111111111	wuhan	2	384
1475195449	wustzj	2016/9/30 8:30:49	未处理	张宏	1599XXXX815	武汉雄楚大街199	3	1044

图 8.5.7　订单生成页面的效果

8.5.4　后台主要功能设计

后台管理主要有站内新闻文件上传页面、订单管理页面和商品信息管理等页面，它们位于网站根目录的 admin 文件夹里，管理员登录后才能使用这些功能。

单击任意一个前台页面底部中的“管理员登录”链接，输入用户名及密码(都是 admin)后，即可进入后台管理员主页，其效果如图 8.5.8 所示。

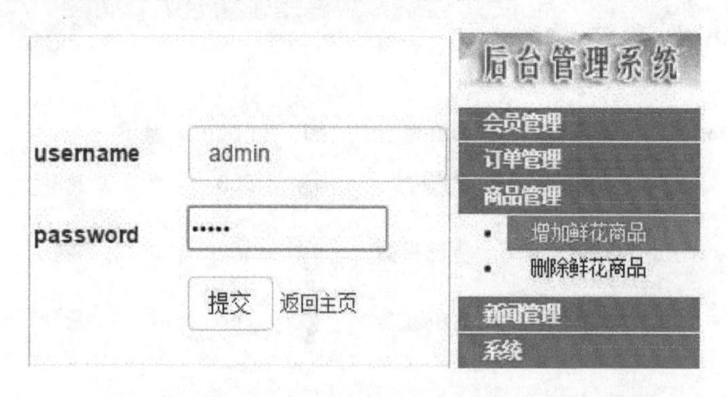

图 8.5.8　管理员登录与后台功能折叠式导航菜单

订单状态管理是指由管理员来填写订单状态和签收时间，其页面浏览效果如图 8.5.9 和图 8.5.10 所示。

order_id	username	下订单时间	receivername	订单状态	收货时间		
1472784416	wustzj	2016/9/2 10:46:55	检验员	未处理		更新	Delete
1475195449	wustzj	2016/9/30 8:30:49	张宏	未处理		更新	Delete

图 8.5.9　订单列表

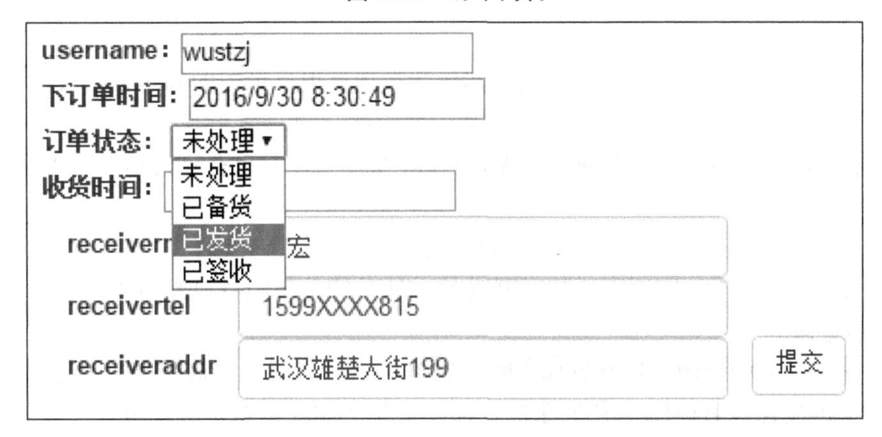

图 8.5.10　订单状态管理

网站新闻管理和商品管理，其设计方法与订单管理类似，参见本章实验。

注意：

(1) 网站新闻管理，使用了百度富文本编辑器 Baidu UE，实现了将新闻页面的 HTML 文档保存至数据表的字段里，其详细用法参见 8.1.4 小节。

(2) 增加鲜花商品时，使用 AJAX 技术实现了两个下拉列表的联动(即鲜花的一、二级分类)，MVC 项目里使用 AJAX 的详细用法参见 8.2.3 小节。

习 题 8

一、判断题

1. 每个 MVC 项目所引用的程序集，都包含在项目根目录下的 packages 文件夹里。

2. 控制器转向使用了模型的视图时，其模型数据必须非空。

3. 设计 MVC 项目里的视图时，与 WebForm 窗体一样，也有“代码”与“视图”的拆分模式。

4. 百度 UE 是一款富文本编辑器，能自动管理上传的图片文件。

5. 在 MVC 项目中，实现下拉列表联动的方法只能是使用 AJAX 技术。

二、填空题

1. 习惯上，分部视图文件存放在 Views/Shared 文件夹里，并前缀一个____。

2. 表单提交含有 HTML 代码的字段，需要对相应的控制器方法使用_____注解。

3. 与 foreach(var d in list) db.books.Add(d)等效的 Lambda 用法是_____。

4. 模型修改时自动重建数据库，需要使用泛型类 System.Data.Entity._____。

5. 假设 rs 是 LINQ 查询的结果，与“return View(rs);”等效的指令为“ViewData.____=rs;return View();”。

三、程序填空题

在 MVC 项目里，注册新用户时处理视图表单提交的控制器代码如下。

```
[HttpPost]
public ActionResult Create(User newUser)    {
    if (ModelState.IsValid) {
        var rs = from m in db.users    where m.Username==【1】.Username    select m;
        if (rs.ToList().Count > 0)
            return 【2】(new { status=2},JsonRequestBehavior.AllowGet);    // AJAX 响应
        else {
            db.users.Add(newUser);    //创建新用户
            db.【3】();
            return RedirectToAction("Index");
        }
    }
    return View(newUser);
}
```

实验 8 使用 MVC 及 EF 框架开发 Web 项目

一、实验目的

(1) 掌握在 MVC 项目里通过 EF 框架访问 MySQL 数据库的方法。

(2) 掌握在 MVC 项目里实现文件上传的方法。

(3) 掌握在视图设计中使用 Query UI 的方法。

(4) 掌握在 MVC 项目里使用 AJAX 的方法。

(5) 掌握 MVC 项目模型重建与数据迁移。

二、实验内容及步骤

【预备】访问本课程上机实验网站 http://www.wustwzx.com/asp_net/index.html，单击第 8 章实验的超链接，下载本章实验内容的案例项目，得到文件夹 ch08。

1. 访问 MySQL 数据库的 Web 项目 TestMVCMySQL

(1) 在 VS 2015 中打开项目 TestMVCMySQL。

(2) 在 SQLyog 中执行项目 App_Data 里的 mybook.sql 脚本，创建数据库 MyBook。

(3) 查看项目配置文件 Web.config 中数据库连接字符串名称及内容。

(4) 查验引用文件夹里包含了访问 MySQL 所需要的程序集的引用。

(5) 使用 Ctrl+F5 快捷键做项目运行测试。

(6) 在 SQLyog 里删除表 books 后使用 Ctrl+F5 快捷键做运行测试，添加记录时报告表不存在。

2. MVC 文件上传

(1) 在 VS 2015 中打开项目 TestMVCFileUpload。

(2) 查验实体类 Models/Test 是否未定义主键字段，因为其不与某个数据库表相对应。

(3) 查看文件上传的实现。

(4) 使用 Ctrl+F5 快捷键做项目运行测试。

3. 在 MVC 项目里使用百度富文本编辑器 Baidu UE

(1) 在 VS 2015 中打开项目 TestMVCUE。

(2) 查验项目是否引用了程序集 ueditor/net/Bin/Newtonsoft.Json.dll。

(3) 使用 Ctrl+F5 快捷键做运行测试，富文本编辑及文件上传功能正常。

(4) 删除项目对上述程序集的引用，项目重新生成时报错，文件上传功能不可用。

4. 在 MVC 项目里使用 PagedList 插件实现记录分页导航

(1) 在 VS 2015 中打开项目 TestMVCPaging。

(2) 查验项目是否分别引用了程序集 X.PagedList 和 X.PagedList.MVC。

(3) 查验插件需要的 CSS 样式文件是否存放在项目文件夹 Contents 里。

(4) 查看控制器方法里对分页程序集的使用。

(5) 查看视图页面里产生记录导航条的 Razor 代码以及对分页程序集的使用。

(6) 使用 Ctrl+F5 快捷键做运行测试。

5. 在 MVC 项目里使用 AJAX 技术

(1) 在 VS 2015 中打开项目 TestMVCAjax。

(2) 查看视图表单里 jQuery AJAX 方法$.post()的使用代码及控制器的处理代码。

(3) 使用 Ctrl+F5 快捷键做运行测试。

(4) 在 VS 2015 中打开项目 TestMVCDropDownList。

(5) 查看视图里 jQuery AJAX 方法$.ajax()的使用代码及控制器的处理代码。

(6) 使用 Ctrl+F5 快捷键做运行测试。

6. 模型更新时自动重建数据库与数据迁移

(1) 在 VS 2015 中打开项目 MVC_SQLServer。

(2) 按照 8.4.1 小节的步骤，做模型更新时的重建数据库实验。

(3) 按照 8.4.2 小节的步骤，做模型更新时的数据迁移实验。

7. 使用 MVC+EF 框架的综合案例 Flower 2

(1) 在 VS 2015 中打开综合案例项目 Flower2。

(2) 分别查看网站头部及底部的分部视图代码、前台及后台页面布局代码。

(3) 根据用户注册、会员登录、购物车、订单等功能，分别查看其实现代码。

(4) 分别查看管理员进行新闻及商品管理的实现代码。

三、实验小结及思考

(由学生填写，重点填写上机中遇到的问题。)

习 题 答 案

习 题 1

一、判断题(正确用“T”表示，错误用“F”表示)

1～5：FTFTT　　6～7：TT

二、选择题

1～5：DBABC

三、填空题

1. 80　　2. 数据库　　3. Shift+Alt+N　　4. Ctrl+Shift+N　　5. Windows　　6. psd

习 题 2

一、判断题(正确用“T”表示，错误用“F”表示)

1～5：TTFFT　　6～8：FTT

二、选择题

1～6：CDCDBA

三、填空题

1. 相　　2. Shift+F11　　3. 上右下左　　4. none　　5. action　　6. target　　7. relative

习 题 3

一、判断题(正确用“T”表示，错误用“F”表示)

1～5：TTTFT　　6～7：FT

二、选择题

1～5：DCABD

三、填空题

1. JavaScript　　2. setInterval()　　3. $()　　4. test

习 题 4

一、判断题(正确用“T”表示，错误用“F”表示)

1～5：TTFFT　　6～8：TTF

二、选择题

1～5：DBBBA

三、填空题

1. F12　2. Ctrl+.　3. Ctrl+KF　4. F9　5. var　6. Framework　7. Application

习　题　5

一、判断题(正确用“T”表示，错误用“F”表示)

1～5：TTFFT　6～8：TFF

二、选择题

1～5：ABBDC

三、填空题

1. ID　2. asp:　3. IsPostBack　4. AutoPostBack="true"　5. MySQL　6. 类库
7. true　8. XML　9. AutoPostBack

习　题　6

一、判断题(正确用“T”表示，错误用“F”表示)

1～5：FTTTT　6～9：TTFF

二、选择题

1～5：DBDCB

三、填空题

1. 控制器及动作　2. Home　3. ^MG　4. ViewPage　5. _ViewStart　6. Layout
7. _ViewStart.cshtml　8. protected internal

习　题　7

一、判断题(正确用“T”表示，错误用“F”表示)

1～5：FFTFT　6～8：TTT

二、选择题

1～6：BBBACC

三、填空题

1. [Key]　2. [HttpPost]　3. DbSet　4. Create　5. Contains
6. Html.ValidationSummary()

习　题　8

一、判断题(正确用“T”表示，错误用“F”表示)

1～5：TTFTT

二、填空题

1.下画线_　2. [ValidateInput(false)]　3. DropCreateDatabaseIfModelChanges

4. list.ForEach(d => db.books.Add(d))　5. Model

三、程序填空题

1. newUser　2. Json　3. SaveChanges

参 考 文 献

[1] 吴志祥. 网页设计理论与实践[M]. 北京：科学出版社，2011.

[2] 吴志祥，李光敏，郑军红.高级 Web 程序设计——ASP.NET 网站开发[M]. 北京：科学出版社，2013.

[3] 吴志祥，王新颖，曹大有.高级 Web 程序设计——JSP 网站开发[M]. 北京：科学出版社，2013.

[4] 吴志祥，王小峰，周彩兰，等. PHP 动态网页设计与网站架设[M]. 武汉：华中科技大学出版社，2015.

[5] 吴志祥，张智，曹大有，等. Java EE 应用开发教程[M]. 武汉：华中科技大学出版社，2016.

普通高等教育“十三五”规划教材
Web应用&移动应用开发系列规划教材

- ● ASP.NET Web应用开发教程
- ○ Java EE应用开发教程
- ○ Android应用开发案例教程
- ○ PHP动态网页设计与网站架设

ASP.NET Web应用开发教程

本书特色

- ◆ 根据ASP.NET项目开发的实际需求，精心组织各章节目录，突出使用；
- ◆ 教材体系严密、循序渐进（从WebForm开发到MVC框架开发），前后呼应；
- ◆ 知识点介绍简明扼要，并有使用实例；
- ◆ 提供了访问数据库SQL Server及MySQL的通用类；
- ◆ 提供了课程网站http://www.wustwzx.com/asp_net/index.html；
- ◆ 提供了两个综合项目：使用WebForm三层架构模式开发Flower1和使用MVC5+EF6开发的Flower2。

◎ 策划编辑：康　序
◎ 责任编辑：康　序

定价：58.00元